U0257958

工业和信息化蓝皮书

BLUE BOOK OF INDUSTRY
AND INFORMATIZATION

世界网络安全发展报告
（2015~2016）

ANNUAL REPORT ON WORLD CYBER SEUCRITY
(2015-2016)

主　编／洪京一
工业和信息化部电子科学技术情报研究所

社会科学文献出版社
SOCIAL SCIENCES ACADEMIC PRESS (CHINA)

图书在版编目（CIP）数据

世界网络安全发展报告. 2015~2016/洪京一主编. —北京：社会
科学文献出版社，2016.4
　（工业和信息化蓝皮书）
　ISBN 978－7－5097－8870－7

　Ⅰ.①世…　Ⅱ.①洪…　Ⅲ.①计算机网络－安全技术－研究
报告－世界－2015~2016　Ⅳ.①TP393.08

　中国版本图书馆 CIP 数据核字（2016）第 046065 号

工业和信息化蓝皮书

世界网络安全发展报告（2015～2016）

主　　编／洪京一

出 版 人／谢寿光
项目统筹／吴　敏
责任编辑／郑庆寰

出　　版／社会科学文献出版社·皮书出版分社 （010）59367127
　　　　　地址：北京市北三环中路甲 29 号院华龙大厦　邮编：100029
　　　　　网址：www.ssap.com.cn
发　　行／市场营销中心 （010）59367081　59367018
印　　装／北京季蜂印刷有限公司

规　　格／开　本：787mm×1092mm　1/16
　　　　　印　张：20.75　字　数：311 千字
版　　次／2016 年 4 月第 1 版　2016 年 4 月第 1 次印刷
书　　号／ISBN 978－7－5097－8870－7
定　　价／79.00 元

皮书序列号／B－2015－422

本书如有印装质量问题，请与读者服务中心（010－59367028）联系

《世界网络安全发展报告 (2015～2016)》
课 题 组

课题编写	工业和信息化部电子科学技术情报研究所 网络与信息安全研究部
指　　导	何德全　崔书昆　胡红升　沈　逸
组　　长	尹丽波
副 组 长	刘　迎　张　格　张　恒
编写人员	张慧敏　肖俊芳　孙立立　刘京娟　杨帅锋 于　盟　吴艳艳　江　浩　刘文胜　李　俊 郭　娴　孙　军　宋檀萱　王晓磊　程　宇 伍　扬　黄　丹　唐　旺　张　伟　赵　冉

工业和信息化部
电子科学技术情报研究所

工业和信息化部电子科学技术情报研究所（以下简称"电子一所"）成立于1959年，是工业和信息化部直属事业单位。

围绕工业和信息化部等上级主管部门的重点工作和行业发展需求，电子一所重点开展国内外信息化、信息安全、信息技术、物联网、软件服务、工业经济政策、知识产权等领域的情报跟踪、分析研究与开发利用，为政府部门及特定用户编制战略规划、制定政策法规、进行宏观调控及相关决策提供软科学研究与支撑服务，形成了情报研究与决策咨询、知识产权研究与咨询、政府服务与管理支撑、信息资源与技术服务、媒体传播与信息服务五大业务体系。同时电子一所还是中国语音产业联盟、中国两化融合服务联盟、中国产业互联网发展联盟等机构的发起单位和依托单位。

电子一所将立足国家新型工业化对基础性、战略性、先导性科研工作的需求，坚持"强基为本，创新引领"的发展方针，以产业情报、知识产权、评估评测为主业，以增强综合实力、核心竞争力、持续发展活力为着力点，为政府决策、产业发展、企业创新提供专业化服务，到2020年初步建成特色鲜明、软硬兼备、手段先进、影响广泛的智库型情报机构。

主编简介

洪京一　工业和信息化部电子科学技术情报研究所所长，高级工程师。主要从事工业经济、信息化、电子信息产业、软件服务业、信息安全等领域的战略规划和产业政策研究，主持完成工信部、发改委、科技部等部委及北京、天津、广东、河南等地方主管部门委托的数十项重点课题研究，主持编写《中国软件和信息服务业发展报告》《政府部门网络安全解决方案指引》《中国信息产业年鉴》等多部出版物。

兼任中国语音产业联盟副理事长，中国电子信息产业联合会常务理事，中国产业互联网发展联盟专家咨询委员会委员和国家物联网发展专家咨询委员会委员。

序 一

2015～2016年度的工业和信息化蓝皮书如约问世,五本厚重的书籍,给我们带来了全球信息化、信息技术产业、网络信息安全、移动互联网产业和战略性新兴产业的最新信息和发展趋势。

2015年全球的经济社会发展出现了一些重要的具有历史意义的变化,其中最重要的是信息技术和工业技术融合的深度和广度快速前行,在形成了改变社会发展轨迹的新技术体系基础上,新的产业体系和商业模式崭露头角,一些与新的生产力、新的商业模式不一致的矛盾也在发展进程中逐步显露出来。

一套工业和信息化蓝皮书博采众长,既从五个方面独立成篇,为从事战略性新兴产业、移动互联网产业、信息技术产业、信息化、网络信息安全的研究者和从业者带来全球视野的数据和分析,更可以使有心的读者纵横五个领域,寻找散布于其中的共同特征和规律,为大融合提供新的理论和技术基础。

分析信息社会变革现状、梳理变革脉络、把握变革趋势是做出科学的、符合国情决策的基础,由工业和信息化部电子科学技术情报研究所编写、社会科学文献出版社在2015年首次出版的"工业和信息化蓝皮书"正是在这一方面做出的积极探索。2016年版蓝皮书在分析发展态势、梳理发展亮点、预测发展趋势等方面下了更大的功夫,值得一读,希望持之以恒,越办越好。

是以为序。

杨学山

2016 年 3 月 6 日

序　二

全球信息化的发展已经进入一个新的发展阶段，或者说一个新的历史时期。显然，在过去60多年所积累的成果和经验的基础上，全球信息化对人类社会的影响，正在经历一个由量变到质变的过程。其中，特别引人关注的是全球信息化向高端的发展。在经历了数字化和网络化的快速发展之后，智能化正在成为全球信息化向高端发展的最主要的特征之一。智慧地球、智慧城市、智能终端、智能硬件、智能制造、智能机器人、智能物理系统等等，新概念、新思想、新系统层出不穷，令人眼花缭乱。2016年3月，阿尔法围棋（AlphaGo）以4∶1的总比分战胜了世界围棋冠军、职业九段的韩国棋手李世石，其所带来的全球震撼，可以说是新的历史时期来临的一个最好的注记。

与之相伴，关于信息化推进的理念、思维、方法学，乃至战略目标和内涵，都在发生急剧的、深刻的变化。其中，最具有代表性的就是工业互联网和工业4.0理念的提出。二者殊途同归，都是在过去几十年信息化发展的基础上，利用和整合近年来涌现的一系列新兴信息技术，如智能硬件、移动互联网、物联网、大数据、云计算、高端计算、智能物理系统（CPS）等，构造一体化、智能化的大（信息）系统或巨（信息）系统，即工业互联网系统。这样构造的工业互联网系统已经完全摆脱了自1946年电子数字计算机发明以来信息系统的发展套路和模式，代表了未来10～20年全球信息化发展的新思路、新架构和新格局；不仅适用于任何制造企业或工业企业，而且适用于其他产业的企业、事业单位和政府部门。工业互联网系统虽然以"工业"为名，看似仅仅针对某一个工业企业的信息化而进行架构设计，实际上，全社会每一个领域的重要企事业单位和政府部门都会被"裹挟"进来。因此，工业互联网系统代表的是全球信息化一个新的时代的来临，不仅对大型或跨国企业赢得国际竞争力极为重要，而且对国家信息化的发展和影响十分深远。毫无疑问，工业互联网系统的发展还将进一步重塑全球信息产业发展的格局。

我以浓厚的兴趣，通读了工业和信息化部电子科学技术情报研究所编写出版的这套工业和信息化蓝皮书，包括《世界信息化发展报告》、《世界信息技术产业发展报告》、《移动互联网产业发展报告》、《世界网络安全发展报告》以及《战略性新兴产业发展报告》，共五册。读完之后，颇有"秀才不出门，全知天下事"之感。这套蓝皮书不仅主题覆盖宽广、内容翔实丰富、数据图表完备、前沿探索颇有见地，而且基本上展示了一个全球网络安全和信息化发展的全貌。对于把握全球大事、了解现状、发现问题、认识趋势、寻求对策，是一套不可或缺的、非常有用的工具书，其唯一性和系统性在国内无可替代。众所周知，信息化作为一个伟大的历史进程，正在越来越多地被人们所认识。世界各国围绕信息化这个战略制高点的竞争，正在全球掀起一个比一个高的信息化创新浪潮。"他山之石，可以攻玉"，参与信息化全球竞争的世界各国的战略、政策、管理和举措，对我国的政府部门、企事业单位、研究机构和高等院校都有非常重要的借鉴作用。因此，这套蓝皮书的重要价值是不言而喻的。

工业和信息化部电子科学技术情报研究所是一个成立了五十多年的资深研究所，拥有一支训练有素、经验丰富、作风严谨的优秀高端人才队伍，长期以来为我国信息化和信息产业的发展做出了重要的贡献。近年来，在工业和信息化部的领导下，他们依托资深优势，密切跟踪全球工业、网络安全和信息化领域的前沿动态，在广泛而深入的研究和综合分析的基础上，连续多年推出相关领域的系列报告，颇有深度，不仅为政府决策和企业发展提供了重要的咨询和参考，也广受各有关方面学者和读者的欢迎。2015 年，他们的相关系列研究报告首次以"工业和信息化蓝皮书"的形式公开出版，2016 年版则更加全面深入，更具可读性。我相信，这套蓝皮书的出版一定会继续受到读者的欢迎，而且在读者的爱护和关注之下，不断发展、不断进步，成为这个研究所的一个"拳头产品"。

值此 2016 年版"工业和信息化蓝皮书"付梓出版之际，谨以此序表示祝贺，并衷心地期待在本系列蓝皮书的影响之下，我国新型工业化和信息化的理论和实践将有一个更快捷、更健康的发展。

2016 年 3 月 22 日

摘　要

当今时代，基于信息网络的技术创新、变革突破、融合应用空前活跃，网络已经渗透到政治、经济、文化、社会、军事等各个领域，网络空间已成为继陆地、海洋、天空、太空之外的"第五空间"，信息资源与关键信息基础设施已成为国家发展最重要的"战略资产"和"核心要素"，网络安全在国家安全诸要素中的地位日益凸显。进入 21 世纪以来，以美国为首的发达国家对网络安全的重视达到了前所未有的程度，纷纷将网络安全上升到国家安全与发展的战略高度，并加强了争夺网络空间优势地位、抢占国家综合实力制高点的部署和行动。

随着我国经济发展和社会信息化进程加快，网络信息技术在国家政治、经济、文化等领域的应用日益广泛，保障网络安全已经成为关系国家经济发展、社会稳定乃至国家安全的重要战略任务。习近平总书记指出：网络安全和信息化是事关国家安全和国家发展、事关广大人民群众工作生活的重大战略问题，要从国际国内大势出发，总体布局，统筹各方，创新发展，努力把我国建设成为网络强国……没有网络安全就没有国家安全，没有信息化就没有现代化。中央网络安全和信息化领导小组的成立，进一步强化了网络安全工作的顶层设计和总体协调。党的十八大，十八届三中、四中、五中全会都把网络安全作为重要议题，强调完善网络安全法律法规，加强网络安全问题治理，确保国家网络安全，五中全会更明确提出了建设网络强国的战略目标，为未来我国网络安全保障与发展指明了方向。

立足新时期、面对新形势，为更好地反映国内外网络安全发展态势和特点，及时把握世界各国在网络安全战略、政策、技术、产业发展等方面的最新动向与进展情况，为政府部门和军方、行业、有关企事业单位以及相关科研机构提供决策信息参考，工业和信息化部电子科学技术情报研究所网络与信息安全研究部在对 2015 年世界网络安全领域持续跟踪的基础上推出了《世界网络安全发展报告（2015～2016）》。报告详细阐述了世界主要国家和地区信息安全政策与措施，密切跟踪国内外网络安全领域技术动向与产业发展状况，全面、深入分析了世界网络安全领域的发展态势与特征。

工业和信息化部电子科学技术情报研究所自 2009 年以来每年编写世界网络安全发展年度报告。《世界网络安全发展报告（2015～2016）》以 2015年世界网络安全领域的新情况、新动态和新进展为着眼点，通过对政府网络安全管理、工业控制系统信息安全管理、网络安全立法、网络安全应急管理、网络安全教育培训、网络安全技术及网络安全产业发展等内容的系统梳理与分析，总结提炼了 2015 年世界网络安全领域的发展态势与总体状况，并对未来世界网络安全发展趋势进行了预测和展望。

目　录

Ⅰ　总报告

Ⅱ　专题报告

Ⅲ 附 录

皮书数据库阅读**使用指南**

总 报 告

General Report

B.1
世界网络安全特征与趋势

杨帅锋　肖俊芳　江 浩　郭 娴　孙 军　刘文胜*

摘　要：　网络已向社会各个领域渗透，网络安全关系国家的安全与稳
　　　　　定，因此世界各国高度重视网络安全顶层设计，纷纷更新或
　　　　　推进网络安全战略，同时加紧与其他国家进行战略合作，共
　　　　　同应对全球网络安全风险，共同参与全球网络空间治理。
　　　　　2015年，海康威视产品遭遇"黑天鹅"、黑客攻击波兰航空

* 杨帅锋，硕士，工业和信息化部电子科学技术情报研究所助理工程师，参与起草国家网络安
全"十三五"发展规划，主要研究网络安全战略规划、态势感知、网络空间治理等；肖俊
芳，博士，工业和信息化部电子科学技术情报研究所高级工程师，研究方向为网络安全战略
规划与情报分析，主笔国家网络安全"十三五"发展规划编制；江浩，硕士，工业和信息化
部电子科学技术情报研究所助理工程师，研究方向为计算机科学与技术；郭娴，博士，工业
和信息化部电子科学技术情报研究所网络与信息安全研究部工程师，主要负责工业控制系统、
智能城市的网络安全研究工作；孙军，博士，工业和信息化部电子科学技术情报研究所网络
与信息安全研究部工程师，主要负责工业控制系统、智慧城市的网络安全研究工作；刘文胜，
硕士，工业和信息化部电子科学技术情报研究所助理工程师，研究方向为网络安全。

公司地面操作系统等有关网络安全的事件层出不穷,网络安全产业规模逐步扩大,网络空间全球治理成为焦点,网络安全国际合作不断加强,网络恐怖主义更加猖獗,智慧城市建设如火如荼。未来,网络攻击依然不断,网络恐怖主义、网络犯罪等威胁更加严重,各国在增强网络军备、争夺网络空间话语权的同时将更加重视国际合作。

关键词: 网络安全战略 合作 威胁 网络战

一 世界网络安全总体态势与特征

(一)网络安全战略与时俱进

当今信息时代,技术飞速发展,网络向政治、经济、文化等各个领域渗透,网络安全已成为影响世界和平与稳定的重大问题。不管是网络强国还是网络弱国,许多国家都高度重视顶层设计,相继推出网络安全战略级文件。截至目前,共有65个国家和地区组织发布了网络安全战略级文件,范围遍及美洲、欧洲、亚洲、非洲和大洋洲(见表1)。

1. 美国网络安全战略由防御转向威慑

美国网络空间安全战略思想的"种子"落地于20世纪中后期,经过克林顿与布什政府的精心培育,逐渐"萌芽"、"开花":1999年底,克林顿政府颁布了首次界定美国网络空间安全利益构成的《美国国家安全战略报告》;2000年初,出台了美国第一份维护网络空间安全的纲领性文件《保卫美国的网络空间——保护信息系统的国家计划》;到了2003年2月,终于结出了网络空间安全战略的"硕果"——布什政府颁布了《保护网络空间安全国家战略》。奥巴马上台后,直至2011年,网络空间安全战略已是硕果累累:2011年4月、5月和7月,奥巴马政府先后发布了《网络空间可信身份国家战略》、《网络空间国际战略》和《网络空间行动战略》。此后，美国在网络领域的战略迟迟没有更新。直到 2015 年 4 月 23 日，美国《国防部网络战略》新鲜出炉。这是美国国防部第二次公布网络领域的战略，是对 2011 年 7 月发布的《网络空间行动战略》的首次更新与升级。原版国防部的战略只用了 13 页的篇幅简明扼要地列出五大"战略措施"，而新战略全文将近 33 页，在五大"战略目标"下提出了相应的实施措施，是一份切实可行的行动指南。值得注意的是，新战略文件的标题是《国防部网络战略》，而不是网络安全战略，意在从更加广义的层面为网络安全提供战略指导。

进入 21 世纪以来，美国在网络空间领域出台了一系列战略文件，采取了一系列措施，其战略意图显而易见。然而，网络安全防护攻易守难，这种攻守的不对称性仍给美国带来了重大挑战。美国的许多重大系统都十分依赖网络，网络一旦被攻破，后果将不堪设想。如索尼影业信息被窃案等一系列事件，无一不深深触痛了美国的网络安全神经，网络安全"恐惧感"弥漫在美国的网络空间之中。为此，美国亟须一套全面的网络安全威慑力战略，镇压潜在的网络威胁，以战略威慑提升自我"安全感"。

2011 年美国国防部发布的《网络空间行动战略》初步显现了美国强化网络安全威慑力的战略意图，该战略中提出五大措施：将网络空间列为与陆、海、空、天并列的"行动领域"，变被动防御为主动防御，加强国防部与国土安全部等其他部门的合作，加强与美国的盟友及伙伴在网络空间领域的国际合作和重视高科技人才队伍建设。2015 年的新战略做了以下细化与更新：一是明确将网络威慑作为战略目标，重点建设网络战备力量。此前，美国一直推行积极的防御战略，2011 年国防部发布的《网络空间行动战略》的重点仍然是网络防御。而新战略则将网络威慑作为重点，提出美国国防部的主要任务，采取进攻性网络行动，将战略目标从防御转向进攻。在此目标下，美国将重点建设应对网络战争的战备力量，到 2018 年，美国网络战部队总数预计将达到 133 支，人数将近 6200 人。二是将"保障本土和核心利益不受破坏性网络攻击"等写入国防部的任务，扩大网络国防的覆盖范围。美国的网络安全由国防部、国土安全部和国家安全局等部门负责，同时大量关键信息基础设施由美国的私营机构运营,政府与私营部门展开了紧密合作。新战略直接将"保障本土和核心利益不受破坏性网络攻击"等写入国防部的任务,将私营机构运营的关键信息基础设施纳入国防部保护的范畴,并提出加强政府部门之间、公私机构之间的网络安全信息共享。三是鲜明地提出网络战假想敌。美国在之前的战略文件中很少直接点明网络战假想敌,在2011年的《网络空间行动战略》中也只是笼统地提到网络空间对手。但在新战略中,中国、俄罗斯、伊朗和朝鲜等国赫然在列,因为这些国家近年来不断被美国指责,早已成为美国的重点关注对象。四是提升了对数据的关注。传统的网络安全战略往往聚焦于系统、基础设施、软硬件等方面,而对数据没有引起足够的重视。新战略则将数据安全提升到了和系统安全一样的高度。在当下这个数字时代,数据是需要重点保护的对象。2015年12月28日,白宫向美国会提交了《网络威慑政策报告》,美国政府将采取"整个政府层面"和"整个国家层面"的方法,以威慑的姿态防止网络威胁。

2. 亚欧非国家纷纷更新或推进现有战略

2015年,亚洲国家日本在网络安全战略方面有了新动作。在日本,网络安全地位不断上升,政府于2010年5月、2013年6月和10月相继发布了《保护国民信息安全战略》、《网络安全战略》和《网络安全合作国际战略》。2014年11月6日,日本国会通过了《网络安全基本法》。2015年1月9日,日本设立了由内阁成员组成的"网络安全战略部",这是依据《网络安全基本法》由"情报安全政策会议"升级而成的。《网络安全基本法》提出在明确国家与地方公共团体等相关者的责任义务的同时,赋予"网络安全战略部"作为网络安全政策指挥中心的地位,行使对国家行政机关的劝告权,日本政府根据该法律制定《网络安全战略》。5月25日,在"网络安全战略部"会议上敲定了旨在确保网络空间自由与安全的新版《网络安全战略》,这是自2013年以来日本政府首次更新《网络安全战略》。

日本的新战略立足于2020年东京将召开奥运会和残奥会等全球性活动的背景,指明了今后三年基本措施实施的方向,提出了信息的自由流通、法制化、开放性、自律性、多主体协同性五项基本原则，旨在创建"自由、公正、安全的网络空间"，助力于"提高经济社会的活力和可持续发展"、"实现国民社会生活的安心安定"以及助力于"国际社会的和平稳定和国家的安全保障"。新战略在对策措施方面也更加具体，在经济方面：一是强调创建安全的物联网（IoT）系统；二是提升企业的经营安全意识；三是健全与网络安全相关的商业环境。在社会方面：新战略针对国民、重要基础设施和政府部门三个方面的网络安全分别提出了具体措施，保护其网络安全；强调各部门间的信息共享及协同合作；强调提高网络安全监测、防御和应急能力。在国际合作方面：强调进一步加强政府部门与重要基础设施从业方之间的持续的信息共享、分析与应对能力；积极参与网络空间国际规则制定；加强与亚太国家，北美，欧洲，中、南美洲，中、东非地区不同程度的合作，特别强调与同盟国美国通过日美网络对话等方式进行全方位的紧密合作。新战略还强调了配套的推进性措施，指出要重视网络安全技术的研发，并加强人才培养。根据独立行政法人信息处理推进机构（IPA）2013 年 5 月的估计，日本在信息安全领域面临约 8 万人的人才缺口，要利用高等教育与职业培训两种方式培养适应社会需求的人才。此外，新战略还强调要加强政府与企业、相关省厅之间的合作，加强网络演练和培训，增加相关经费预算并提高经费的使用效率等。

2015 年，欧洲国家发布了不少网络安全方面的战略级文件。2 月 16 日，捷克共和国发布《捷克共和国国家网络安全战略 2015—2020》（*National Cyber Security Strategy of the Czech Republic for Years 2015 – 2020*）；4 月 9 日，乌克兰发布《国家安全战略草案》（*Draft National Security Strategy*）；5 月 30 日，意大利发布《意大利国际安全和防御白皮书》（*Italy White Paper for International Security and Defence*）；6 月 1 日，瑞典发布《瑞典防御政策 2016—2020》（*Sweden's Defence Policy 2016 to 2020*）；7 月 1 日，爱尔兰发布《国家网络安全战略 2015—2017》（*National Cyber Security Strategy 2015 – 2017*）；10 月 10 日，克罗地亚发布《克罗地亚网络安全战略》（*Croatia Cyber Security Strategy*）；10 月 16 日，法国发布《法国国家数字安全战略》

（*French National Digital Security Strategy*）；11 月 18 日，英国发布《安全、可靠和繁荣：苏格兰 2015 年网络恢复力战略》（*Safe, Secure and Prosperous: A Cyber Resilience Strategy for Scotland 2015*）。

2015 年，非洲国家在网络安全战略方面也有了新的进展。2015 年 2 月 12 日，尼日利亚发布《国家网络安全政策与战略》（*National Cybersecurity Policy & Strategy*）；3 月 19 日，毛里求斯发布《智慧毛里求斯战略》（*A Smart Mauritius Strategy*）；4 月 22 日，博茨瓦纳发布《国家网络安全战略》（*National Cyber Security Strategy*）；7 月 23 日，加纳发布《加纳国家网络安全政策与战略》（*Ghana National Cyber Security Policy & Strategy*）。

此外，美洲国家牙买加在 2015 年 1 月 28 日发布了《牙买加国家网络安全战略》（*Jamaica National Cyber Security Strategy*）。

表 1　世界各国网络安全战略级文件清单（截至 2015 年 12 月）

地区	国家/地区/组织		战略名称	时间
美洲	美国	1	《保护网络空间安全国家战略》	2003
		2	《网络空间政策评估》	2009
		3	《网络空间国际战略》	2011
		4	《网络空间行动战略》	2011
		5	《美国 IT 域名解析服务风险管理战略》	2011
		6	《网络空间可信身份国家战略》	2011
		7	《美国政府消减商业秘密盗窃战略》	2013
		8	《提高关键基础设施网络安全总统令》	2013
		9	《提高关键基础设施网络安全战略草案》	2014
		10	《国防部网络战略》	2015
		11	《联邦网络安全战略与实施计划》	2015
	加拿大	12	《加拿大网络安全战略》	2010
		13	《加拿大网络安全战略 2010—2015 行动计划》	2013
	牙买加	14	《牙买加国家网络安全战略》	2015
	巴拿马	15	《国家网络安全和关键基础设施保护战略》	2013
	特立尼达和多巴哥	16	《国家网络安全战略》	2012
	巴西	17	《重要基础设施信息安全的参考指南》	2010
	哥伦比亚	18	《哥伦比亚国家网络安全战略》	2014

续表

地区	国家/地区/组织		战略名称	时间
欧洲	欧盟	19	《欧盟网络安全战略》	2013
		20	《确保欧盟网络和信息安全达到高水平的措施》	2013
	奥地利	21	《奥地利国家信息和通信技术安全战略》	2012
		22	《奥地利网络安全战略》	2013
	比利时	23	《比利时网络安全战略》	2014
	拉脱维亚	24	《拉脱维亚网络安全战略2014—2018》	2014
	芬兰	25	《芬兰网络安全战略》	2013
		26	《芬兰网络安全战略——背景档案》	2013
	瑞士	27	《瑞士防范网络风险国家战略》	2012
	挪威	28	《挪威网络安全战略》	2012
		29	《挪威网络安全战略行动计划》	2012
	黑山共和国	30	《黑山共和国网络安全战略2013—2017》	2013
	德国	31	《德国网络安全战略》	2011
	捷克共和国	32	《捷克共和国网络安全战略2011—2015》	2011
		33	《捷克共和国国家网络安全战略2015—2020》	2015
	法国	34	《法国信息系统防御和安全战略》	2011
		35	《法国国家数字安全战略》	2015
	立陶宛	36	《电子信息安全(网络安全)发展计划2011—2019》	2011
	卢森堡	37	《国家网络安全战略》	2011
	荷兰	38	《网络防御战略》	2012
		39	《国家网络安全战略》	2013
	匈牙利	40	《匈牙利国家网络安全战略》	2013
	波兰	41	《波兰共和国网络空间保护政策》	2013
	罗马尼亚	42	《罗马尼亚网络安全战略》	2011
		43	《罗马尼亚网络安全战略和国家网络安全执行行动计划》	2013
	英国	44	《英国网络安全战略》	2011
		45	《安全、可靠和繁荣:苏格兰2015年网络恢复力战略》	2015
	爱沙尼亚	46	《网络安全战略》	2014
	斯洛伐克共和国	47	《斯洛伐克共和国国家信息安全战略》	2008
	俄罗斯	48	《俄罗斯联邦信息安全学说》	2000
		49	《关于俄罗斯联邦武装部队在信息空间活动的概念视图》	2011
		50	《俄罗斯联邦在国际信息安全领域国家政策基本原则》	2013

续表

地区	国家/地区/组织		战略名称	时间
欧洲	塞浦路斯	51	《塞浦路斯网络安全战略》	2012
	格鲁吉亚	52	《格鲁吉亚网络安全战略 2012—2015》	2012
	意大利	53	《国家网络安全战略框架》	2013
		54	《国家网络安全计划》	2013
		55	《意大利国际安全和防御白皮书》	2015
	土耳其	56	《国家网络安全战略及 2013—2014 行动计划》	2013
	西班牙	57	《国家网络安全战略》	2013
	丹麦	58	《丹麦网络和信息安全战略》	2014
	乌克兰	59	《国家安全战略草案》	2015
	爱尔兰	60	《国家网络安全战略 2015—2017》	2015
	克罗地亚	61	《克罗地亚网络安全战略》	2015
	瑞典	62	《瑞典防御政策 2016—2020》	2015
大洋洲	澳大利亚	63	《网络安全战略》	2009
	新西兰	64	《新西兰网络安全战略》	2011
亚洲	菲律宾	65	《菲律宾国家网络安全计划》	2005
	印度	66	《国家网络安全政策》	2013
	阿联酋	67	《国家网络安全战略》	2014
	约旦	68	《国家信息保障与网络安全战略》	2012
	阿塞拜疆	69	《阿塞拜疆共和国国家信息安全社会建设战略 2014—2020》	2014
	韩国	70	《国家网络安全战略》	2011
	日本	71	《保护国民信息安全战略》	2010
		72	《网络安全战略》	2013
		73	《网络安全合作国际战略》	2013
		74	《网络安全战略》	2015
	蒙古	75	《信息安全计划》	2010
	以色列	76	《推进国家网络空间能力（政府 3611 号决议）》	2011
	新加坡	77	《国家网络安全总蓝图 2018》	2013
	马来西亚	78	《国家网络安全政策》	2006
	巴基斯坦	79	《巴基斯坦国家网络安全理事会法案》	2014
	阿富汗	80	《阿富汗国家网络安全战略》	2014
	孟加拉国	81	《孟加拉国家网络安全战略》	2014
	沙特阿拉伯	82	《沙特阿拉伯发展中国家信息安全战略》	2013
	卡塔尔	83	《卡塔尔国家网络安全战略》	2014

续表

地区	国家/地区/组织		战略名称	时间
非洲	肯尼亚	84	《网络安全战略》	2014
	摩洛哥	85	《国家信息社会和数字经济战略》	2013
	南非	86	《南非网络安全政策》	2010
		87	《南非网络安全政策》	2012
	乌干达	88	《国家信息安全战略》	2011
	非洲联盟	89	《非洲联盟公约就建立保护非洲网络安全的法律框架草案》	2012
	尼日利亚	90	《国家网络安全政策与战略》	2015
	毛里求斯	91	《智慧毛里求斯战略》	2015
	加纳	92	《加纳国家网络安全政策与战略》	2015
	博茨瓦纳	93	《国家网络安全战略》	2015

资料来源：工业和信息化部电子科学技术情报研究所分析整理。

（二）网络安全国际合作不断加强

1. 世界各国强化网络安全合作

在信息时代，任何国家都不可能单枪匹马维护网络安全。因此，世界各国要更加重视网络安全的国际合作，共同打击网络恐怖主义及网络犯罪活动，平等参与国际网络规则的制定，维护各国及全球网络安全。

2015 年，世界各国越来越重视国家间的网络安全合作，尤其是美国，在 2015 年加强了与亚太地区、海湾地区等盟国以及邻国的网络安全合作。自 2009 年 7 月希拉里·克林顿在东盟地区论坛上高调喊出美国要"重返亚洲"以来，美国的"重返亚洲战略"一路高歌猛进，出台了一系列新政策和新做法。随着网络安全的重要性日益上升，美国在亚洲地区逐步加强了网络安全合作。2015 年 4 月 28 日，美国白宫表示将通过共享威胁信息加强和扩展与日本在网络安全事务方面的合作。美日两国决定在应对网络安全事务及其他冲击网络经济的领域确立联合战线，两国的网络联盟将通力合作，寻求建立"和平网络标准"。2015 年 5 月，包括美国国务院高级外交官在内的专家小组在听证会上表示，随着网络威胁对国家的影响日益严重，美国必须密切加强与盟国在网络空间规范上的合作，会上发布了东亚、太平洋地区和国际网络安全政策。2015 年 5 月 18 日，在美国国务卿约翰·克里访问韩国期间，美国和韩国承诺加强网络安全合作。2015 年 8 月，美国和印度举行网络对话，美国白宫与印度官员发布联合公告称，美印双方确定了诸多相互合作的机会，欲加强两国在网络安全能力建设、网络安全技术研发、打击网络犯罪、国际网络安全及互联网治理等方面的合作，并寻求开展一系列后续活动，加强双方在网络安全方面的合作伙伴关系，确保取得卓有成效的结果。2016 年，美印两国还计划在印度新德里再次举行网络对话，届时网络安全标准或将确定。

近年来，美国和其波斯湾盟国越来越关注整个中东地区的网络威胁因素。2015 年 5 月，美国和海湾合作委员会决定成立第二个工作组，研究在该地区的反恐和边境安全问题。该工作组将考虑更好地保护关键网络基础设施免受潜在的恐怖分子的网络攻击。在军事方面，美国将与海湾国家一道考虑扩大网络战联合演习的范围。

此外，美国还重视加强与邻国之间的网络安全合作。2015 年 6 月，美国、加拿大和墨西哥的网络外交政策专家首次就网络政策开展三方磋商，致力于解决北美领导人峰会网络政策问题。尽管美国的网络威胁不一定来自邻国，但加拿大和墨西哥能够帮助美国建立全球网络规则。

美国这一系列加强亚太地区、海湾地区等盟国以及邻国的网络安全合作行动，争取了更多的国家和地区与其结成联盟，这是为其全面夺取网络空间国际话语权和国际规则制定权做好铺垫，也是为巩固其自身的"网络独裁权"。

2015 年，日本在网络安全合作方面的表现也十分活跃。日本在 2015 年发布的《网络安全战略》中提出要加强国际合作，积极参与网络空间国际规则制定，加强与亚太国家，北美，欧洲，中、南美洲以及中、东非地区不同程度的合作，特别强调与同盟国美国通过日美网络对话等方式进行全方位的紧密合作。2015 年 1 月 13 日，澳大利亚新快网报道称，日本在寻求增进与澳大利亚的发展关系方面增加了网络安全的内容。日本2015年首次加入在昆州举行的美澳"护身军刀"演习,同时也希望在后勤、情报及技术共享等方面的合作协议基础上与澳大利亚展开有关网络安全的定期对话。2015年5月,日本和印度结成网络联盟,印度官员请求日本提供可以帮助其防止网络攻击和数据泄露的技术,共同打击网络犯罪活动。

2015年,各类世界网络安全大会受到了越来越多的国家和地区的关注,大会已成为国家之间进行交流与合作的渠道。4月16日,为期两天的网络空间国际会议在荷兰海牙举行,中国、欧盟及主办方荷兰等国家和地区都聚焦于网络安全,大会期望各方共筑网络安全防线、共建网络空间秩序。11月16日,2015年G20峰会发布了G20领导人公报,对禁止商业网络间谍活动的意见达成一致,首次承诺不进行网络经济间谍行为,这是为缓解网络紧张局势而达成的第一次主要的高规格国际共识。11月19日,GITC2015全球互联网技术大会在北京国家会议中心召开。大会以"技术助力'互联网+'"为主题,围绕运维、云、大数据、基础架构、网络安全、移动互联网、智能硬件、跨界融合等十大热点展开。12月16日,以"互联互通、共享共治——构建网络空间命运共同体"为主题的第二届世界互联网大会在浙江乌镇开幕,习近平主席出席开幕式并发表讲话,8位外国领导人和2000多位世界互联网精英参会。这一系列的大会促进了世界各国在网络安全领域的沟通与交流,推进了今后的进一步合作。

2. 中国网络安全合作取得实质性进展

随着信息技术的不断发展,网络安全已是全球化的公共问题,越来越多的国家和地区重视并加强了网络安全国际合作。2015年,中国网络安全国际合作开启了新的篇章。习近平主席走访美国、俄罗斯、英国等国家和地区,在网络安全国际合作方面取得了丰硕的成果。

2015年9月,习近平主席对美国进行国事访问,访美的成果清单中有6项是互联网领域的成果(见表2)。

表 2　2015 年 9 月习近平主席访美互联网领域成果清单表

合作方面	具体成果
商业领域	中美双方承诺,用以在商业领域加强信息通信技术网络安全(信息通信技术网络安全法规)的一般适用措施,应符合世贸组织协定,仅用于小范围,考虑国际规范,具有非歧视性,且不对商业机构在相关产品的购买、销售或使用方面不必要地设置基于国别的条件或限制
调查恶意网络活动	中美双方同意,就恶意网络活动提供信息及协助的请求要及时给予回应。同时,依据各自国家法律和有关国际义务,双方同意就调查网络犯罪、收集电子证据、减少源自其领土的恶意网络行为的请求提供合作。双方还同意适当向对方提供调查现状及结果的最新信息
知识产权	中美双方同意,各自国家政府均不得从事或者在知情情况下支持在网络上窃取知识产权,包括贸易秘密,以及其他机密商业信息,以使其企业或商业行业在竞争中处于有利地位
国家行为准则	中美双方承诺,共同继续制定和推动国际社会网络空间合适的国家行为准则。双方也同意,就网络空间行为准则和涉及国际安全的问题建立一个高级专家小组来继续展开讨论
打击网络犯罪及相关事项高级别联合对话机制	中美双方同意,建立两国打击网络犯罪及相关事项高级别联合对话机制。该机制对任何一方关注和发现的恶意网络行为所请求的反馈信息和协助的时效性和质量进行评估。作为机制的一部分,双方同意建立热线,以处理在响应这些请求过程中可能出现的问题升级。最后,双方同意第一次对话会议在 2015 年内举行,之后每年举行两次
国家安全审查	中美双方承诺,其各自关于外资的国家安全审查(在美方指美国外国投资委员会的审查程序)的范围仅限于属于国家安全关切的问题,不通过纳入其他更宽泛的公共利益或经济问题等领域将审查范围泛化

　　资料来源:工业和信息化部电子科学技术情报研究所分析整理。

　　这是中美双方在网络安全领域迈出的坚实一步,是两国向世界展示的合作亮点,同时也将促进两国网络安全事业更加健康有序发展。2015 年 12 月,中美围绕打击网络犯罪及相关事项的高官会在美国举行了第一次会谈,这是落实习主席访美成果的重要举措,也是中国网络安全战略能力体系建设的重要进展。

　　2015 年 5 月,习近平主席访问俄罗斯。中俄两国签署了一份 12 页的《中华人民共和国政府和俄罗斯联邦政府关于在保障国际信息安全领域合作协定》，双方关注利用计算机技术破坏国家主权、安全以及干涉内政方面的威胁，并同意互不发动网络攻击。协定规划了中俄开展合作的主要方向，包括建立共同应对国际信息安全威胁的交流和沟通渠道，在打击恐怖主义和犯罪活动、人才培养与科研、计算机应急响应等领域展开合作，并加强在联合国、国际电联、上海合作组织、金砖国家、东盟地区论坛等框架下的合作。此外，协定中还包含了大量保护网络主权的声明。中俄两国在信息安全保障方面正进行着积极的互信合作，致力于构建和平、安全、开放、合作的国际环境，同时也进一步加强了中俄战略协作伙伴关系，巩固了中俄的睦邻友好关系。

2015 年 10 月，习近平主席对英国进行国事访问。中英两国就打击网络犯罪问题签署了一项"高级别安全对话协议"，旨在防止以盗窃知识产权或瘫痪系统为目的的针对两国企业的网络攻击。双方同意互不监视对方企业的知识产权及机密信息。这项网络安全协议是两国首次在网络安全领域开展合作，同时也向未来两国更广泛的网络安全合作迈出了第一步。

2015 年，中国与欧洲地区开拓了新的网络安全合作之路。7 月 6 日，由中国互联网协会和中欧数字协会共同主办的首届中欧数字合作圆桌会议在比利时布鲁塞尔召开。中欧互联网产业合作、"互联网＋"、"一带一路"等成为会议的热门主题，与会代表在六个方面达成了共识：一是建立中欧高层数字对话机制；二是共同研发和推动下一代移动通信网络技术（5G）；三是加强中欧信息基础设施合作，促进泛欧经营和跨境电商；四是加快推动中欧新型城镇化、智慧城市、智慧能源、物联网、互联网金融等领域合作；五是建立中欧高科技创业公司扶持激励机制；六是开展标准的编制和交流。中欧数字合作圆桌会议进一步加强了中国同欧洲国家和地区的网络安全合作，将为中国的"互联网＋"、"一带一路"等战略的实施提供新的合作渠道。

2015 年 7 月 14 日，中德签署《中华人民共和国工业和信息化部与德意志联邦共和国经济和能源部推动中德企业开展智能制造及生产过程网络化合作的谅解备忘录》。中德将建立联合工作机制，在智能制造以及面向未来的网络化生产方面开展合作。10 月 29 日，德国总理默克尔访华时表示，要推动"中国制造 2025"和"德国工业 4.0"成功对接，促进双方在智能制造领域共同合作并取得新成果。

在与欧美国家达成新的网络安全合作的同时，中国与亚洲国家和地区在网络安全合作方面也开拓了新局面。2015 年 9 月 13 日，中国—东盟信息港论坛在广西南宁开幕，中央网信办主任鲁炜指出，习近平总书记对建设中国—东盟信息港高度重视。一年来，共建基础设施、信息共享、技术合作、经贸服务、人文交流五大平台建设全面推进，一大批重点合作领域初步确立，一批立足广西面向东盟的重点工程也相继落地，这些成功的实践使中国—东盟信息港的地位和作用日渐凸显。中国将与东盟各国加强数字经济、优质信息服务、技术创新资源、优秀网络文化、网络治理经验五方面的网络成果共享，使中国—东盟信息港成为建设 21 世纪"海上丝绸之路"的信息枢纽。与会嘉宾和企业积极响应，纷纷表示愿意扩大合作，并积极参与信息港建设。2015 年 10 月 14 日，韩日、中韩分别举行双边会议，就网络安全问题进行磋商。15 日，中日韩网络安全事务磋商机制第二次会议在首尔举行，三方在会议上就网络攻击、各国网络政策、共同打击网络犯罪及恐怖活动等问题交换意见。2015 年 10 月 30 日，中国工业和信息化部与韩国未来创造科学部在北京共同召开了中韩信息通信主管部门网络安全会议，这是 2014 年两部门签署《关于加强网络完全领域合作的谅解备忘录》以来的第一次会议。双方一致认为，中韩两部门应互相借鉴网络安全管理和技术方面的经验，加强网络安全交流合作，共同提升网络安全管理水平。

在 2015 年第二届世界互联网大会上，习近平主席就推进全球互联网治理体系变革提出坚持四项原则：尊重网络主权、维护和平安全、促进开放合作、构建良好秩序；就共同构建网络空间命运共同体提出五点主张：一是加快全球网络基础设施建设，促进互联互通；二是打造网上文化交流共享平台，促进交流互鉴；三是推动网络经济创新发展，促进共同繁荣；四是保障网络安全，促进有序发展；五是构建互联网治理体系，促进公平正义。在 2014 年首届世界互联网大会上，习近平主席曾指出："中国愿意同世界各国携手努力，本着互相尊重、互相信任的原则，深化国际合作交流，尊重网络主权，维护网络安全，共同构建和平、安全、开放、合作的网络空间，建立多边、民主、透明的国际互联网治理体系。"

党的十八届五中全会通过了"十三五"规划建议，在这份纲领性文件中将网络安全作为"中国制造 2025"、建设网络强国、推进"互联网 ＋"等战略的基石。"十三五"规划建议中提出"积极参与网络、深海、极地、空天等新领域国际规则制定"，明确要求"实施网络强国战略，加快构建高速、移动、安全、泛在的新一代信息基础设施"。

国家领导人和顶层设计文件都高度重视网络安全国际合作，在今后尤其是"十三五"时期，互联网行业将发挥极其重要的作用。将我国建设成为网络强国要与"两个一百年"奋斗目标同步推进，向着网络基础设施基本普及、自主创新能力显著增强、信息经济全面发展、网络安全保障有力的目标不断前进，并在网络空间方面不断加强与世界各国的合作。

（三）重大网络安全事件层出不穷

2015 年网络安全形势持续恶化，并出现了一些新形式的威胁。XcodeGhost 对苹果手机应用产生了威胁，移动安全逐渐成为新的关注焦点。Hacking Team 黑客军火库数据遭泄露，业界哗然。黑客将目标瞄准航空业，网络安全对公共安全的威胁与日俱增。海康威视监控设备被曝存在严重安全漏洞。重大安全漏洞频发，网络攻击有增无减，攻击的目标渗透到了人们生活中的各个领域。

1. 黑客将攻击目标瞄准航空业，威胁公共安全

2015 年 6 月 21 日，波兰航空公司的地面操作系统遭到黑客攻击，致使系统出现长达 5 小时的瘫痪，至少 10 个班次的航班被迫取消，超过 1400 名旅客滞留在华沙弗雷德里克·肖邦机场。这是全球首次发生航空公司操作系统被黑的情况。好在这次黑客攻击活动只侵入了地面操作系统中的航班出港系统，未造成进一步的负面影响。这次黑客事件也提醒全球航空业以及同行运营商，黑客技术已经具备入侵航空系统核心部分的能力。

2. XCODE 导致移动应用植入后门，移动安全隐患凸显

2015 年 9 月 14 日，CNCERT 发布了《关于使用非苹果官方 XCODE 存在植入恶意代码情况的预警通报》，曝出大量由存在恶意代码 XCODE 编译开发的手机应用程序存在木马，其中涉及很多大型互联网知名企业开发的应用。存在后门的程序一旦被安装使用，会向被黑客控制的服务器发送如：手机软件版本、手机软件名称、本地语言、iOS 版本、设备类型、国家码等设备信息，能精准的区分每一台 iOS 设备；黑客也可通过远程执行命令控制对话框窗口等恶意操作，对用户的隐私安全造成极大威胁。目前，虽然黑客控制的服务器被关闭，但如果还有存在木马的手机应用未更新，恶意分子可以通过 DNS 污染的方法非法获取用户数据。

3. Hacking Team 厂商数据泄露

2015 年 7 月 5 日，一家意大利的黑客软件公司 Hacking Team 遭到入侵，并泄露了约 400G 内部文档、黑客工具源代码与电子邮件。这些数据记录显示全球有 30 多个国家政府通过交易获取监控软件，内幕的曝光引起舆论哗然。此外，数据中还包括了多个操作系统平台及应用软件的安全漏洞和利用代码。国内外安全厂商第一时间对这些公布的漏洞与利用代码进行分析，展开漏洞修补工作，并对网上的攻击行为进行拦截。虽然在短时间内造成了安全威胁，但伴随着时间推移，这些安全漏洞将会被修复。同时，这些规范化的黑客工具也将推动安全产业向前发展。

4. 海康威视产品遭遇"黑天鹅"，工控领域网络安全亟待加强

2015 年 3 月 1 日，国内著名网络摄像头生产制造企业海康威视发生"黑天鹅"安全门事件，监控设备存在严重安全隐患，部分设备已经被境外 IP 地址控制。经分析海康威视安防监控设备主要存在以下三个方面安全风险：一是容易被黑客在线扫描发现。黑客至少可以通过网络设备搜索引擎探索发现海康威视安防监控产品关键指纹信息。二是弱口令问题普遍存在，易被远程利用。据监测统计，有超过 60% 的海康威视产品的 Root 口令和 Web 登录口令均为默认口令。三是产品自身存在安全漏洞。海康威视产品在处理 RTSP 协议（实时流传输协议）请求时缓冲区大小设置不当，被攻击后可导

致缓冲区溢出甚至被执行任意代码。此次事件，凸显了安防行业乃至整个工控行业面临的严峻的信息安全挑战。相关工作人员的安全意识亟待提升，整个行业的信息安全技术水平亦需要全方位的改善和提高。

（四）网络安全产业迎来发展机遇

1. 网络安全市场总体发展趋势向好

随着近年来移动互联网、云计算以及物联网等新兴信息技术的蓬勃发展，伴随而来的是不断涌现的新型网络攻击，从传统的网络基础设施到工业控制系统、智能家居等新兴技术产业，使全球都面临着严峻的网络安全态势。当前，日益常态化、复杂化、高级化的网络安全威胁已成为事关国家安全的重要问题，引起全球各国的高度重视，大力发展网络安全产业成为各国政府的统一共识。各国政府纷纷升级国家网络安全战略，推动有关防火墙、防范恶意软件、内容过滤以及加密工具等加固网络安全方面的支出的增长。基于一系列利好政策、网络攻击事件、行业需求的驱动，2015年全球网络安全市场规模实现了快速增长。

据历年数据分析，网络安全市场最大投资方依然是航空航天、国防、情报组织等传统部门。随着网络技术的不断扩大和发展，越来越多的传统产业开始通过网络实现互联互通、贸易流通等，金融、制造等行业相继加大了对网络安全的投入。基于市场对网络安全的持续高度关注下，全球网络安全支出增长率预计到2018年将达到9.8%。全球网络安全市场收益最高的市场依然是北美及欧洲，亚太地区的网络安全市场也有着巨大潜力。

随着互联网技术与金融行业的深度融合，互联网金融作为新的金融业务模式，其面临的黑客频繁入侵、病毒木马攻击、用户敏感信息泄露等外部威胁及金融行业自身系统的脆弱性等问题所引发的安全问题，得到了行业内企业的高度重视且在网络安全方面的支出也持续增加。

网络安全解决方案市场不断壮大主要是移动恶意软件快速增长和恶意攻击数量激增导致的。据目前数据已知，全球每年在移动设备及网络安全解决方案方面的支出约为110亿美元，并且该支出随着移动恶意软件的快速增长而继续提高。另外，赛门铁克最新发布的互联网安全态势显示，仅在金融、保险和房地产领域，2015年10月份遭受攻击的次数就占当月所遭受攻击次数总和的69%，成为遭到黑客攻击的重灾区。与此同时，安全信息与事件管理、安全网络网关、身份管理和行政及企业内容识别数据丢失防护类软件市场发展强劲，新一代安全软件及云加密软件市场也随着新的网络安全问题的出现及新技术、新服务、新应用的推出而蓬勃发展，从而推动全球安全市场的逐步壮大。

我国已成为全球最大网络市场。《网络安全产业"十二五"规划》《2006—2020年国家信息化发展战略》《进一步鼓励软件产业和集成电路产业发展的若干政策》《关于加快应急产业发展的意见》等一系列规划全力推动我国网络安全产业快速发展，提升了网络安全产业在我国战略性产业中的地位。我国安全硬件市场，特别是以"上网行为管理"功能为主的安全内容管理硬件产品在政府及行业法规的推动下，正快速发展，据IDC分析师预计，该市场未来将继续保持高增长。另外，网络安全服务市场、企业级移动安全软件市场也存在巨大潜力。

目前我国网络安全厂商占据的市场份额大概为60%，随着网络安全防护需求的不断变化及层出不穷的安全攻击和威胁，投资并购已成为各大厂商扩大业务范围，提升盈利能力，保持高速增长的有效途径，并可以快速提高自身的竞争力，扩大市场份额。

2.网络安全服务市场稳步扩张

网络安全服务包括安全专业咨询服务、专业培训服务、安全运维、渗透测试、漏洞挖掘、云安全服务等。随着网络安全产品市场规模的不断扩大，网络安全服务市场也在不断发展。但是伴随着网络技术的不断发展，即使有完善的网络安全硬件、安全软件，依然会存在诸如0day漏洞频发、加固防护方案不完善和运维人员安全意识较差等方面的安全隐患，静态的安全产品已不能完全解决动态的安全问题。因此，发展全面的、多层次的网络安全服务已成为一项市场增长的需求热点。

由于发达国家信息化水平较高，各种安全基础硬件设施较为完善，在安全领域的投资多集中于安全服务方面，因此占据了全球网络安全市场 80%的市场份额，居于首位。

基于已进行的大规模的信息化建设，企业系统长期运维面临着许多难题，持续升高的运营成本、人员成本以及技术投入使得企业不堪重负。针对这些难题，越来越多的企业选择将企业业务系统的安全运维工作交给专业安全服务提供商来处理。随着市场管理安全服务需求的不断增强，安全托管服务提供商（MSSP）市场将实现稳步增长。根据咨询机构 IDC 的报告，MSSP正以 35%的年增长率迅速增长。据 Gartner 报告称，到 2018 年超过一半的组织机构将会更加倾向于寻求专注数据保护、安全风险管理及安全基础设施管理的企业提供商加强自身的安全状况。

随着互联网技术和应用软件的不断发展和壮大，越来越多的企业希望达到以最简化和最低成本进行企业管理，近年来各企业开始逐渐部署 SaaS（Software-as-a-Service，软件即服务）和应用程序 BYOD（Bring Your Own Device，自带设备办公）以达到管理目的。据 Gartner 公司预测，企业对云安全服务的接受度和依赖度越来越强，安全服务市场在未来几年进入高速发展期。现如今安全邮件网管服务虽增长速度相对缓慢，但与其他云安全服务相比，是企业投入最多的云安全服务。身份和访问管理云服务是大、中、小企业对云安全服务的主要需求，这种需求在逐年增长。虽然云安全服务市场仍然只是出于发展的一个"早期成熟阶段"，但云服务提供商和企业消费者之间基于云访问和其他云安全服务等的需求已推动了公共云安全服务更广泛的使用。

据 Cybersecurity 公布的 2015 年网络安全企业 500 强名单显示，已有越来越多的网络安全专业服务公司进入榜单。近年来由于企业在选择网络安全服务提供商时对专业网络安全服务提供商的倾向性越来越明显，说明网络安全服务市场的潜力巨大，并且有着强大的市场竞争力。Frost & Sullivan 网络安全研究主任 Frank Dickson 分析，快速增加的恶意软件和安全技能短缺是推动专业安全服务需求的主要动力。企业希望由专业的网络安全专家和团队来指导应对当前愈发复杂的网络安全威胁，并提供合理且实用的网络安全解决方案。据预测，北美专业安全服务公司将在 2018 年获得 19 亿美元的市场收益。

近年来，国内网络安全服务市场呈现新的变化，用户从以前只购买网络安全硬件逐渐转变为购买网络安全服务。据统计，2014 年我国网络安全服务市场规模达到 5.6 亿美元，2015 年这一市场规模进一步扩大至 6.84 亿美元。2012～2015 年，我国网络安全服务市场规模增长了约 1.7 倍，约占我国整个网络安全市场的 10%，然而与发达国家网络安全服务相比仍有差距，网络安全服务作为网络安全行业创新发展的新增长点，必将成为各大安全厂商争夺的焦点。

3. 网络安全教育与培训市场潜力巨大

据 IBM 发布的网络安全情报指数指出，现有的安全事件中有 95% 涉及人为因素。卡内基梅隆大学及美国特勤局发布的《美国网络犯罪调查》报告称，28% 的网络安全事件的发生归因于在职及离职员工、承包商及其他受信任方，并且此类事件造成的损失往往大于外部的恶意攻击。Gartner 公司的研究人员指出，员工的行为极有可能给安全性能带来重大影响。人在企业的网络安全保障中往往是最薄弱的环节。对于政府和企业开展网络安全工作、改善组织机构的合规性、及时更改不当的安全行为、提升网络安全保障能力，帮助员工维持并提高网络安全意识和技能具有重要的意义。据美国《财富》杂志网站报道，目前，美国社会正逐步重视网络安全培训，各大知名高校和政府机构都积极加大对网络安全培训的投入，加强对网络安全人才的培养与引导。Gartner 研究部副总裁 Andrew Wells 表示，全球网络安全培训市场的年收益超过 10 亿美元，并且还在以 13% 的增长率快速增长。

网络安全人才需求的快速增长也刺激着网络安全培训市场的发展。据信息公司 Burning Glass Technologies 发布的报告指出，当前人才市场中网络安全人才严重供不应求，在 IT 职场，网络安全专家已成为最热门的职业之一。网络安全人才需求已随着社会各方对网络安全的重视及网络安全市场的迅速发展，呈井喷式增长。据美国劳工数据统计局预测，仅网络安全分析师职位的招聘规模就将在 2012~2022 年增长 37%。与此同时，伴随着迅速增加的人才需求而来的是大量的人才空缺，以现有情况估计，2019 年全球只有约 450 万名网络安全人员，这也意味着届时将出现约 150 万人的缺口。

巨大的人才缺口和市场需求直接推动着全球网络安全培训市场的发展，Gartner 公司在 2014 年第四季度发布的首份《安全意识计算机培训供应商魔力象限》报告中对包括 Media Pro、Inspried eLearning、BeOne Development、Security Innovation、Wombat 和 Digital Defense 等六家在内的全球主流安全意识培训企业进行了介绍和点评，报告中所提到的企业年收益约为 6.5 亿美元。巨大的市场前景吸引了越来越多的大型网络安全企业，这些企业希望以收购的形式将安全意识培训与企业自身的安全产品进行深度融合，例如 PhishMe 和 Wombat 已经与一些安全公司建立了合作关系。

二　未来网络安全发展趋势

（一）中美网络安全竞争与合作并存，网络空间国际治理成为焦点

1. 美国加强网络安全战略合作，中美网络安全竞争与合作并存

中美两国在历史文化传统、意识形态、发展道路等方面存在巨大差异，这些差异导致了双方在网络安全问题上存在分歧。中国一直强调的是"网络主权"，各国都要维护国家在网络空间的独立权和自主权。而美国则认为，互联网空间应该是一个国际公域，应该保持无限制的开放和自由。"主权说"与"公域说"无法统一成为中美两国在网络问题上产生分歧的关键点。

美国一直企图保持在网络空间的绝对优势和不受挑战的全球领导地位。美国在政治、经济、文化等领域一直有着霸权思想，这种思想同样延伸到了网络空间领域。如今，中国成为网络世界第一大国，随着中国网络空间竞争力的增强，作为网络世界第一强国，美国将中国视为主要的竞争对手，将会

提防中国的发展，进一步加强与世界各国尤其是亚太地区国家的网络安全战略合作，以进一步消除其所认为的"中国威胁"。2015年，美国同日本、韩国、印度等亚太国家建立或加强网络安全合作关系，其中有牵制中国发展之意图。同时，美国在网络安全问题上频频向中国发难，从官方的指责、施压，到民间的恶意批驳，无不显示了美国对中国网络安全状况的怀疑和批判。美国大选在即，在网络空间领域对中国采取强硬态度也成为多位候选人的政治筹码。美国人事管理局（OPM）数据泄露事件发生之后，美国恶意揣测中国政府参与其中，一度想要以此制裁中国，为两国的网络互信关系蒙上阴影，中美网络安全关系一度十分紧张。9月，在习近平主席访美期间双方达成网络安全协议，随后中美重启网络安全对话，一定程度上缓和了日趋紧张的中美网络安全关系。

中美双方的差异与分歧固然存在，但是中国依然需要引进和学习美国先进的信息技术，而美国的互联网企业需要中国的市场。而且双方都受到网络犯罪、网络恐怖主义等问题的长期困扰，这也是全球性的问题，作为第一网络强国和第一网络大国的两个国家，应在相互尊重、相互信任的基础上，进行务实有效的网络安全合作，在探索全球网络行为准则方面树立国际典范。目前，中美在网络安全领域处于竞争与合作并存的态势，分歧依然存在，关键是双方在未来要有求同存异的诚心，相互许诺的诚信，寻求最大共识，实现互利共赢。

2. 网络空间国际治理成为焦点，网络安全国际合作进一步深化

从全球范围来看，互联网的发展已成为推动世界各国经济发展、提升综合国力的强大动力。习近平主席指出，"网络信息是跨国界流动的，信息流引领技术流、资金流、人才流，信息资源日益成为重要生产要素和社会财富，信息掌握的多寡成为国家软实力和竞争力的重要标志"。此前美国曾一国独霸网络世界，然而随着网络安全问题逐渐凸显，黑客行为日益猖獗，网络攻击造成的伤害防不胜防，网络恐怖主义危害深重，美国已无法凭借一己之力处理这些问题，必须选择多边合作之路。因此，面对网络安全这个国际化的问题，没有任何一个国家可以"独善其身"。国家和地

区之间需要建立合作伙伴关系，并在维护"网络主权"的基础上共同治理"网络空间"。

治国需要国法，治网当然也需要"网法"。网络空间行为准则涉及世界各方利益，因此联合国作为协调国际事务的机构，在网络空间秩序建设上将发挥主导作用。2015年7月，联合国"关于从国际安全的角度看信息和电信领域的发展政府专家组"公布了第三份关于网络空间国家行为准则的报告，在保护网络空间关键基础设施、建立信任措施、国际合作等领域达成了原则性共识。专家组包括中国、俄罗斯、美国、英国、法国、日本、巴西、韩国等20个国家的代表。早在2011年9月，中国、俄罗斯、塔吉克斯坦、乌兹别克斯坦等国的常驻联合国代表就联名致函联合国秘书长，要求将由上述国家共同起草的《信息安全国际行为准则》作为第66届联大正式文件发布。2015年1月，上海合作组织成员国综合国际社会意见和形势发展，更新了上述草案，作为联大正式文件发布。但是，联合国专家组报告只是基于各国"自愿"的原则性共识，缺乏刚性约束力。今后，还需要世界各国以《联合国宪章》等国际法和国际关系基本准则为基础，共同制定普遍接受的国际规则，最终达成网络空间国际行为准则才是治网之道。

除了联合国，2015年全球互联网联盟开始发挥作用，该联盟是由互联网名称与数字地址分配机构（ICCAN）、巴西互联网指导委员会和世界经济论坛联合发起的。2015年1月，联盟从全球46位提名人选中选出了20位委员会成员，中央网信办主任鲁炜和阿里巴巴集团董事局主席马云当选。6月30日，全球互联网治理联盟首次全体理事会在巴西圣保罗召开，会议通过了联盟正式章程，并选举了阿里巴巴集团董事局主席马云、ICCAN首席执行官法迪·谢哈德和巴西科技创新部负责信息技术政策事务的秘书维尔吉利奥·阿尔梅达三人为联盟理事会联合主席。章程进一步明确了联盟中多个利益方合作的治理模式。联盟致力于建立开放的互联网治理解决方案讨论平台，方便各国讨论互联网治理问题、展示治理项目、研究互联网问题解决方案。今后，全球互联网治理联盟将在全球网络空间治理方面发挥不可替代的作用。

（二）网络军演不断推进，网络反恐形势严峻

1. 网络军演不断推进

随着信息时代的战争形式向信息战、网络战的转变，各国政府开始加强网络军备力量，开展网络军演。美国是世界上第一个引入网络战概念的国家，也是第一个积极加强网军建设的国家。自 2002 年 12 月起，美国海军、空军和陆军纷纷组建自己的网络部队，全面开展网络战争行动。2012 年，美国国防部设立了专门的"网络任务部队"（Cyber Mission Force，CMF）。除了美国，俄罗斯、英国、欧盟、日本等国家和地区也重视网络军备力量建设。2015 年 9 月，芬兰 F-Secure 公司发布《公爵：7 年的俄罗斯网络间谍》（*The Dukes：7 Years of Russian Cyberespionage*），报告声称俄罗斯政府有一支名为"公爵"（The Dukes）的网络黑客部队，在过去 7 年一直对西方国家的政府和组织开展系统的攻击行动，其攻击范围包括美国、欧盟和中亚各国的政府部门和智库组织，以及北约位于美国佐治亚州的分部和非洲国家乌干达外交部。英国方面，其联合作战司令部（Joint Forces Command）建议政府增加 300 名网络专家力量，开发更多的恶意软件以保护本国网络安全，加强对敌国的网络攻击行动。英国政府也将设立专门的网络安全储备力量"联合网络储备"部门以保护数据网络的安全。2015 年 8 月，英国军方对英国所面临的安全威胁进行评估后，建议政府在接下来的五年内每年拨款四亿英镑作为网络安全专项基金，共计 20 亿英镑以应对来自俄罗斯、朝鲜乃至中国方面的网络袭击威胁。欧盟、日本等国设立了专门的网络安全部门以保护自身的信息安全。欧盟的网络安全机构曾在雅典开展了最大规模的演习以维护欧盟公共网络和通信设施的安全。日本组建了自己的网络战部队，2014 年 3 月 26 日，日本成立"网络防卫队"作为网络战的专门部队，负责每天 24 小时监视防卫省和自卫队的网络，以应对网络攻击，同时负责收集、分析、调研网络攻击和威胁相关情报。

自设立网络部队以来，网络军演不断推进。2015 年 4 月，来自北约 16 个国家的大约 400 名电脑专家在位于爱沙尼亚塔林的北约网络防御中心，举

行"锁定盾牌2015"的网络防御演习，是年度规模最大的一次演习。2015年9月25日至10月8日，美国陆军举行"网络一体化评估（NIE）16.1"多国联合网络军演，是迄今为止规模最大的一次NIE军演。包括英国、意大利在内的12个国家和美国其他军种参加了NIE16.1联合网络军演，超过9000名美军和盟军以及3000名非军职人员参与其中。NIE军演主要对陆军战场网络的各个方面进行测试，但此次军演更加强调对有人和无人编队的协同作战以及部署能力进行试验和测试。此次军演涉及大约300个作战平台，几乎包括所有种类的陆军车辆。NIE16.1军演将成为最后一届NIE军演，新的军演称为"陆军作战评估"（AWA）。第一届AWA军演为AWA17，将于2016年10月举办，强调创新和与工业界、学术界的合作。美国陆军还计划在2016年夏天举行"网络探索2016"军演，积极整合网络战和电子战。2016年，美国还计划对中国、伊朗和朝鲜相继开展网络军事演习。美国《2016国防授权法案》（*2016 National Defense Authorization Act*）提到，参谋长联席会议将开展一系列的军演来衡量美国网络司令部的战略部署和预测能力，以防止大规模的网络攻击，并能与中国、伊朗、朝鲜和俄罗斯在2020年和2025年有望达到的网络水平相等。这是美国国会第一次明确表示要求国防部必须考虑迫在眉睫的网络战争威胁。

美国国防部2015年发布的新战略公开把"网络战"作为今后军事冲突的战术选项之一，表示美军在与敌人发生冲突时，可以考虑实施"网络战"。新战略还分析了美国在何种情况下可以开展网络行动对付攻击者，公开指出美军"应当有能力通过实施网络战，干扰敌人的指挥和控制网络以及与军方有关的关键基础设施和武器设施"。基调已然从重在防御转向"在必要的情况下"主动进攻，攻防并重的姿态表露无遗。

2.网络反恐刻不容缓

恐怖主义的魔爪已伸向互联网，互联网已成为恐怖组织传播理论、招募人员、募集资金、策划袭击的重要工具。网络恐怖主义跨越地域限制，通过网络向全球扩散，其危害性日益严重。2015年，网络恐怖主义活动更加猖獗，网络恐怖主义已经严重影响世界的稳定与发展，尤其是"伊斯兰国"

（ISIS）的恐怖活动引起了全世界对网络反恐的高度关注，2015年举行的一些演习也注重打击网络恐怖主义。2015年8月17～20日，韩美进行"乙支·自由卫士"演习。此次演习主要包括战时行动程序训练、应对安全威胁和灾难威胁训练、应对网络恐怖主义训练等。2015年10月14日，上海合作组织成员国主管机关在厦门举行了"厦门－2015"网络反恐演习，这是上海合作组织首次举行针对网络恐怖主义的联合演习，也是中国落实网络反恐国际合作倡议的重要实践。演习体现了地区反恐怖机构执委会在协调各成员国采取联合行动中的重要作用，检验了上海合作组织框架下网络反恐协作机制的有效性，展示了各成员国主管机关在发现、处置和打击网络恐怖主义方面的法律规定、工作流程、技术手段和执法能力，进一步增进了各成员国之间的互信。

2015年11月13日，法国巴黎遭受"伊斯兰国"恐怖袭击，世人的目光再一次投向ISIS恐怖组织。该组织通常借助推特（Twitter）等网络平台吸收新成员，其成员大肆攻击社交媒体网络的情况也多有发生。在巴黎恐袭后，"匿名者"（Anonymous）黑客组织对ISIS恐怖组织宣战。早在2015年初，法国《查理周刊》袭击事件之后，一场由民间发动的针对"伊斯兰国"的网络战争也悄然展开。发起者是美国青年约翰·蔡斯（John Chase），"战斗群体"由来自世界各地的临时志愿者、工程师和网络专家等自发组成。通过汇集其他黑客的成果，蔡斯获取了26000个与"伊斯兰国"相关的推特账户，并将这些信息公布于网络上，提醒更多的人去共同抵制"伊斯兰国"在网络领域的恐怖活动和筹资行为。同时他们在更深入的网络系统内部开展同"伊斯兰国"的战争。目前，他们主要致力于追踪"伊斯兰国"的在线宣传设备，旨在对其恐怖宣传活动进行实时扼杀。这些民间自发组织的网络力量，配合俄、美等西方国家的政府在现实领域对"伊斯兰国"的军事行动，共同开展对恐怖主义的打击，在网络领域有效抵制了"伊斯兰国"的蔓延和壮大。

随着中国网络空间竞争力的不断增强，美国将中国视为主要的竞争对手，极力渲染中国大力发展先进的网络能力、窃取知识产权、影响其经济竞争力。未来世界各国将会进一步加强网络军备建设，进一步打击网络恐怖主义。世界需要和平，人类需要和平，2015 年 7 月发布的联合国专家组报告已将《武装冲突法（LOAC）》中的人道原则、必要性原则、相称原则和区分原则等写入其中，未来将会有更多的措施抵制网络军事冲突，打击网络恐怖主义，通过维护网络空间的和平促进世界和平。

（三）智慧城市建设如火如荼，网络安全工作亟待全面跟进

2008 年 11 月，在纽约召开的外国关系理事会上，IBM 首次提出了"智慧地球"这一理念，进而在全球范围内引发了智慧城市建设的热潮。2009 年，爱荷华州迪比克市与 IBM 合作，建立美国第一个智慧城市；韩国以计算机网络为基础，打造绿色、数字化、无缝移动连接的生态、智慧型城市；新加坡启动"智慧国 2015"计划，通过物联网等新一代信息技术的积极应用，力图将新加坡建设成为经济、社会发展一流的国际化智慧城市；日本政府 IT 战略本部推出"i-japan（智慧日本）战略 2015"，以大力发展电子政府和电子地方自治体，推动医疗、健康和教育的电子化；欧洲的智慧城市如卢森堡、阿姆斯特丹、斯德哥尔摩等更多关注信息通信技术在城市生态环境、交通、医疗、智能建筑等民生领域的作用，希望借助知识共享和低碳战略来实现减排目标，以推动城市的低碳、绿色、可持续发展。

在中国，智慧城市建设工作也正在如火如荼的全面铺开。深圳市 2010 年 2 月在全市科技工贸和信息化工作会议暨工矿商贸企业安全生产工作会议上提出了"智慧深圳"的发展思路；上海市 2011 年 9 月发布了《上海市推进智慧城市建设 2011—2013 年行动计划》；北京市 2012 年 3 月发布了《智慧北京行动纲要》；浙江省 2012 年也发布了《浙江省人民政府关于务实推进智慧城市建设示范试点工作的指导意见》。国家层面，2013 年 1 月，住房和城乡建设部公布了首批 90 个国家智慧城市试点；同年 8 月，住建部再度确定 103 个城市（区、县、镇）为国家智慧城市试点。2015 年 4 月，住建部办公厅和科学技术部办公厅联合发布了《关于公布国家智慧城市 2014 年度试点名单的通知》，确定北京市门头沟区等 84 个城市（区、县、镇）为国家智慧城市 2014 年度新增试点，河北省石家庄市正定县等 13 个城市（区、县）为扩大范围试点，

航天恒星科技有限公司等单位承建的 41 个项目为国家智慧城市 2014 年度专项试点。截至目前，中国的智慧城市试点已接近 300 个。

智慧城市是基于高度发达的计算机技术、网络技术而构建的新型城市。而且，智慧城市所面临的网络安全风险，不再仅仅是信息泄露、信息系统无法使用等"小"问题，而是会对现实世界造成直接的、实质性的影响，如设备运行异常（交通瘫痪、城市运行停滞）、设备运行停滞（停水、停电、停气、停供暖）、设备损坏（零部件损坏甚至火灾爆炸）、环境污染甚至人员伤亡等。所以，在智慧城市建设工作如火如荼地开展现状之下，智慧城市网络安全工作亟待全面跟进。加强智慧城市网络安全工作的顶层设计和统筹协调，严格全流程网络安全管理；实现网络安全工作与智慧城市建设的深度融合；科学解决新技术新应用带来的网络安全风险与隐患，有效提高抵御和防范风险的能力等。

由于智慧城市存在典型的"大""多""杂"等特点，学界目前对于智慧城市的概念尚没有统一的定义。但是，在智慧城市的技术架构方面，参与方基本达成了共识，即智慧城市由低到高共包括感知层、传输层、数据层、应用层四层结构。

感知层设备繁多，需要配备着实有力的信息安全防护手段。智慧城市的感知层包括数量巨大、种类繁多的各类终端感知设备（如各类传感器、数据采集设备等），这些感知设备像智慧城市的"眼睛""耳朵"和"四肢"，一旦受到网络攻击，将直接影响智慧城市的正常运行，数据层将无数据可用，甚至接收到恶意的错误数据，进而影响分布于应用层的大量应用终端。负责具体执行的设备则可能进行错误操作，导致设备故障或损坏，从而造成更为严重的后果。

传输层拓扑结构复杂，需要开展全方位的网络安全监测、通报预警等工作。传输层是指智慧城市中所包含的各类传输网络，具有纷繁复杂的网络拓扑结构，这些传输网络像"神经系统"一样，负责将感知层监测和捕获的信息传输到相应的数据中枢。传输层的网络安全风险也需得到足够重视，否则就会出现诸如传输数据被窃取或遭篡改、传输链路被切断、通过网络进行 APT 和 DDoS 攻击等网络安全事件，进而影响智慧城市各系统的正常运行，影响城市居民的正常生产、生活等。

数据层存储大量关键数据资源，需要构建多层次的数据防护、容灾备份等信息安全保护机制。数据层是智慧城市存储各类信息化数据的所在，是智慧城市大数据应用及其他应用程序能够正常实现其设计功能的关键所在。大量的数据存储服务器等信息化设备分布在该层结构当中，所存储的海量数据中也不乏金融、能源、安全等敏感信息，导致其自然而然地成为针对智慧城市网络攻击的主要目标之一。特权提升、SQL 注入、口令破解、窃取备份等都是常见的针对数据层的网络攻击，也是智慧城市相关管理及技术人员需要特别注意防范的几个方面。

应用层系统和种类繁多，需要全面落实等级保护制度，统筹建设信息共享、应急指挥体系等安全保障能力。应用层是居民、管理者等智慧城市参与人与各信息化系统直接交互的所在。智慧城市参与人通过应用层向各信息系统发布指令以实现相应的功能、完成相应的工作任务；各信息系统则通过应用层将其运行和计算的结果以各种形式提供给智慧城市参与人。随着大数据、物联网、云计算等典型智慧城市应用在城市生活中发挥越来越大的作用，针对它们的网络攻击（诸如缓冲区溢出攻击、钓鱼攻击、社会工程学攻击等）也愈发引人关注，也将是开展智慧城市网络安全管理及防护工作的关键点之一。

（四）大数据时代，安全隐患令人担忧

21 世纪互联网技术高速发展，新技术不断涌现、普及，数据总量呈爆发式增长，传统的技术与策略难以分析、处理、存储海量的、多样化的、动态的数据。大数据技术便成为一种重要的资源应运而生，更加有利于各行各业的业务发展，让政府更加清楚地了解各行业各领域的发展动态，甚至可直接影响一个国家基础性的社会制度。维基百科给大数据做出了一个定性的描述："大数据是指无法使用传统和常用的软件技术和工具在一定时间内完成获取、管理和处理的数据集。"大数据并非数据量规模大小的定义，而是代表海量数据处理所需的技术和方法，也代表信息技术发展进入一个新时代，更代表新发展、新机遇。

大数据技术的兴起，带来了巨大发展机遇。美国政府曾将大数据隐藏的巨大价值比作"未来的新石油"，足以见得大数据技术对社会、科技发展带来的意义。早在 2010 年 12 月美国总统奥巴马和国会接到了一份战略报告《规划数字未来》，报告中明确指出要把大数据的收集和使用提升到国家战略高度。2012 年 7 月，联合国发布了《大数据促发展：挑战与机遇》的白皮书，这本关于大数据政务的白皮书，将全球关于大数据的研究带入了新时代，甚至国内外很多国家将大数据技术作为一个新的计算机领域。

中国政府同样跟随大数据技术发展的浪潮，使大数据技术成为中国政府、社会关注的重点。为推动中国大数据技术的发展，2012 年中国计算机学会成立了"大数据发展战略报告"撰写组，撰写了《2013 年中国大数据技术与产业发展白皮书》。自 2013 年以来，中国政府和学术界将大数据列为重大研究课题，广泛开展研究工作。

大数据技术在改变国家经济、政治乃至人们日常生活的同时，也给数据资源安全带来了巨大挑战。目前大数据技术的研究正处于起步阶段，还不够成熟，大数据的收集、存储、传输、利用过程均存在不安全的因素，如果发生恶意攻击事件，将可能造成重大数据信息的泄露。每年都会有数据泄露的重大新闻，如近几年的 CSDN 数据库泄露，12306 用户数据泄露，126 邮箱账号密码等信息的泄露，今后我们可能会遇见更多的数据泄露事件，数据安全也逐渐成为人们所关注的焦点，大数据技术的出现使得隐私数据在很大程度上发生了广义的变化，和传统隐私数据有了本质上的区别，大数据分析后的隐私数据能够对隐私信息进行更加深入地分析，致使人们对大数据安全产生了担忧。大数据因包含许多敏感信息，关注度会逐渐提高，更容易成为攻击者潜在的攻击目标。大数据因包含的数据量比常规的系统多，相比攻击常规系统，攻击者成功一次可以获得更多的数据信息，无形中降低了攻击成本。网络技术为大数据智能化提供了方便，同时也增加了大数据的安全风险。由此，在推广应用大数据技术的同时，如何提高大数据安全管理水平，建设大数据安全保障体系，确保大数据基础设施和数据资源安全将成为未来网络安全技术、管理以及制度建设的重要方向。

专题报告

Special Reports

B.2

网络安全立法进一步完善

刘京娟　张慧敏*

摘　要：　2015 年，网络安全立法持续升温，多个国家和地区在网络安
全立法方面取得显著进展。美国作为网络安全立法走在世界
前列的国家，依然毫不松懈，在 2014 年底通过五部与网络安
全相关的法律基础上，积极聚焦网络信息共享立法，推进对
现有法律的修订，并开始布局新兴领域网络安全立法。欧盟
则继续推进数据和隐私保护立法，拟于 2016 年推出新版《一
般数据保护条例》，以期在整个欧盟境内实施统一的数据保护
规则。中国也大力加强网络安全立法，随着《中华人民共和

* 刘京娟，情报学硕士，工业和信息化部电子科学技术情报研究所工程师，主要研究方向为网
络安全立法、关键信息基础设施保护、大数据网络安全等；张慧敏，管理科学与工程专业博
士后，工业和信息化部电子科学技术情报研究所高级工程师，主要研究方向为网络安全战略
与政策。

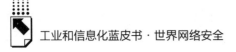
国网络安全法（草案）》的发布，中国网络安全立法迈出实质性步伐。

关键词：　网络安全　信息共享　数据保护　法律法规

一　美国高度加强网络安全立法

作为世界超级大国和网络技术最为发达的国家，美国在网络安全立法方面走在世界前列，目前已经出台了数十部法律来加强网络安全保护，拥有世界上数量最多、内容最广泛的网络安全法律体系，其内容涉及关键基础设施保护、数据资源安全保护、网络恐怖主义打击、网络色情与网络欺诈等网络犯罪活动治理等多个方面。尽管如此，美国在网络安全立法方面依然不敢松懈，美政府、专家与立法机构仍然认为美国当前的法律不能满足应对日益严峻的网络威胁及安全挑战的需求，亟须进一步加强。

（一）网络安全立法取得重要进展

近年来，美国在网络安全立法方面处于停滞状态，虽然每年国会提出许多相关议案，但通过的寥寥无几。然而，2014年底，美国总统奥巴马连续签署了五部涉及网络安全的法案——《2014联邦信息安全现代化法案》《2014国家网络安全保护法案》《2014网络安全加强法案》《网络安全人员评估法案》《2014边境巡逻员薪资改革法案》，成为美国近年网络安全立法领域的一次重要突破。

1.《2014联邦信息安全现代化法案》

《2014联邦信息安全现代化法案》对《2002联邦信息安全管理法案》（FISMA）进行了修订，旨在重新确立管理和预算办公室（OMB）主任（以下简称主任）针对联邦机构信息安全政策和实践的监督权力，并进一步明确国土安全部（DHS）部长（以下简称部长）对联邦机构信息系统政策及实施进行管理的权力。

主要内容包括：要求部长制定并监督执行相关指令，要求各联邦机构执行主任关于保障联邦信息系统的相关标准指南，避免出现信息安全威胁、脆弱性或风险。授权主任修改或废除不符合政策的业务指令。要求部长确保联邦信息安全事件中心（FISIC）的正常运行，根据联邦机构的请求，管理FISIC程序、部署技术，协助FISIC消减网络威胁和安全漏洞。要求主任向国会提交年度报告，报告主要涉及信息安全政策的有效性，解决数据泄露通知程序的合规问题。针对情报机构运行的某些系统规定向国家情报总监（DNI）下放OMB的信息安全权力。指示部长参照国家标准与技术研究院（NIST）制定的标准指南确保相关指令与NIST信息安全标准不发生抵触。指示联邦机构负责人确保信息安全管理流程与预算规划得到有机整合、高级机构官员履行其信息安全职责以及信息安全计划得到有效实施。规定联邦机构积极使用自动化工具开展定期风险评估、安全程序测试及检测、安全事件报告和响应等工作。要求各联邦机构在有合理理由认为已经发生重大事件七天内通知国会。指示各联邦机构向OMB、DHS、国会和政府问责局（GAO）提交关于主要事件的年度报告，要求这些报告包括威胁、漏洞和影响，重大事件发生前系统的风险评估结果及重大事件发生时系统合规的状态，检测、响应和补救措施，事件总数，涉及个人信息受影响情况的说明等。授权政府问责局向各联邦机构及检查人员提供技术协助。要求OMB针对信息安全计划和措施有效性评估以及重大事件鉴定制定指引。指示FISIC为相关机构提供关于网络威胁、漏洞和风险评估的情报。在本法颁布两年期间内要求向国会的年度报告中引入各联邦机构对先进安全工具的评估。规定OMB确保数据泄露通知政策得到有效贯彻实施，要求受影响的机构在发现未经授权的获取或访问后按照下述规定开展通报工作：一是在30天内向国会通报；二是在实际可行的情况下尽快向受影响的个人通报。

2. 《2014国家网络安全保护法案》

《2014国家网络安全保护法案》对《2002国土安全法》进行了修订，旨在成立DHS国家网络安全和通信整合中心（以下简称中心），监督关键基础设施保护、网络安全及相关 DHS 计划的实施。主要内容如下。

要求中心成为联邦民用接口，使联邦和非联邦机构共享网络安全隐患、事故、分析和预警信息。指导中心在所有联邦政府和非联邦机构中实现实时、协调行动，促进跨部门合作应对风险和挑战，积极开展网络安全分析并共享分析结果，为各相关机构提供技术援助、风险管理和安全措施建议。

指导中心确保部门内、跨部门以及与部门协调委员会、信息共享和分析机构、其他非联邦机构开展持续的合作，开发和利用技术中立机制，实时共享风险和事件信息，防止未经授权的访问。

允许 DHS 副部长（以下简称副部长）自主决定是否将政府机构或者私营实体纳入中心或者是否向其提供协助或相关信息。

要求 DHS 部长（以下简称部长）向国会报告关于中心和非联邦机构间就网络安全目标加快实施信息共享协议的情况。

指示部长针对如下事项向国会做年度报告：（1）非联邦参与者的数量，处理相关机构加入中心的申请以及拒绝其加入请求的原因；（2）与关键基础设施行业共享 DHS 信息；（3）保障隐私和公民自由。

指示副部长制订、维护和行使适应网络事件应对计划，解决关键基础设施的网络安全风险。

要求部长为行业协调委员会、部门信息共享和分析机构以及关键基础设施的业主和运营商提供与国家网络安全综合计划相关的安全检查申请流程。

指导 OMB 确保数据泄露通知政策得到有效贯彻实施，要求受影响的机构在发现未经授权的获取或访问后按照下述规定开展通报工作：一是在 30 天内向国会通报；二是在实际可行的情况下尽快向受影响的个人通报。要求 OMB 评估机构实施数据泄露通知政策。

3.《2014 网络安全加强法案》

《2014 网络安全加强法案》是一部内容较为综合的法律，涉及了网络安全合作、技术研发、人才培养、意识教育和标准建设等多方面内容。

在网络安全合作方面，本法修订了《国家标准与技术研究院法》，允许商务部部长授权 NIST 主任采取行动，促进和支持制定自愿、协商一致、行业主导的标准和程序，在成本效益的基础上消减关键基础设施的网络风险。要求 NIST 主任在执行上述活动的过程中做到以下方面：一是与相关私营部门的人员和机构、关键基础设施的业主和运营商、行业协调委员会、信息共享和分析中心以及其他相关行业组织定期开展合作并引入其行业专业知识；二是与具有国家安全责任的部门、机构、州和地方政府、其他国家政府以及国际组织的负责人开展协商；三是确定优先、灵活、可重复、基于成本效益的方法措施，其中包括可由关键基础设施的业主和运营商自愿采纳的信息安全措施；四是减轻对商业机密的影响、保护个人隐私和公民自由、引入自愿性共识标准和行业最佳实践、符合国际标准、防止监管程序重复。禁止NIST 主任规定某种特定解决方案，或要求按照某一特定方式设计或者制造产品或服务。禁止联邦、州、部落或地方机构监管出于为制定网络风险标准目的而向 NIST 提供的信息用于规范任何实体的活动。指示 GAO 在一个特地期间针对 NIST 促进上述标准和程序的行为提交两年期报告。指示 GAO 在相关报告中就关于采纳或者不采纳上述标准的行业进行原因评估。

在网络安全研究和开发方面，本法指示农业部、商务部、国防部、教育部、能源部、卫生与人类服务部、内政部、环境保护署、国家航空和航天局、国家科学基金会、科学与技术政策局等机构，每四年制订和更新一次联邦网络安全研究和发展战略计划，要求该计划基于对网络安全风险的评估，指导联邦网络安全和信息保障研究和开发的总体方向。指导各机构进一步扩大现有方案，满足网络安全的目标，具体包括在如下方面采取措施：一是保证个人隐私，验证第三方软件和硬件，解决内部威胁；二是确定通过互联网传送消息的来源；三是保护使用云计算存储或通过无线服务传输的信息。要求各机构向国会提交计划及更新情况。指示国家科学基金会支持网络安全的研究，评估网络安全测试床，允许国家科学基金会在确定需要额外测试床时向高等教育机构或研究和发展非营利机构拨款建造所需额外测试床。扩展国家科学基金会在评估相关机构申请拨款建立中心计算机和网络安全研究时需要考虑的标准，其中包括：一是申请人与私营部门机构和现有联邦研究计划的从属关系；二是管理公私伙伴关系的经验；三是在安全环境中开展跨学科网络安全研究的能力；四是在系统安全性、无线安全、网络和协议、高性能计算、纳米技术或工业控制系统等领域的研究。要求 NIST 建立安全自动化系统在联邦政府内部持续监测信息安全。指示 NIST 在其计算标准程序项下进行内部安全研究活动。

在教育和人才培养方面，本法指示商务部、国家科学基金会和 DHS 支持竞争和挑战，招募个人履行信息技术安全职责，促进网络安全创新。授权人事管理办公室（OPM）支持上述竞争和挑战获胜者在联邦政府进行实习或其他工作。指示国家科学基金会继续实施联邦网络奖学金计划，接受者在该计划下同意在相当于其获得奖学金的时间期限内为联邦、州、地方或部落机构工作。要求联邦国家基金会向国会定期评估和报告以下事项：一是针对上述奖学金成功招募人员；二是在公共部门中雇用和留用相关人员。

在意识培训方面，本法指示 NIST 传播技术标准向相关个人、中小企业、教育机构及州、地方和部落政府推广最佳实践，提高公众关于网络安全的意识和理解，支持教育方案并评价劳动力需求。要求 NIST 制订一项战略计划，指导支持上述联邦活动并每五年向国会提交上述计划。

在提高技术标准方面，本法要求 NIST 协调联邦机构参与国际技术标准制定。指示 NIST 确保与有关私营行业利益相关者进行合作。要求 NIST 与 OMB 开展合作并与联邦首席信息官委员会进行协作，继续发展并鼓励实行关于联邦政府云计算服务使用的全面战略。要求针对以下活动予以考虑：一是与私营部门协作，加快制定相关标准，解决云计算服务的互操作性和可移植性；二是推动私营部门一致性测试的发展，支持云计算的标准化；三是与私营行业进行协商，支持制定安全框架、参考标准以及最佳实践路径，供联邦机构在解决安全和隐私问题时使用。同时，要求 NIST 继续执行相关计划，支持制定与身份管理研究和开发的自愿的、基于成本效益的相关技术标准、测试平台等。

4.《网络安全人员评估法案》

《网络安全人员评估法案》要求 DHS 部长评估网络安全人员工作，制定全面人才战略。主要内容包括网络安全人员评估、人才战略及网络安全奖学金计划等内容。

人员评估的内容包括：DHS 人才准备工作及其技能；网络安全人才的职位信息（永久全职员工信息、合同工信息以及国家安全局在内的其他联邦机构雇用人员信息）；其他信息（网络安全范畴内各工作人员的百分比；接受必要培训以胜任工作的专门领域人才；未接受培训的原因及培训过程中遇到的挑战）。

人才战略的内容包括：要求部长制定、维护和更新人才战略，提高 DHS 网络安全工作人员的能力和水平，战略内容要包括制订多阶段招募计划，制订五年实施计划，制定 DHS 网络安全人才培养十年规划，明确阻碍雇用的各种障碍、网络安全人才发展情况以及了解 DHS 网络安全人才需求差距和弥补差距的计划。要求部长向相关议会委员会提交年度更新计划，更新内容包括网络安全人员评估要求及在全面人才战略过程中取得的进步。

网络安全奖学金计划是指，由部长向相关议会委员会提出，为准备攻读硕士学位和博士学位并承诺在达成意向的时间内回到 DHS 工作的人员提供学费支持以吸引网络人才的一种方式。

5.《2014边境巡逻员薪资改革法案》

本法旨在加强美国海关与边境保护局（CBP）的作用，确保边界巡逻人员有足够的能力，以进行必要的工作。其中与网络安全相关的主要内容如下。

要求 OPM 颁布关于执行本法的相关规定。修订《2002 国土安全法》，授权 DHS 部长：（1）在现职人员履行、管理或者监督相关职能的特殊服务中设定职位，相关职能涉及执行 DHS 与网络安全（资质职位）相关的职责，其中包括此前被视为高级职位和高级执行服务职位的职位；（2）委任一人担任该资质职位，并给予与国防部中同等职位相同的薪酬，允许部长为上述员工提供额外补偿、激励和津贴。指示国家保护和计划局向国会报告首都地区之外网络安全人员和设施的可用性。

该法的第 4 节又被称为《国土安全部网络安全人员评估法案》，它对部长提出如下要求：一是确定 DHS 内部所有的网络安全工作人员职位；二是确定所有 DHS 网络安全工作人员职位的主要工作类别和专业领域；三是按照在 OPM 指南中规定的数据标准分配相应的数据元素代码；四是建立相关程序，明确包含网络安全功能的相关开放职位；五是针对每一个上述职位分配适当聘用代码。指导部长在 2021 年之前每年开展如下工作：一是确定 DHS 网络安全工作人员的工作类别和具有关键需求的专业领域；二是向 OPM 主任提交报告，对上述类别和领域进行说明。要求 OPM 主任向部长提供关于确定网络安全工作类别和迫切需要专业领域的指导，包括急需技能和新兴技能短缺领域，要求部长确定 DHS 网络安全人员迫切需要的专业领域并向国会提交一份进展报告。指示 GAO 分析、监测并报告 DHS 网络安全工作人员措施的执行情况。

（二）网络信息共享成立法重点

2015 年 1 月奥巴马在其国情咨文中呼吁加强网络信息共享立法，美国国会积极响应，在第 114 届国会（2015～2016 年），一共有五份关于共享网络安全信息的法案在国会上被提出（见表 1）。其中有两项在众议院被合并成一项，有两项在参议院被合并成一项。众议院将 H. R. 1560《保护网络法案》（PCNA）和 H. R. 1731《2015 国家网络安全保护加强法案》（NCPAA）合并为 H. R. 1560。参议院将 S. 754《2015 网络安全信息共享法案》和 S. 456《2015 网络威胁共享法案》合并为 S. 754。10 月 27 日，美参议院通过了《2015 网络安全信息共享法案》（CISA）。这几部法案的相关情况具体详见表 1。

表 1　第 114 届国会关于信息共享的法案概况

名称	提出时间	提案人	委员会	当前状态
S. 456《2015 网络威胁共享法案》	2015 年 2 月 11 日	参议员 Carper Thomas R	参议院国土安全和政府事务委员会	提交到参议院国土安全和政府事务委员会
H. R. 234《网络情报共享和保护法案》（CISPA）	2015 年 1 月 8 日	众议员 Ruppersberger C. A. Dutch	众议院的永久情报委员会、司法委员会、军事委员会、国土安全委员会	提交到宪法和民法小组委员会

名称	提出时间	提案人	委员会	当前状态
S.754《2015 网络安全信息共享法案》（CISA）	2015 年 3 月 17 日	参议员 Burr Richard	参议院情报委员会	10 月 27 日参议院通过
H.R.1560《保护网络法案》（PCNA）	2015 年 3 月 24 日	参议员 Nunes Devin	众议院永久情报委员会,4 月 13 日上报	4 月 22 日众议院通过
H.R.1731《2015 国家网络安全保护加强法案》（NCPAA）	2015 年 4 月 13 日	众议员 Michael McCaul 和 John Ratcliffe	提交到众议院国土安全委员会,4 月 17 日上报	4 月 23 日众议院通过

资料来源：工业和信息化部电子科学技术情报研究所分析整理。

上述几部涉及网络安全信息共享的法案中，最引人注意的是《2015 网络安全信息共享法案》，该法案旨在鼓励企业与政府以及其他企业共享关于其网络和黑客威胁信息，通过为企业提供法律保护以防止大规模用户数据的泄露。该法案的内容被整合到《2016 综合拨款法案》，《2016 综合拨款法案》于 2015 年 12 月 18 日由总统签署成为法律。

CISA 主要内容如下。

CISA 第 3 节要求 DNI、DHS、国防部（DOD）和司法部（DOJ）制定并颁布规程加以促进以下几个方面：一是与私营机构，非联邦政府机构，州、部落或地方政府及时共享联邦政府所掌握的机密和解密的网络威胁指示信息；二是与公众共享非机密网络威胁指示信息；三是与实体机构共享网络安全威胁以防止或消减不利影响。当联邦政府违法共享信息时，需要发出通知通告实体机构。指示 DNI 需在本法案颁布后 60 天内递交这些程序给国会。

CISA 第 4 节允许私营机构进行监控并采取防御性措施来检测、防止或消减关于以下系统的网络安全威胁和安全漏洞：一是私营机构自身的信息系统；二是经过授权和书面同意的其他私人或政府实体机构的信息系统。授权实体机构来监控由被监控系统储存、处理或传输的信息。允许实体机构与其他实体机构或联邦政府之间分享并接收网络安全威胁信息及分享防御性措施。要求接收者是遵守共享机构关于共享或使用网络安全威胁信息或防御性措施的合法限制条件的实体机构。要求联邦政府和实体机构监控、使用或共享网络安全威胁信息和防御措施：一是采用安全措施来防止未经授权的访问或获取；二是在共享网络安全威胁信息前，移除个人信息或与网络安全威胁无直接联系但能识别特定个体的私人信息。同时，该法允许州、部落或地方机构使用共享的网络安全威胁信息（经实体机构同意共享的网络安全威胁信息），来预防、调查或起诉以下相关的犯罪事件：一是死亡、严重身体伤害或严重经济危害，包括恐怖主义行为或大规模杀伤性武器的使用；二是涉及严重暴力重罪、欺诈和身份盗窃、间谍活动和审查制度、商业机密等的犯罪活动。私人实体机构因网络安全用途、交换或提供以下两方面内容而得以豁免：一是网络威胁信息；二是在预防、调查或消减网络安全威胁方面提供援助。这种豁免不适用于这些方面：价格管制、竞争对手之间的市场分配、垄断或试图垄断市场、贸易抵制、价格或成本信息交易、客户名单、与未来竞争性计划相关的信息。

CISA 第 5 节指示 DOJ 发布关于收到联邦政府提供的网络安全威胁信息和防御措施的规程。要求这些规程包含自动化实时共享流程，审计能力，以及针对进行未经授权活动的联邦官员、员工或代理人相应的制裁措施。指示 DOJ 制定并公布指导方针，来协助实体机构与联邦政府共享网络安全威胁信息，包括鉴别和保护私人信息的指南。要求 DOJ 颁布并定期审查隐私和公民自由准则，来限制个人或辨识信息的接收、保留、使用和传播。提供指导方针，包括一系列步骤，让传播网络威胁信息与保护机密或其他国家安全敏感信息不相冲突。指示 DHS 为联邦政府制定程序，以便于及时从任一实体机构那里接收网络威胁指示信息和防御措施，确保合适的联邦实体机构以自动化的方式通过实时进程接收网络威胁信息。要求 DHS 向国会书面证明国土安全部的共享能力在程序实施前就已经具备了。要求 DHS 具备实现联邦政府依据本法案接收由私营实体机构通过电子邮件或媒体、交互网站形式，或信息系统的实时自动化方式共享的网络威胁指标信息和防御信息的能力，但以下方面除外：一是联邦实体机构和私人实体机构之间关于先前共享网络威胁指示信息的沟通；二是受监管的实体机构与联邦政府监管机构之间关于网络安全威胁的沟通。禁止 DHS 限制沟通、记录或其他相关信息的合法披露，具体包括：一是已知或涉嫌犯罪活动的报告；二是自愿或被法律迫使参与联邦调查；三是提供网络安全威胁指示信息或防御措施作为法定或授权的合同要求的一部分信息。指示 DHS 确保 DHS 共享程序得到公示并且可被获取。要求 DHS 向国会报告关于国土安全部内共享程序的实施。要求与联邦政府共享的网络威胁指示信息和防御措施，以及与州、部落或地方政府共享的威胁指示信息：一是视为自愿分享的信息；二是在需要信息或记录披露的司法管辖区，依照所有相关法律被豁免披露或不被公开。在网络安全威胁信息和防御措施与其他适用的联邦法律符合一致的情况下，可出于以下目的而向任一联邦机构或单独的联邦政府代理处披露、留存和使用：一是保护信息系统或信息系统储存的、处理的或传输的信息免受网络安全威胁或安全漏洞危害；二是识别网络安全威胁，包括来源或安全漏洞；三是识别外国敌对势力或恐怖分子使用信息系统；四是响应或预防或消减严重的威胁，或有关死亡的紧迫威胁、身体受到严重伤害、经济严重受损，包括恐怖主义行为或大规模杀伤性武器的使用；五是预防、调查、扰乱或起诉源于死亡威胁、身体受到严重伤害、经济严重受损的犯罪活动，或关于严重暴力重罪、欺诈和身份盗窃、间谍活动和审查、商业机密的犯罪活动。提供给政府的网络威胁指示信息和防御措施禁止被政府机构直接用于监管实体机构的合法活动。

CISA 第 6 节为依据本法案行事的实体机构提供责任保护，具体包括：一是监控信息系统；二是实体机构与联邦政府共享且接收的网络威胁指示信息或共享的防御措施与 DHS 规定程序和例外情况保持一致。指示相关的联邦机构和指定代理处的监察长至少每两年向国会报告本法案的实施情况。报告内容要包括以下方面：一是对隐私和公民自由的影响评估；二是涉及共享网络威胁指示信息和防御措施的国土安全部、情报部门、司法部、国防部和能源部的监察长。

CISA 第 8 节禁止本法案被解释为允许联邦政府需要实体机构为其提供信息。

CISA 第 9 节指示 DNI 向国会报告有关网络安全威胁的事宜，包括网络攻击、网络盗窃和数据泄露。该类报告需包括以下内容：一是对美国现阶段与其他国家进行关于涉及美国国家安全利益、经济和知识产权方面的网络安全威胁方面的情报共享、合作关系的评估；二是国家行为和非国家行为的主要清单；三是对美国政府响应及防御能力的描述；四是其他能够提升美国能力的技术评估，包括能够快速应用于情报领域的私营部门技术。

CISA 第 10 节修订 2013 年的财政国防授权法，授权 DOD 与其他联邦机构共享由国防承包商上报的关于网络或信息系统遭到渗透的报告。

（三）对旧法律进行修订以符合当前需求

随着信息技术的不断进步以及网络安全新形势愈发严峻，美国意识到现有的法律存在一定滞后性，因此美国立法者积极考虑对现行法律进行修订，以满足当前立法需求。其中较典型的案例就有对 FISMA 的修订，近年来，国会持续提出对 FISMA 进行修订的议案，终于 2014 年 12 月 18 日通过《2014 联邦信息安全现代化法案》，该法案对《2002 联邦信息安全管理法案》（FISMA）进行了更新，提出对联邦计算机网络进行实时、自动监控，进一步明确保护联邦计算机网络安全各相关机构的角色和职责。除此之外，在网络犯罪打击方面，由于在近期法院判决中的失利，美司法部正筹备重新阐释和修订相关计算机侵权法律。美国在 1986 年制定了《计算机欺诈和滥用法》，目的是为了惩罚那些攻击他人计算机网络并窃取信息的黑客们，但在针对那些有权访问警察局数据库或企业网络等而滥用权力去进行一些未经授权的操作的人时，联邦检察官们因没有相应具体条款可参考而陷入了困境。在 2015 年奥巴马总统建议修订该法之后，此举已经引起了广泛关注，国会也预计将采取其他的网络安全措施。助理总检察长莱斯利表示，美国需要一部能够明确规定哪些未经授权、带有不良目的的访问是违规的法律。参议员 Graham 和 Sheldon 为司法部门起草了类似法规并将很快出台，同时白宫也有一项针对损害"关键基础设施的计算机"行为的修正案交由参议院审议。

（四）布局新兴领域网络安全立法

美国在相对完善的网络安全立法基础上，正抓紧布局网络空间新兴领域的安全立法。

2015年4月1日，美国总统奥巴马签署《关于阻断从事重大恶意网络活动》行政命令，宣布美国将采取措施制裁那些对美国实施恶意网络攻击的个人和实体。奥巴马当天说，网络威胁是美国经济和国家安全面临的最严重挑战，美国政府将通过外交接触、贸易政策和执法手段等多项"工具"应对针对美国的"恶意网络行为"。根据白宫发布的声明，奥巴马授权美国财政部长在与国务卿、司法部长协商的基础上，对实施恶意网络活动，对美国国家安全、外交政策、经济安全和金融稳定构成"显著"威胁的个人和实体实施制裁，涉事个人或实体的资产将被冻结，被禁止入境美国，且禁止与美国公民或公司进行商业往来。据美国媒体报道，该行政命令旨在打击在美国网络经济间谍活动领域愈发活跃的中国、俄罗斯等外国黑客，该项命令赋予了政府冻结参与网络间谍活动的海外个人和企业实体的金融和不动产资产的权力，并禁止政府与涉及的个人和企业进行贸易。尽管白宫拒绝就具体的制裁内容发表评论，但一位高级政府官员表示："当总统签署行政令允许对恶意网络行为进行制裁时，政府已经在采取一种全面的策略来应对这种行为。这一策略使用外交接触、贸易政策工具和执法机制等手段来对参与恶意网络活动的个人和企业实体实施制裁。"

此外，近期美国立法者正在考虑如何在反恐产品责任措施中加入与网络安全相关的因素。据美国媒体7月9日报道，美国众议院国土安全小组就如何将2002年出台的《通过提升有效技术支持反恐规定》（简称Safety Act）应用于网络安全领域，听取了专家意见。该安全法案的出台旨在促使合约方能够加大在反恐产品和服务领域的投资力度，而这次专家意见听取会议探讨的内容则是：如何改变该法案来影响网络防护技术市场。来自乔治·华盛顿大学网络和国土安全中心的一位专家建议将网络攻击加入该法案。他表示，在当前危机重重的背景下，推广和鼓励运用网络安全措施、技术、政策和程序对国家安全十分必要，而且私营部门也乐意接受，但问题在于到底哪一项措施是"最好的"，或者是"相当不错的"。对此，来自普林斯顿大学信息技术中心的另一位专家认为，该决定应该交与 IT 人员讨论，因为他们更加熟悉不断更新变化的技术。

二 欧盟稳步推进数据和隐私保护立法

数据和隐私保护立法是欧盟网络安全立法的重中之重。经过数十年的发展，欧盟基本形成较为完善数据保护框架，包括一系列的指令、协议、条例等。2015 年，欧盟在已有数据和隐私保护立法的基础上，持续加快整个欧盟境内数据安全保护统一立法的步伐，继续推进数据保护改革的进程，最新的目标是在整个欧盟境内实施统一的数据保护规则。

（一）欧盟推进数据保护统一立法

1. 欧盟委员会、欧洲议会和欧洲理事会推动确立新版《一般数据保护条例》

欧盟部长理事会于 2015 年 6 月批准以新版《一般数据保护条例》（GDPR）取代 1995 年颁布的《个人数据保护指令》。2015 年 6 月开始，欧盟委员会、欧洲议会和欧洲理事会就敲定新版欧盟《一般数据保护条例》的最终内容进行最后一轮谈判。三方针对制定新法规展开的谈判于 2015 年底结束，本次谈判旨在为欧盟各国制定适用于数字时代的新版隐私数据保护法，并将对企业和信息技术专业人员产生重大的影响。新版《一般数据保护条例》将不只适用于总部位于欧盟成员国境内的企业。更重要的是，欧盟成员国以外的公司在处理个人数据时亦应遵循该条例，无论上述信息是通过为欧盟公民提供商品或服务还是监控他们的行为而收集到的。例如，通过其网站收集欧盟客户个人数据的美国公司同样应遵循该条例的规定。欧洲当局应确保各企业遵守《一般数据保护条例》中关于隐私数据的详细要求，并规定对违反该条例的行为将处以相当于公司全球年收入 5% 的罚金。欧盟各成员国的数据保护部门将继续负责执行工作（包括罚款）。欧盟牵头的数据保护部门将在各成员国建立办事机构，该国企业应接受上述部门的监督，即《一般数据保护条例》中所谓的"一站式体系"。

待议《一般数据保护条例》的部分关键性要求包括以下几方面。

一是关于责任制。

企业有责任采用和执行适当的政策和程序、遵守隐私数据的规定是《一般数据保护条例》的核心要素。这包括：在使用个人数据（如健康数据）可能会对个人造成特定风险的情况下，对企业开展隐私影响评估的规定。因此，企业需要制定相关程序以确保在必要的时候开展此类隐私评估。

该条例还做出进一步的规定，要求企业利用技术和组织措施（如加密）保障隐私安全，保护个人数据并确保在默认的情况下仅处理最少量的个人数据。这包括在整个企业内部保留个人数据详细记录的义务。

二是关于删除权。

除极少数例外情况外，企业必须在个人撤回同意或反对使用其个人数据时不加延迟的删除个人数据。

尽管外界对在数字时代删除所有数据的技术可行性表现了诸多担忧并就言论自由权展开了激烈争论，但删除权很可能仍会以某种形式存在于该条例的最终文本之中。

企业应考虑这一项新权力将对自身造成的影响，还应该对自身现有的数据保留政策和程序进行评估，以确保其符合《一般数据保护条例》对最少量数据的要求。

三是关于信息分析。

《一般数据保护条例》对信息分析的定义非常宽泛，泛指使用相关的个人数据对个体进行评估的活动，包括对其工作表现、经济状况、健康情况、兴趣偏好、行为特征或地理位置的预测。

该条例针对信息分析做出一系列规定，包括：如果某项基于自动化分析的决定将对个体造成重大的影响，则个人可不受其左右的权利。在许多情况下，只有在征得个人明确同意的前提下方可进行信息分析。

这些规定将会对从事大数据分析及其他相关行业和一般性业务活动（如信用评分和员工监督）的企业造成相当大的影响。企业应针对当前的分析活动进行审核并对新条例监管下的分析活动的影响展开评估。

四是关于数据泄露通知。

信息安全仍然是企业和许多监管机构最为关注的关键性问题。《一般数据保护条例》不仅要求实施适当的安全措施，还强制规定必须向有关的数据保护部门报告数据泄露事故。

数据泄露事故报告的时限是各方热议的焦点，欧洲理事会提议，应在可行的情况下，在发现数据泄露事故后72小时内予以上报，而欧盟委员会提议的则是更具挑战性的24小时。该条例还要求当数据泄露可能对个人带来极大的风险时，应不加延迟的向受影响的个人报告相关事故。

该条例同时规定了无须通知个人（如客户）的例外情况，如企业已经采取了可防止个人数据意外泄露的特定技术措施（如加密）等。

面对违反《一般数据保护条例》的高额罚款和报告数据泄露事故的新规定，企业应对如何减少数据泄露的风险及一旦发生数据泄露事故时的处理计划加以考虑。

2.欧盟现有数据保护立法概况

早在1981年，欧洲理事会各成员国就签署了《有关个人数据自动化处理之个人保护公约》（欧洲系列条约第108号），该公约提出了包括公正、合法、准确等数据保护基本原则。1992年，欧盟通过了《信息安全框架决定》（92/242/EEC），倡导保护政府与企业数据安全。随后，欧盟于1995年、2002年、2006年先后出台了《个人数据保护指令》（95/46/EC）、《隐私和电子通信指令》（2002/458/EC）及《数据留存指令》（2006/24/EC），初步奠定了欧盟个人数据保护法律体系。其中，《个人数据保护指令》确立了欧盟个人数据保护的法律基础，规定了个人数据保护的最低标准。《隐私和电子通信指令》进一步规定了自然人或法人处理个人信息的基本要求。《数据留存指令》重点修改了《隐私和电子通信指令》中的数据留存条款，要求欧盟各国采取措施，保证留存数据仅供司法机关及其他职能机构依法同意的国家机关使用。为应对大数据时代个人数据保护的新挑战，2012 年欧盟委员会提出改革数据保护法规，重新审视现有个人数据保护法律框架，于 2012 年 11 月制定了更具包容性和合作性的《一般数据保护条例》（GDPR），旨在帮助欧盟民众进一步保护个人信息，帮助企业利用"单一数字市场"带来的机遇（见表 2）。

表 2　欧盟数据保护法规

序号	法律名称	制定时间
1	《有关个人数据自动化处理之个人保护公约》（欧洲系列条约第 108 号）	1981
2	《信息安全框架决定》(92/242/EEC)	1992
3	《欧洲议会和欧盟理事会 1995 年 10 月 24 日关于涉及个人数据处理的个人保护以及此类数据自由流动的指令》(95/46/EC)（简称《个人数据保护指令》）	1995
4	《欧洲议会与理事会于 1997 年 12 月 15 日关于电信部门的个人数据处理和隐私保护问题的指令》(97/66/EC 共体指令)	1997
5	《欧洲议会和欧盟理事会 2000 年 12 月 18 日关于与欧共体机构和组织的个人数据处理相关的个人保护以及关于此种数据自由流动的规章》（欧共体规章第 45 号/2001）	2000
6	《〈有关个人数据自动化处理之个人保护公约〉附加议定书 关于监管机构和跨国数据流动》（欧洲系列条约第 181 号）	2001
7	《欧洲议会和理事会 2002 年 7 月 12 日通过的 2002/458/EC 号关于电子通信领域个人数据处理和隐私保护的指令》（简称《隐私和电子通信指令》）	2002
8	《欧洲议会和欧盟理事会 2006 年 3 月 15 日关于存留因提供公用电子通讯服务或者公共通讯网络而产生或处理的数据及修订第 2002/58/EC 号指令的第 2006/24/EC 号指令》（简称《数据留存指令》）（欧盟最高法院 2014 年宣布该指令无效）	2006
9	《一般数据保护条例》（GDPR）	2012

资料来源：工业和信息化部电子科学技术情报研究所分析整理。

（1）数据保护的对象

欧盟数据保护法律明确规定数据保护的对象是个人数据，即与一个身份已被识别或者身份可被识别的自然人相关的任何信息；身份可被识别的自然人是指其身份可以直接或者间接，特别是通过身份证号码或者一个或多个与其身体、生理、精神、经济、文化或社会身份有关的特殊因素来确定的人。

（2）数据保护的权利与义务主体

欧盟数据保护法律对数据保护主体做出了明确的界定。权利主体是指私人或基于商业目的使用公用电子通信服务而不需预定该服务的任何法人或自然人。义务主体包括数据控制者、数据处理者和数据接收者。数据控制者指单独或者与他人共同确定个人数据处理的目的和手段的自然人或法人、公共机构、代理机构或其他机构。数据处理者指代表数据控制者处理个人数据的自然人或法人、公共机构、代理机构或其他机构。数据接收者指作为数据披露对象的任何自然人或者法人、公共机构、代理机构以及其他机构。

（3）数据保护的责任机构

欧盟数据保护法律明确规定各成员国须设立监管机构和个人数据保护工作组，确保数据保护机构对数据处理实施有效监管。一是要求各成员国依照欧盟法律设立公共机构监督其境内数据处理行为。二是要求各成员国在起草相关个人数据处理法规或规章时，应向监管机构咨询。三是赋予监管机构调查权、干预权及告知司法机关的权力。四是在欧盟范围内成立个人数据保护工作组，工作组由各成员国指定的监管机构的代表组成，负责检查各成员国是否依照欧盟法律开展个人数据的保护，从而促进保护措施统一适用。

（4）数据保护的通用原则

欧盟在其个人数据保护法律体系中，逐渐完善并形成了数据保护的通用原则。

目的限制——仅是为了具体、明确并合法的目的收集个人数据，即仅能出于经数据权利主体同意的目的，或者根据首次收集数据时所提供的信息，经数据权利主体认可的目的，才能使用个人数据。

义务告知——应当向数据权利主体提供有关处理其数据的信息。义务主体应向权利主体提供处理数据的目的和义务主体的身份。权利主体也有权利获得正在被处理的与其个人数据有关的基本信息。

最小处理——个人数据应当是充分的、相关的，不超出收集和进一步处理目的所需的限度，并应当及时更新。

安全控制——义务主体应根据处理所导致的风险采取适当的技术和组织上的安全措施。

特别需要指出，欧盟数据保护法律明确提出了数据处理的合法化规定。一是数据权利主体明确对数据处理表示同意，或为履行涉及权利主体的合同所必需的数据处理，依照权利主体的要求所必需的数据处理；二是为履行义务主体所负担的法定义务所必需的数据处理，或为保护权利主体的重大利益而必需的数据处理；三是为履行涉及公共利益的任务，或者行使授予义务主体的官方授权的任务所必需的数据处理，或者为义务主体所追求的合法利益的目的所必需的数据处理。

（5）数据保护的基本要求

欧盟数据保护法律对数据处理各项要求进行了重点阐述，明确了数据处理是对个人数据进行的任何操作或者一系列操作，无论该操作是否以自动方式进行。数据处理涵盖收集、记录、组织、存储、改编或修改、恢复、查询、使用、通过传播、分发或其他使个人数据可被他人利用的方式披露、排列或者组合、封锁、删除或销毁。

①数据控制者必须采取适当的技术和组织措施保护个人数据以防止他们被意外、非法毁灭或意外遗失、变更、未经许可披露或获取，特别是数据处理涉及在网络上传输时更应如此，并且还可防止任何其他非法形式的处理。

②如果数据处理是为了数据控制者的利益，则应规定数据控制者必须选择一名数据处理责任人就数据处理的技术安全措施及组织措施提供充分的保证。

③数据处理责任人在进行数据处理时，必须通过合同或法律行为来约束或调整，该合同或法律行为使数据处理责任人受数据控制者的约束和特别规定。

④为了保存证据的目的，涉及数据保护的合同、法律行为或信息安全措施有关要求应当采用书面形式或者其他等同形式予以保存。

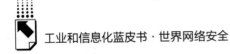
⑤一旦出现破坏网络安全的特殊风险，公用电子通信服务提供商必须将该风险告知相关权利主体。如果该风险超出了服务提供商所能采取的措施范围，公用电子通信服务提供商必须告知权利主体相关的救济措施。

（二）欧盟国家普遍制定数据保护法律

目前，欧盟多数成员国已经制定数据保护相关立法，且多数欧盟成员国制定法律的时间较早，具体见表3。

表3　欧盟及其成员国数据保护法律概况（按时间顺序）

序号	国家或地区	法律名称	制定时间
1	欧盟	《个人数据保护指令》	1995 年制定(95/46/EC)
2		《隐私和电子通信指令》	2002 年制定(2002/458/EC)
3		《数据留存指令》	2006 年制定(2006/24/EC)
4		《公共部门信息再利用指令》	2003 年制定(2003/98/EC)
5	法国	《第 78 - 17 号法律》	1978 年 1 月 6 日制定;2004 年 8 月 6 日修订
6	匈牙利	《个人数据保护和公共利益数据披露法》	1992 年 11 月 27 日制定;1993 年 5 月 1 日生效
7	比利时	《个人数据保护法》	1992 年 12 月 8 日制定;2006 年 1 月修订
8	希腊	《有关个人数据处理个人保护的第 2472/1997 号法律》	1997 年 4 月 10 日制定并生效
9	波兰	《个人数据保护法》	1997 年 8 月 29 日制定;2004 年修订
10	葡萄牙	《第 67/98 号数据保护法》	1998 年 10 月 27 日生效
11	奥地利	《数据保护法》	1999 年 8 月 17 日制定;2000 年 1 月 1 日生效
12	芬兰	《个人数据法》	1999 年 4 月 22 日制定;1999 年 6 月 1 日生效
13	瑞典	《个人数据保护法》	1998 年制定;同年 10 月 24 日生效
14	英国	《个人数据保护法》	1998 年制定;2001 年 10 月 24 日生效
15	西班牙	《个人数据保护法》	1999 年 12 月 13 日制定;2000 年 1 月 14 日生效
16	荷兰	《个人数据保护法》	2000 年制定;2001 年 9 月 1 日生效
17	捷克共和国	《个人数据保护及其对相关法律修订的法律》	2000 年 4 月 4 日制定;2000 年 6 月 1 日生效

序号	国家或地区	法律名称	制定时间
18	丹麦	《个人数据处理法》	2000 年 5 月 31 日制定;2000 年 7 月 1 日生效
19	德国	《联邦数据保护法修正案》	2001 年 5 月 23 日制定并生效
20	塞浦路斯	《个人数据处理(个人保护)法》	2001 年制定;2003 年修订
21	马耳他	《数据保护法》	2001 年制定;2002 年修订
22	斯洛伐克共和国	《第 428/2002 号个人数据保护法》	2002 年 7 月 3 日制定;2003 年修订
23	卢森堡	《个人数据处理个人保护法》	2002 年 8 月 2 日制定;2002 年 12 月 1 日生效
24	拉脱维亚	《个人数据保护法》	2002 年 10 月 24 日修订
25	立陶宛	《个人数据保护法》	2003 年 1 月 21 日制定;2004 年 4 月 13 日生效
26	爱沙尼亚	《个人数据保护法》	2003 年 2 月 12 日制定;2003 年 10 月 1 日生效
27	爱尔兰	《数据保护(修正)法》	2003 年 4 月 10 日制定;2003 年 8 月 1 日生效
28	意大利	《个人数据保护法》	2003 年 6 月 30 日制定;2004 年 1 月 1 日生效
29	斯洛文尼亚	《个人数据保护法》	2004 年 7 月 15 日制定;2005 年 1 月 1 日生效

资料来源:工业和信息化部电子科学技术情报研究所分析整理。

三 中国网络安全立法迈出实质性步伐

近年来,我国对网络安全立法重视不断加强,在 2014 年 2 月 27 日召开的中央网络安全和信息化领导小组第一次会议上,习近平总书记强调"要抓紧制定立法规划,完善互联网信息内容管理、关键信息基础设施保护等法律法规,依法治理网络空间,维护公民合法权益"。2014 年 10 月 23 日,党的十八届四中全会通过的《中共中央关于全面推进依法治国若干重大问题的决定》,提出"加强互联网领域立法,完善网络信息服务、网络安全保护、网络社会管理等方面的法律法规,依法规范网络行为……依法强化……

破坏网络安全等重点问题治理"。在此背景下，2015 年 6 月，第十二届全国人大常委会第十五次会议初次审议了《中华人民共和国网络安全法（草案）》（以下简称《草案》），7 月 6 日，全国人大公布了《草案》，向社会公开征求意见。《草案》的发布及公开征求意见表明此次网络安全立法进入实质性立法程序，是近年来我国在网络安全领域立法的一次里程碑事件，标志着我国朝着网络安全立法迈出实质性步伐。

《草案》共七章，六十八条。主要内容涵盖了网络安全顶层设计、网络运行安全、网络信息安全、网络安全监测预警与应急处置等各个方面。相较于以往网络安全法律，《草案》具有以下特点。

（一）《草案》是我国首部网络安全综合性立法文件

综观历年我国网络安全相关法律，不乏涉及互联网安全、计算机信息系统、互联网信息服务、信息网络传播、网络信息保护等方面的专门法律，如《全国人民代表大会常委会关于维护互联网安全的决定》《计算机信息系统安全保护条例》《互联网信息服务管理办法》《信息网络传播权保护条例》《全国人民代表大会常委会关于加强网络信息保护的决定》等，但是在网络安全综合立法和基本立法方面一直停滞不前、处于空白，《草案》的发布则打破了这一现状。不论是从体例还是内容上来说，《草案》属于网络安全基本法或者综合法范畴，既提出了国家网络安全工作基本原则和理念，又规定了国家、政府、企业、个人和社会组织等各方的责任与义务，还对网络安全顶层设计、检查评估、监测预警、应急处置等环节提出一般性、综合性制度措施，具有明显的综合法和基本法特点。

（二）《草案》明确宣示网络主权与网络安全基本原则

相较于其他法律而言，《草案》的第一章"总则"和第二章"网络安全战略、规划与促进"的宣示性和倡导性条款比较突出。《草案》第一条就明确点出"维护网络空间主权和国家安全"作为立法宗旨，对内强调了网络安全的重要性，对外宣示了我国一贯坚持的网络主权原则，这与 2015 年 7

月份通过的新国家安全法提出的"维护网络空间主权、安全和发展利益"相呼应。《草案》明确提出推动构建和平、安全、开放、合作的网络空间，首次在法律文件中描述网络空间建设愿景。与此同时，《草案》还确立了网络安全与信息化发展并重；开展网络空间国际合作；建立国家、行业、地方三级网络安全统筹协调、分工负责的管理体制；采取措施保障网络安全稳定运行，维护网络数据完整性、保密性和可用性；加强网络安全行业自律；依法使用网络，保障网络信息依法有序自由流动等一系列网络安全基本原则。除此之外，《草案》还提出了倡导性条款，如第四条"国家倡导诚实守信、健康文明的网络行为，采取措施提高全社会的网络安全意识和水平，形成全社会共同参与促进网络安全的良好环境"，这种"软性"法律规定也是本《草案》的一大亮点。

（三）《草案》凸显网络安全顶层设计

不同于以往网络安全相关法律，《草案》用第二章整整一章的内容对网络安全战略、规划与促进做出详细规定。这不仅符合中央网络安全和信息化领导小组成立后，以国家意志加强网络安全顶层设计已成为一项重要任务的新的形势与要求，更凸显了网络安全顶层设计的重要性。在加强顶层设计方面，《草案》主要包括战略制定、规划编制、标准修订、财政投入、宣传教育与人才培养等各个方面内容：一是要求国家制定网络安全战略对全国网络安全工作进行整体设计、规划和指导；二是要求各相关行业主管部门依据国家战略编制本行业本部门网络安全规划，指导本行业本部门网络安全工作开展；三是建立和完善网络安全标准体系，加强国家和行业标准的制定与修订；四是加大网络安全投入，扶持产业，支持研发，鼓励创新；五是加强网络安全宣传教育，提升社会公众意识水平；六是强化网络安全人才培养，促进人才交流。

（四）《草案》高度重视关键信息基础设施保护

《草案》第三章第二节标题为"关键信息基础设施的运行安全"，对关键信息基础设施内涵进行说明，对关键信息基础设施的运行安全进行详细规定，不仅明确了关键信息基础设施运营者的责任义务，同时表明了国家将对关键信息基础设施实行重点保护。这是我国首次从法律高度提出关键信息基础设施概念，并对关键信息基础设施保护提出具体要求，是我国在关键信息基础设施保护方面取得的重大进步。首先，《草案》界定了关键信息基础设施范围，将主要包括广电网、电信网、互联网在内的基础信息网络，重要行业和公共服务领域的重要信息系统，军事网络，地市级以上政务网络，用户数量众多的网络服务商系统这五大类网络或系统纳入国家保护范围，实行重点保护。其次，《草案》明确了关键信息基础设施运行安全具体保护要求，对关键信息基础设施建设、采购、检查评估、监测预警、应急响应等多个环节流程提出安全要求。最后，《草案》从国家、行业、运营者三个层面，划定了各关键信息基础设施相关方的责任义务，要求相关方各司其职、各负其责，从根本上解决以往责任模糊不清的问题。

（五）《草案》的一些条款颇具创新性

《草案》的一些规定非常有新意，特别是对于数据跨境流动及网络安全审查的规定在我国尚属首次。《草案》明文规定公民个人信息等重要数据原则上要存储在我国境内，确需在境外存储或向境外提供，要进行安全评估。在当前大数据、云计算等新兴技术应用蓬勃发展，数据跨境流动变得愈发容易和普遍，由此带来的安全问题日益凸显这一背景下，《草案》对公民个人数据的向境外流动做出限制，十分必要且符合现实需要。除此之外，《草案》提出制定针对关键信息基础设施的安全审查制度，组织开展网络安全审查，并对违规使用未经审查的网络产品和服务做出处罚规定，将这两年热议的网络安全审查制度落地到了法律文件中。在当前我国政府部门、机构、企业、高校等屡遭入侵、监听的背景下，这些规定成为防护我国关键信息基础设施免遭大规模的侵入、监听的有效的法理依据，对于维护国家网络安全起到重要作用。

诚然，《草案》还存在较大争议，也存在一些不完善的地方：如立法体例缺乏严格法律逻辑关系，网络主权条款缺乏定义，网络主体归纳与描述不清，法律专业性不足、可操作性缺乏等。尽管如此，不能否认《草案》的公布是重大的历史进步，表明我国在网络安全立法方面逐渐与国际接轨，为保障国家网络安全提供明确的法律依据，可有力维护国家安全和保障民生。

B.3

政府网络安全管理持续加强

吴艳艳 江 浩*

摘　要： 2015 年，网络安全形势依然严峻，为了应对日益复杂的攻击威胁，各国政府颁布了相关法律法规和政策标准，这加强了对政府信息安全的管理和指导。本报告分析了 2015 年国内外政府的网络安全态势，概述了各国政府网络安全管理持续深入开展的状况，同时也对我国在稳步推进信息安全保障、各行业开展网络安全建设和防御等方面开展的工作进行了描述。

关键词： 网络威胁　政府网络安全　信息共享　安全管理

一　政府网络安全形势日益严峻

（一）多国政府网站遭受严重网络攻击，所受威胁加剧

2015 年，各国政府及国际组织机构网站仍然面对严重的网络安全威胁。与以往攻击者窃取政府网站中的机密数据用于获取经济利益不同，恐怖主义与反恐力量之间的较量、国际局势的风云变幻与地缘政治斗争更加渗透到了互联网这个无国界且紧密联系的虚拟世界。网络社交媒体的极大丰富也使有

---

* 吴艳艳，工程硕士，工业和信息化部电子科学技术情报研究所高级工程师，研究方向为信息安全；江浩，硕士，工业和信息化部电子科学技术情报研究所助理工程师，研究方向为计算机科学与技术。

共同目标的黑客集合在一起，网络攻击更加团队化、规模化。世界各国政府也在招揽优秀网络安全人才与团队，为实现本国在网络空间的战略地位与目标而努力。

1. 多国政府机构遭网络攻击

这些网络攻击均造成了严重的后果，多国政府网络与信息系统中的机密信息遭泄露、内网遭渗透，网站长时间无法访问，对政府管理职能的履行造成了严重的影响。表1列出了部分国家和机构网站遭受攻击的情况。

表1　2015年部分国家或机构官方网站遭受攻击情况

国家	遭受攻击对象	攻击来源	后果影响	时间
德国	德国政府网站	乌克兰亲俄组织 cyberBerkut	无法访问	2015.1
美国	美国国务院的网络	俄罗斯	敏感信息	2015.4
法国	法国电视台	"伊斯兰国"黑客	入侵电视台的电脑系统、篡改网站	2015.4
美国	国税局网站	不明黑客	10万纳税人信息泄露	2015.5
沙特阿拉伯	外交部、内政部、国防部等网站	也门网络军队	控制3000余台计算机，大量机密文件泄露	2015.5
日本	养老金业务管理机构网站	不明黑客	125万个用户的信息泄露	2015.6
德国	国会网站	不明黑客	联邦议会15台电脑感染病毒	2015.6
加拿大	加拿大政府网站	"匿名者"黑客	不能正常访问	2015.6
加拿大	人事部、外交事务部、劳动部、司法部等网站	匿名者	网站遭受攻击	2015.6
美国	人事管理局网站	不明黑客	400万个用户的信息泄露	2015.6
韩国	韩国5个官方网站	朝鲜	入侵计算机	2015.7
美国	国防部联合参谋部邮件系统	俄罗斯APT29黑客组织	国防部关停邮件系统11天	2015.8
英国	电信运营商 Carphone Warehouse 网站	不明黑客	240万个用户的信息泄露	2015.8
越南	越南政府网站	"匿名者"黑客	网站被黑	2015.9
英国	英国犯罪局网站	Lizard Squad	网络无法正常访问	2015.9

资料来源：工业和信息化部电子科学技术情报研究所分析整理。

2. 恐怖主义与反恐力量在网络空间的较量升级

2015 年，恐怖势力向网络空间扩张，以 ISIS 恐怖组织为首的恐怖势力不但利用社交网站宣扬恐怖思想、招募人员、散布涉恐信息，更是频繁利用网络向他国政府网站及重要行业领域发动网络攻击，以传播其恐怖主义理念，企图通过破坏人们的正常生活秩序，达到损害人们人身及财产安全的目的。表 2 中列出了 ISIS 恐怖组织对世界各国发动的网络攻击。

表 2 2015 年 ISIS 恐怖组织网络攻击事件

国家	受攻击对象	后果影响	时间
美　国	美军中央司令部	美军中央司令部的官方推特账号，以及 YouTube 账号被劫持	2015. 1. 13
马来西亚	马来西亚航空公司官网	网站被攻击篡改	2015. 1. 26
法　国	TV5Monde 电视台	电视台网站无法访问、电视无法正常播出、社交平台被攻击	2015. 4. 8
英　国	内阁邮件系统	英国政府官员邮箱敏感信息泄露	2015. 9. 13
美　国	电力公司	未攻击成功	2015. 10. 13

资料来源：工业和信息化部电子科学技术情报研究所分析整理。

从恐怖组织发动网络攻击的情况来看，正由传统的互联网转到工业控制系统领域，一旦攻击成功，将会给一个国家的基础设施造成严重损失。从2015 年 10 月 ISIS 对美国电力系统进行攻击的事件来看，虽然黑客技术水平低，没有造成影响，但在网络武器地下交易日益频繁的今天，恐怖分子完全可以通过购买所需要的工具进行弥补。由此可以预见，未来与恐怖主义斗争的战场将会扩大至整个网络空间。

（二）中国政府部门网站频繁遭受境外黑客攻击

2015 年国际争端风起云涌，一些国外的敌对势力通过对我国政府机关网站发动网络攻击来达到宣扬政治主张的目的，充分说明我国是世界上网络黑客攻击最主要的受害国之一。在我国捍卫南海主权时期，"匿名者"黑客组织于 2015 年 5 月 30 日对我国政府机关网站发动代号为"OPChina"的攻击行动。该黑客组织成员主要来自日本、菲律宾、越南，其主要目的就是阻挠我国维护南海领土主权的行动，通过破坏国内政府机关网站来宣传其非法主权。但此次攻击影响并不像其宣扬的那么夸张，受到攻击的只是一些数据价值不大、访问频次不高的目标。我国网络安全主管部门高度重视，组织协调积极应对，各地方网络安全主管部门也对该攻击行动做了充分的应急准备，使其目的落空，有效维护了我国的网络安全。

2015年5月29日天眼实验室发布境外"海莲花"黑客组织自2012年4月起持续对我国政府机关、科研院所、海事机构、海域建设部门、航运企业等相关重要单位展开有组织、有计划、有针对性的长时间不间断攻击的报告。该组织主要通过鱼叉攻击和水坑攻击等方法，配合多种社会工程学手段进行渗透，向境内特定目标人群传播特种木马程序，秘密控制部分政府人员、外包商和行业专家的电脑系统，窃取系统中相关领域的机密资料。从"海莲花"黑客组织针对我国特定目标领域长达三年的不间断攻击行为来看，该黑客团体组织之严密、计划之明确、技术手段之专业，绝非普通的民间黑客组织所为，而很有可能是具有外国政府支持背景的专业化的境外国家级黑客组织。

2015年境外"反共黑客"组织持续对国内政府机关网站进行攻击篡改，发布"反动"言论，全年共对我国110多个政府机关、事业单位网站进行了篡改，影响极其恶劣，气焰极其嚣张。国内网络安全机构对攻击行为及时进行了跟踪处置，有效控制了事态的发展。经分析，该组织多次利用第三方漏洞响应平台发送的漏洞信息，可见其技术水平有限。部分影响较为恶劣的攻击事件如表3所示。

表3　部分中国政府机关网站/系统遭受"反共黑客"攻击情况

序号	日期	目标网站/系统	网站归属单位
1	2015. 1. 4	http://hl. 119. gov. cn/	黑龙江消防网
2	2015. 1. 13	http://kjc. xsyu. edu. cn/kjc/index. htm	西安大学科技处
3	2015. 1. 22	http://jcys. jxufe. cn:88/	江西财经大学视频播放平台
4	2015. 2. 6	http://61. 175. 232. 89/	湖州市公安局互联网用户公共服务平台

续表

序号	日期	目标网站/系统	网站归属单位
5	2015.2.12	http://nybx.haian.gov.cn:7001/ntai	南通市政策性农业保险管理系统
6	2015.2.18	http://www.caaet.cn/	中国航天电子技术研究院
7	2015.2.24	http://yx.wzu.edu.cn/	温州大学迎新管理信息系统
8	2015.3.2	http://wsjd.chaozhou.gov.cn/	潮州市卫生监督所
9	2015.3.8	http://kyc.blcu.edu.cn/	北京语言大学科研处
10	2015.3.17	http://www.nyggzy.cn/index！index.action	湖南宁远县公共资源交易中心
11	2015.3.23	http://yx.heuet.edu.cn/yxxt	河北经贸大学迎新管理信息系统
12	2015.4.1	http://www.jstzrcb.com/index.html	江苏泰州农村商业银行
13	2015.4.10	http://crjy.cnu.edu.cn/	首都师范大学继续教育学院
14	2015.4.22	http://video.bnup.com/acenter/index.action	北京师范大学出版集团视频会议系统
15	2015.5.4	http://kf.buaa.edu.cn/	北京航空航天大学后勤服务网
16	2015.5.7	http://www.wzggzy.net/	重庆市万州区公共资源综合交易中心
17	2015.5.19	http://dzjj.dz169.net/	四川达州公安交通管理信息网
18	2015.6.3	http://szxx.beijing.gov.cn/main.jsp	北京首都之窗—市长信箱
19	2015.6.9	http://www.19210723.org/	中央直属机关学习网综合管理平台
20	2015.6.30	http://int.ems.com.cn/	中国邮政跨境电商综合服务平台
21	2015.7.18	http://netman.ustl.edu.cn/index.html	辽宁科技大学教务系统
22	2015.7.27	http://www.scdzdj.org.cn/	四川省地政地籍事务中心
23	2015.8.2	http://www.chinacoop.gov.cn/	中国供销合作网
24	2015.8.17	http://xxfw.tjciq.gov.cn/	天津出入境检验检疫局公共信息服务平台
25	2015.8.26	http://www.minge.gov.cn/	中国国民党革命委员会中央委员会
26	2015.9.4	http://shiep.ct-edu.com.cn/learning	上海电力学院学习平台
27	2015.9.16	http://www.jztb.gov.cn/	锦州市公共资源综合交易网
28	2015.10.10	http://shenbao.gzwater.gov.cn/webroot/	广州市水务局行政审批网上申报系统

续表

序号	日期	目标网站/系统	网站归属单位
29	2015.10.16	http://www.pd-transport.com/	上海浦东新区公共交通有限公司
30	2015.11.3	http://222.172.223.247:8080/knowledge_yn/login.jsp	云南省政务服务热线知识库信息查询系统
31	2015.11.9	http://qdgl.cttha.com/	河南铁通固话渠道经营支撑系统
32	2015.11.12	http://www.job.sdu.edu.cn/	山东大学学生就业创业指导中心

资料来源：工业和信息化部电子科学技术情报研究所分析整理。

2015 年，我国政府网站被篡改数量连续三年呈现下降趋势（见图1），在来自外部的网络安全威胁逐步增加的情况下被篡改的政府网站数量下降，一方面说明国家有关主管部门网络安全治理工作初见成效，政府网络安全意识加强；另一方面也说明黑客将目光转向了数据窃取、内网渗透破坏等更加高级的攻击方式。从长期看来，党政机关网站仍然是黑客的重要攻击目标，我国政府网站安全防护应该紧跟信息技术发展的步伐，进一步转型和加强。

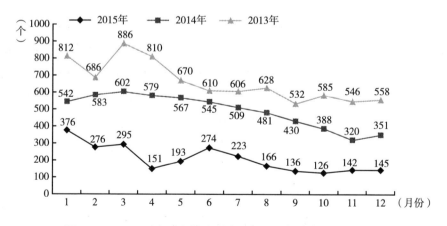

图1 2013~2015年中国境内被篡改的政府网站数量变化趋势

资料来源：工业和信息化部电子科学技术情报研究所根据 CNCERT 年度报告以及网络新闻分析整理。

政府网站被植入后门的数量较上年同期出现大幅度增长。据 CNCERT 统计，2015 年 1~12 月被植入后门的政府网站数据累计为 5861 个，远远高于上年的数据（见图 2）。这说明政府部门网站作为黑客的重要攻击目标现状并没有改变，加之一些信息系统的漏洞在第三方漏洞响应平台上的曝光，政府网站运维人员并没有及时对漏洞进行修复，很容易遭黑客恶意利用，从而轻易攻破网站。

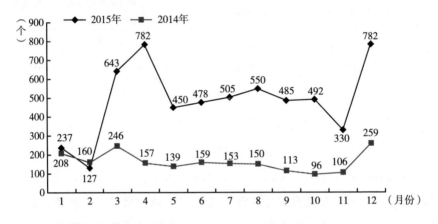

图 2　2014~2015 年中国境内被植入后门的政府网站数量

资料来源：工业和信息化部电子科学技术情报研究所根据 CNCERT 年度报告以及网络新闻分析整理。

政府网站被植入后门后，黑客可以对网站服务器进行任意操作，可发动其他更加复杂的网络攻击。不法分子除了篡改网站、植入恶意脚本、向非法网站导入流量获取经济利益和提高网站的搜索排名外，还可以在重要的信息系统中获取公民个人隐私信息，从而进行各种非法活动，成为地下黑色产业链条的重要组成部分。我国政府虽然持续开展了一些专项打击与整治行动，但随着新型网络安全漏洞的出现，安全隐患仍然大量存在，我国网络安全管理工作仍然需要与时俱进。

二　政府网络安全管理持续深入开展

随着互联网在政务领域的不断发展与深入应用，政府网络安全问题进一步凸显，与国计民生相关的政务信息系统受到了严重的安全威胁，网络安全的战略地位已在全球形成普遍共识，以美国为代表的世界各国纷纷调整、制定法律法规和政策文件，以促进本国网络安全防护能力的全面提升。

（一）美国深入加强政府信息安全管理

1. 持续推动《联邦信息安全管理法案》实施

FISMA 于 2002 年颁布，美国管理和预算办公室（OMB）每年会向国会提交法案的执行情况报告，该法案已经实施了十余年，当初制定的法案条款已经不能够完全满足互联网高速发展的需求，因此，国会对 FISMA 法案名称及相关内容进行了修订，2014 年 12 月 18 日通过《2014 联邦信息安全现代化法案》（*Federal Information Security Modernization Act*，FISMA）。

2015 年 2 月，OMB 向国会提交了《联邦信息安全管理法案》（*Federal Information Security Management Act*，FISMA）2014 年度报告。该报告涵盖时间自 2013 年 10 月 1 日至 2014 年 9 月 30 日。这份报告主要包括四部分内容：提供持续实施的信息安全措施更新内容、2014 财年信息安全事件调查结果、总检察长对机构落实信息安全能力进度的评估结果以及联邦政府根据机构提交的数据而实现关键信息安全绩效指标的进度。总体来说，2014 年美国在信息安全关键领域已经取得了较大进展。

（1）FISMA 实施进展概况

随着网络威胁日益严重，联邦政府开始着手实施一系列举措用以保护联邦信息和资产，同时提高联邦网络的灵活性。

OMB 与国家安全委员会（NSC）、国土安全部（DHS）和其他机构相互协作，在网络安全策略制定、打击网络攻击和应对联邦系统面临威胁等方面发挥监督作用，并采取一系列措施，保护政府网络和降低信息系统潜在的风险，按照计划推动相关工作全面发展。2014 财政年度（财年）FISMA 报告提出了联邦网络安全事件指标：为减少事件影响和预防网络安全事件发生，在各机构中采取系列措施落实网络安全政策，从而进一步提升保护自身网络的能力。经证明，2014 财年是继续向实现政府网络安全跨机构重点（CAP）目标努力的一年，该目标要求各机构"了解您的网络"（信息安全连续监测）、"了解您的用户"（强认证）以及"了解您的通信量"（可信任的互联网连接）。

①了解您的网络——机构执行信息安全连续监测（ISCM）的绩效从2013财年的81%增加至2014财年的92%。这表示各机构已经加强了执行资产、配置和漏洞管理工具的使用与管理，在出现网络漏洞时能够更好地开展应急工作。

②了解您的用户——强认证执行情况已经从2013财年的67%增加至2014财年的72%。这意味着越来越多的机构要求其用户使用唯一个人身份验证（PIV）卡登录网络，而不是采用其他安全性较低的身份认证方式。

③了解您的通信量——各机构通过TIC或可管理的可信互联网协议服务（MTIPS）供应商实现的外部网络通信量比例已经达到95%，实现了CAP的目标，而TIC 2.0功能执行情况从2013财年的87%增加至2014财年的92%。这表示通过可信任互联网连接的机构互联网流量在增加，各机构正在部署通用控制措施以提高网络安全。

DHS持续在关键漏洞和威胁防御措施方面展开工作。按照连续诊断与治理（CDM）计划，各机构已采购超过170万美元的资产、配件和漏洞管理工具。总统2016财年预算将投入5.82亿美元以推动CDM和入侵检测和防御系统（EINSTEIN）持续发展，帮助各机构检测和预防日益严重的网络威胁。目前正在部署的EINSTEIN将向各机构提供安全警告系统，提高各机构对新兴威胁的态势感知能力。

联邦机构已取得显著进展，但是仍有工作需要持续开展，尤其2014财政年度是联邦网络安全的关键年度，在这一年里，网络威胁和安全漏洞愈加复杂和严重。2014财年联邦机构报告信息安全事件将近7万起，同比2013财年上涨15%。统计数据表明，强认证仍然是一项重要的工作，整体强认证执行率在2014财年达到72%，该数字一部分主要依靠国防部（DOD）的广泛使用和严格的执行才得以保证。如果从计算结果中排除DOD，2014财年只有41%的民用CFO执行机构在网络访问中采用强认证。事实上，各机构正在为推广强认证来改善现状而不断努力。商务部（商业）强认证的普及率有了大幅提升，从 2013 财年的 30% 增加至 88%，而环境保护署（EPA）则从 0 一跃增至 69%。

目前已经采取措施确保每个 CFO 执行机构实施管理优先级以提高网络安全的整体状态。例如，为了帮助 DHS 更快更全面地应对重大网络安全漏洞和事件，OMB 在 2013 年秋季发布指南，制定了开展常规和前瞻性联邦民用机构网络扫描的新规程。2015 财年 FISMA 报告中将对这一措施的进展情况进行统计分析。OMB 还在电子政府与信息技术办公室（E - Gov Cyber）内建立专职网络安全小组，通过特定措施加快各机构实施管理优先级制度。

（2）强化联邦网络安全

①联邦政府计划——打击日益增长的网络威胁

联邦政府依靠多种措施为联邦信息和信息系统提供持续性安全保护。首先，FISMA 要求各机构保持与其风险状况相适应的信息安全计划。例如，各机构有责任评估和授权信息系统在其自有网络内运行并确定哪些用户有权访问机构信息。其次，DHS 是联邦民用网络安全的业务指导者，代表政府实施一系列保护计划。再次，NIST 发布并更新安全标准和准则以供使用该系统的联邦机构作为参考。最后，OMB 在 NSC 工作人员和 DHS 合作下监督特定机构和政府级网络安全计划实施情况。

OMB 的监督工作主要着眼于（除其他评估标准外）根据网络安全 CAP 目标衡量机构绩效。网络安全 CAP 目标旨在评估机构对基本网络安全原则的执行情况，以确保联邦防御网络威胁的共同基线。关键计划包括以下方面。

DHS 实施的政府级计划：DHS 是联邦民用网络安全的业务主导，负责部署重要计划，这些计划全面落实后将能为机构提供防御新兴威胁的能力。两个最重要的计划是"连续诊断与治理"和"入侵检测和防御系统"（EINSTEIN）。

促进移动安全：2014 财年，NIST 发布了一系列准则协助组织防范因移动设备使用量增加带来的风险。2014 年 8 月，NIST 发布特殊出版物草案（SP）800 - 163《审核第三方移动应用的技术注意事项草案》以便为审核移动设备第三方软件应用程序（App）提供指南。移动应用审核的目的是评估移动应用的安全可靠性。在性能方面，为组织提供标准判断是否可在其预期环境中使用该 App。SP 草案为组织提供了软件保障的关键技术注意事项，并作为移动应用审核的参考标准。

NIST 还发布了 SP 800 – 101 修订版 1《移动设备取证准则》，为移动取证工具保存、采集、检查、分析提出基本要求，并在移动设备上报告数字证据。此外，NIST 还推出 SP 800 – 157 修订版 1《导出个人身份验证（PIV）凭据的准则》。SP 800 – 157 规定了向移动设备（智能电话和平板电脑）导出 PIV 凭据的技术规格。导出的 PIV 凭据旨在为移动设备提供 PIV，提供认证服务以便远程系统进行验证。除了 SP 800 – 157，NIST 还出版了 NIST 跨部门报告初稿（NISTIR）7981，《移动、PIV 和身份验证》，对远程利用 PIV 基础设施，移动设备的身份验证、移动设备的安全功能等方面的分析和总结提出了要求。

FedRAMP 和对云端的安全可靠应用：为加快联邦政府对云计算解决方案的接受速度，2011 年 12 月 8 日联邦首席信息官（CIO）公布了《"云计算环境内信息系统安全授权"政策备忘录》。该备忘录正式确定了联邦风险和授权管理计划（FedRAMP），FedRAMP 取代了政府内各种重复性的云服务评估程序，为各机构提供了一个标准方法。这种方法以联邦政府各机构普遍接受的基线安全控件及审核并同意的统一程序为基础，确定了角色与职责、实施时间线以及对机构遵从性的要求，包括规定一个以上办公室或机构使用的所有中低影响云服务都应满足 FedRAMP 要求。

2014 财年，FedRAMP 向云服务提供商（CSP）出具了四个临时授权和六个机构授权。临时授权是对授权套件的初始风险声明与许可，对正在等待获得云服务的机构出具一份最终授权书（机构授权书）。据报告可知，26 个机构正在使用 FedRAMP 临时授权的套件，而各机构报告共有 81 个系统与 FedRAMP 兼容。2015 财年，FedRAMP 将力求实现三个主要目标：一是增加 FedRAMP 遵从率和机构参与率；二是通过程序流线化和其他内部改良措施提高计划的效率；三是不断调节适应快速发展的安全云技术发展。

"国家网络空间可信任身份战略"（NSTIC）和 Connect. gov：为应对私

营部门、政府和公众对数字识别的需求，管理局在 2011 年 4 月发布"国家网络空间可信任身份战略"（NSTIC）。NSTIC 号召公私合作建立身份生态系统——更安全、便利、可互相操作和强调隐私的在线认证与身份识别解决方案。NSTIC 向行政机构提出在这种联机身份环境中激励和推动私营部门更快发展的方法。

该环境将允许个人和组织可以提高置信度、隐私度、选择和创新的能力，利用安全、高效、便捷和可互相操作的身份解决方案访问在线服务。

为支持 NSTIC，美国邮政署（USPS）和总务管理局（GSA）正在实施 Connect. gov（前身为联邦云凭证交易）。Connect. gov 是一种可靠的注重隐私的云服务，通过利用经批准的个人所有和信任的数字凭证，可以方便地连接在线政府服务。在传统意义上，个人需要创建用户名和密码才能访问在线信息，与联邦政府开展交易服务。

Connect. gov 允许个人使用身份服务获得 GSA 联邦身份、凭证和访问管理（FICAM）信任框架解决方案计划批准的第三方凭证签名，因此能够直接访问各类政府网站和服务。通过这种认证方式，避免客户保留多个政府机构登录名，同时也方便政府通过多种方式向公民提供更多、更有效的民众服务。2014 财年，Connect. gov 与退伍军人事务部（VA）、农业部（USDA）和 NIST 共同开展试点工作，尝试允许用户使用政府认证、提供商出具的数字凭证访问互联网应用。展望未来，Connect. gov 将在 2015 财年继续整合更多的机构并全面发挥运营能力。

②OMB 在联邦网络安全中的角色

依据 FISMA 的定位要求，OMB 电子政府在联邦 CIO 领导下，承担着联邦网络安全政策实施的监督责任。随着政府内部协作需求的不断扩大，网络安全风险威胁也随之日益增长，OMB 在这一过程中同样发挥着举足轻重的作用。OMB 的职责在日常工作开展中涉及多个层面，从监督联邦对网络事件的响应（例如 Heartbleed 和 Bash 漏洞）到通过 PortfolioStat 和 CyberStat 方案追究机构领导层的网络安全绩效责任，OMB 都承担着不同的作用。由于网络安全威胁格局快速演变，国会承诺将进一步改善联邦网络安全，OMB

随之采取了其他的措施加以应对：最近在 OMB 电子政府内设立了专职机构——网络和国家安全单位（E–Gov Cyber），该单位将着力制定相关政策，开展有针对性的监督加强联邦网络安全。

E–Gov Cyber 使得国会对改善联邦网络安全的持续努力成为可能。国会在 2014 财年首次，并在 2015 财年将再次通过信息技术监督和改革（ITOR）基金向 OMB 提供支援，用以提升 OMB 的网络安全监督和分析能力。2015 财年，E–Gov Cyber 将专注与国家安全委员会（NSC）、DHS 和 NIST 加强合作，实现下列战略目标。

一是在机构和政府范围内以数据为驱动，开展基于风险的网络安全计划监督；

二是发布和实施适应新兴技术和不断演变的网络安全威胁的联邦网络安全政策；

三是开展联邦监督和协作，应对重大网络事件和漏洞，以确保有效执行治理措施；

四是与关键利益相关者合作，实现网络安全法规的现代化。

2015 财年，E–Gov Cyber 的目标是通过基于高危险因素（根据网络安全绩效和事故数据确定）机构的 CyberStat 评估实施监督，通过增加资源，OMB 将进一步确保这些评估能够为机构配备适当工具和安装相关程序以提高其网络安全防护能力。工作的重点仍然是确保 DHS 成功实施关键计划，例如国家网络安全防护系统（NCPS）和连续诊断与治理（CDM）。最后，E–Gov Cyber 将不断提高 OMB 发布和更新联邦网络安全指南的能力，例如 A–130 通告，以确保各机构具备更有效的应对措施和先进技术。

持续不断的网络威胁是联邦政府面临的挑战。通过上述努力，E–Gov Cyber 将促进协同防御、应对机制，通过与联邦网络安全合作伙伴之间进行密切合作，政府将能够更有力地缓解攻击带来的影响，集中精力完成各项工作任务。

2. 发布《非联邦机构保护受控敏感数据指南》

2015 年 6 月，美国国家标准和技术研究院发布《非联邦机构保护受控敏感数据指南》（*Protecting Controlled Unclassified Information in Nonfederal Information Systems and Organizations*），帮助非联邦机构在处理、传输和存储联邦政府受控敏感数据时确保数据的机密性。指南内容及要求主要基于《联邦信息系统和机构的安全及隐私控制》和《联邦信息处理标准》两部基础性信息安全文件。

在一定程度上，美国联邦政府需要依靠外部服务提供商协助执行联邦任务和开展业务工作，许多联邦承包商或非联邦政府机构会处理、存储和使用受控敏感的政府联邦信息，通过利用不同的传输方式，将必需的产品和服务交付给联邦政府（例如，提供信用卡和其他金融服务，提供 Web 和电子邮件服务，开展安全检查，进行背景调查处理医疗数据，提供云服务，发展通信、卫星和武器系统等）。此外，联邦大量受控敏感数据经常会提供或共享给国家和地方政府、院校、独立的研究机构。保护存储在非联邦信息系统里的敏感联邦信息，这项工作对政府是至关重要的，它能直接影响政府实现既定预案的能力和与关键基础设施相关的既定任务的完成情况。

为了保护这些受控敏感数据的机密性，美国国家标准和技术研究院制定并发布了本指南，主要对负责信息系统开发、获取、管理和保护的联邦工作人员在特定情况下就如何保护受控敏感数据的机密性提出了建议和要求，这些特定情况包括：一是当这些受控敏感数据存储在非联邦信息系统和非联邦机构内部时；二是当存储这类受控敏感数据的系统并非由联邦机构的承包商或是代表联邦机构的相关组织使用和运营时；三是当授权的法律、法规或政策没有对相关受控敏感数据的机密性和安全防护提出特定要求时。

根据联邦拟定的受控敏感数据规定，联邦机构可以使用联邦信息系统处理、存储或传输受控敏感数据，作为最低限度，必须遵守以下原则。

一是联邦信息与信息系统安全分类标准（Standards for Security Categorization of Federal Information and Information Systems）；

二是联邦信息和信息系统最低安全要求；

三是联邦信息系统和组织的安全和隐私控制要求（Security and Privacy Controls for Federal Information Systems and Organizations）；

四是信息和信息系统映射安全类别指南（Guide for Mapping Type of Information and Information Systems to Security Categories）。

联邦机构的职责，就是确保共享给非联邦合作机构的受控敏感数据不被改变。因此，当受控敏感数据需要处理、存储或由非联邦机构用非联邦信息系统传输时，被保护的级别也是相同的。权威的联邦标准和指南明确了同一保护级别的一致性。

指南对保护受控的敏感数据提出了14项安全要求，每项要求都从基础安全要求和扩展安全要求两个维度做出了详细描述。具体的14个方面的安全要求包括：访问控制、感知和培训、审计和问责、结构管理、认证与鉴定、事件应对、维护、媒体防护、个人安全、物理防护、风险评估、安全评估、系统和通信保护、系统与信息完整性。

3. 颁布美国网络安全信息共享法案

2015年美国颁布《美国网络安全信息共享法案》。该法案共涉及四部分法案内容：《2015网络安全信息共享法案》、《2015联邦强化网络安全法案》、《2015联邦网络安全人事评估法案》和《其他网络事宜》。

《2015网络安全信息共享法案》是美国政府为网络安全信息共享和监测防御两方面信息安全保障工作提供指导的法案。首先，法案对信息共享进行了总体描述。

一是政府部门的信息共享。对国家情报局提出要求，明确信息共享流程、共享内容、共享范围，信息共享前应删除无关个人信息。

二是针对制止、发现、分析和减轻网络安全威胁的授权。授权各个机构在开展网络安全保障中可以采取的行动：监控、采取防御措施、共享或接收网络安全威胁指标或防御措施信息、信息的保护和利用，这些授权不受反垄断法限制。

三是与联邦政府共享有关网络安全威胁指标与防御措施。提出了建设自动化信息共享系统的要求，达到实时共享的目的。要求国土安全部制定内部规章，利用系统将收集的信息及时传递给各政府机构，同时明确这些信息在什么情况下能够被获取和使用。

其次，该法案在信息共享、监测防护、人员岗位确定等方面，明确了负责部门、需要协调的部门、制定详细制度的时间和制定要求，各部门在法案统一标准的要求下，开展网络安全相关工作。最后，加强对信息共享工作进度的跟踪和评估，法案要求，参与信息共享各部门，要对信息共享情况、威胁分析情况、共享系统应用情况、安全防御系统应用情况等进行阶段性评估，并由负责人向国会提交进展或评估报告。

《2015 联邦强化网络安全法案》通过联邦入侵探测和防御系统甄别、删除机构信息系统内的入侵者，从而保障联邦政府的网络安全。主要内容包括以下几个方面。

一是联邦入侵检测与防御系统。由国土安全部通过有补偿或无补偿方式部署、实施、维护，并保障系统可以被各机构使用，检测经由机构信息系统网络通信产生的网络安全风险，制止与有关网络通信相关的网络安全风险、修改有关网络通信以移除网络安全风险；明确国土安全部可以获取各机构信息系统中信息的权利；应当定期通过对现实场景或模拟场景进行技术测试，获取最先进技术，提高监测和防护能力；要求建立落实技术方案的机制；优先使用先进安全工具。

二是强化内部防御。使用先进网络安全工具，增强网络活动的可视性；审查和更新网络安全指标，包括入侵和安全事故监测、反应的次数。

三是联邦网络安全要求。发布面向各机构的有约束力的执行指南；明确关键信息的加密要求；明确例外：各部门需要向 OMB 特别说明。

四是开展评估和发布报告。由第三方开展评估：联邦审计署对政府采用的保障安全的方法和策略进行研究和评估；国会报告：入侵探测和防御系统评估（多家），入侵评估计划、强化内部防御和联邦网络安全最佳实践报告。

五是机构指引。明确国土安全部可以向机构负责人发布紧急指令，要求对本机构信息系统采取合法行动，包括本机构运维的、其他单位代为运维的系统；在极其危险的情况下，国土安全部部长可以决定入侵探测和防御系统应用于指定的信息系统。

《2015 联邦网络安全人事评估法案》对联邦政府网络安全人事计划、岗位及人员提出了明确要求。

一是联邦政府网络安全人事评测计划。各机构负责人明确本机构需要的网络安全或网络安全相关职能的所有岗位；分配相应的雇员代码；商务部与 NIST 更新国家网络安全建议计划下的网络安全人才框架中相应的编码架构；建立网络安全人员评估制度；网络安全人才框架规定了网络安全人员应具备的职业资格。

二是网络相关关键岗位的确定。确定急需的信息技术、网络安全或其他网络相关的角色；目前各个角色欠缺的关键技术；未来可能欠缺的关键技能。

三是关注人员管理与技能培训。定岗、定编、编制培训计划和要求、开展国家层面的网络安全人才评估。

《其他网络事宜》：一是对移动设备安全的研究。结合桌面系统防护，评估能够适应移动设备安全的技术；结合行业最佳实践提出应对建议。二是国际网络政策战略。由国务卿负责提出；研究其他国家在网络安全国际标准中的不同概念。三是国际网络罪犯的逮捕和起诉。四是紧急服务的加强。国土安全部部长通过国家网络安全和通信综合中心，与相关联邦部门、应急通信主任建立流程，加强紧急情况的数据收集；加强数据整合分析，提升网络安全保障和快速响应能力。五是提升医疗保健产业的网络安全系数。成立特别工作组，对其他行业应对网络安全威胁的战略和安全措施进行研究，分析医疗行业威胁，提出行业威胁情报分享计划。六是保证联邦计算机安全。主要保护国家安全系统（美国法典定义）；明确访问国家安全系统的安全要求、安全管理方法等。七是在极危险情况下保护关键基础设施的战略。各单位定期向国土安全部或负责机构报告关键基础设施信息系统入侵情况；国土安全部牵头为各个关键基础设施制定网络安全事件应急战略。八是禁止有欺诈性的销售美国公民金融信息。

（二）英国持续推进《国家网络安全计划》

为了保障在使用互联网的同时能够降低信息安全风险，英国政府在

2011 年出版了《英国网络安全战略》，其设定的 4 个目标继续在指导今天的工作。为实现这些目标，英国政府通过了《国家网络安全计划》（*National Cyber Security Programme*，NCSP），自 2011 年起，5 年投入 8.6 亿英镑专项资金，支持项目开发，提升网络安全能力，提振英国网络安全市场的信心。

该计划的目标包括打击网络犯罪、提高攻击恢复能力、帮助建设有利于"开放社会"的网络、提高企业和个人的网络技能、知识和能力。对于该计划，最复杂的任务是如何让政府更好地理解网络攻击，认清网络攻击可能会对公共服务产生的威胁。

2014 年按照计划的要求，英国政府推出了《网络安全十步骤》等指导性文件。明确了企业如何寻求咨询和服务，英国政府通信总部（GCHQ）对能够提供网络事件响应服务的企业，开始实行认证管理，并提供指导。

2015 年，最主要的工作就是公布网络安全学徒计划。4 月，英国内阁大臣弗朗西斯·莫德公布了一系列鼓励年轻人加入网络安全事业的举措：按照英国的《国家网络安全计划》，英国政府将与各组织进行合作来提供培训机会，从而增加公务员队伍中网络专家的数量，同时计划从 2016 年起，将网络安全知识技能作为取得计算机及数字化相关继续教育资格证书的关键考核因素，这意味着 16 ~ 19 岁的学生如果选择此类专业，将接受网络安全方面的基础知识教育。此外，从 2016 年起，英国工程技术学会将网络安全列为学士学位的基础课程。

英国政府在公务员快速通道学徒项目（Civil Service Fase Track Apprenticeship Scheme）中增加了网络安全培训，并在科技合作关系平台（Tech Partnership）的支持下创建网络安全培训框架。科技合作关系平台是一个由企业雇主搭建的网络平台，将致力于加快全球数字经济的增长。该平台的网络专家学徒培训计划旨在将年轻一代培养成网络入侵分析师，并输送到网络安全运行岗位。首批招募工作计划已于 2015 年秋启动。

（三）爱尔兰发布《国家网络安全战略（2015 ~ 2017）》

2015 年，爱尔兰政府发布的《国家网络安全战略（2015 ~ 2017）》主要阐述了政府基于动态发展的数字技术，结合公民和企业相关的基础设施，制定了可适应性强、安全的计算机网络要求。信息和通信技术的发展和普及，改变着原有的生活模式，新的服务模式，同时也影响着企业的运行方式。该战略提出了一个跨政府的框架，以确保网络安全可靠、重点任务共享及建立国家、公共和私人伙伴、学术界和民间社会之间的信任关系。

为了优化信息系统在促进经济和社会全面发展中的作用，爱尔兰政府开展了一系列活动。

• 政府的全国宽带计划目的是确保所有公民和企业都获得可靠的高速宽带，开拓新的业务及新的经济和社会机会。

• 爱尔兰的国家数字战略"做更多的数字"，发表在 2013 年 6 月，重点是加快在线参与的程度和质量。

• 全国"行动计划的工作"（2013 年），旨在提供可持续就业机会和进一步增加改善经济的基础设施，包括安全信息和通信技术，使爱尔兰成为一个更环保、更安全、更适宜居住和工作的地方。

• 在 2015 年 1 月出版的"公共服务信息和通信技术战略"的重点是利用新兴的数字技术为公民和企业的创新使用提高效率。

• 为提高网络安全水平，爱尔兰国家网络安全中心和国防部队在技术标准制定和信息共享方面将开展合作，建立快速的信息共享机制，提升国家网络安全事件防范能力。

（四）我国网络安全工作持续深入开展

1. 网络安全政策文件陆续发布

国家互联网信息办公室 2015 年 2 月 4 日发布《互联网用户账号名称管理规定》，就账号的名称、头像和简介等对互联网企业、用户的服务和使用行为进行了规范，涉及在博客、微博客、即时通信工具、论坛、贴吧、跟帖评论等互联网信息服务中注册使用的所有账号。"账号管理按照'后台实名、前台自愿'的原则，充分尊重用户选择个性化名称的权利，重点解决前台名称乱象问题。"

公安部、国家互联网信息办公室、工业和信息化部、环境保护部、国家工商行政管理总局和国家安全生产监督管理总局 6 部门于 2015 年 2 月 16 日联合发布《互联网危险物品信息发布管理规定》。

国家互联网信息办公室 2015 年 4 月 28 日发布《互联网新闻信息服务单位约谈工作规定》。促进互联网新闻信息服务单位依法办网、文明办网。

2015 年 6 月，第十二届全国人大常委会第十五次会议初次审议了《中华人民共和国网络安全法（草案）》，宣示了国家网络安全工作的基本原则，明确建设网络安全保障体系的主要举措，为整体推进网络安全保障体系建设提供法律依据。

2. 中央网络安全和信息化领导小组办公室组织开展国家网络安全检查工作

2015 年 7 月，中央网络安全和信息化领导小组办公室组织开展了针对中央国家机关各部委、各人民团体，以及银行、证券、保险、电力、石油化工、通信、铁路、民航、广播电视、医疗卫生、水利、环境保护、民用核设施等重点行业重要网络与信息系统的网络安全检查，以查促建、以查促管、以查促改、以查促防，保障国家重要网络与信息系统安全。

3. 公安部等部门就共同打击网络犯罪与美国开展执法合作

2015 年 9 月 9 ~ 12 日，中共中央政治局委员孟建柱，率公安、安全、司法、网信等部门有关负责人访问美国，同美国国务卿克里、国土安全部部长约翰逊、总统国家安全事务助理赖斯等举行会谈，就共同打击网络犯罪等执法安全领域的突出问题深入交换意见，达成重要共识。

中方指出，中美两国都是互联网大国，在当前网络空间事端频发、网络安全威胁不断上升的大背景下，双方加强网络安全领域互信与合作尤为重要。

同时，中方反对网络攻击和网络商业窃密的立场是坚定的，不管什么人，在我国境内实施网络攻击和网络商业窃密都是违反国家法律的，都应受到法律的追究。中美两国开展对话合作、共同打击网络犯罪，符合双方和国际社会的共同利益。

（五）网络安全宣传周成功举办　网络安全深入人心

我国首届"国家网络安全宣传周"活动于2014年11月24～30日举办，由中央网络和信息化领导小组办公室主办，目的在于提升网络安全意识，推动全民参与，让网络安全观念深入人心。

2015年6月1～7日，举办了第二届国家网络安全宣传周活动。在中央网络和信息化领导小组的统一协调下，多部门联合行动，多方面积极支持，多渠道全面宣传，以"共建网络安全，共享网络文明"为主题，围绕金融、电信、电子政务、电子商务等重点领域和行业的网络安全问题，针对社会公众关注的热点、难点，以形式多样的主题宣传活动，推动公众网络安全观念的形成，在全社会营造网络安全人人有责、人人参与的良好氛围。

（六）网络安全专项行动全面展开

1. "净网2015"专项行动

继"净网2014"取得阶段性成效以来，2015年，国家互联网信息办公室持续组织开展"净网2015"专项行动。

2015年4月23日，国家互联网信息办公室组织召开2015年全国网上"扫黄打非"专题工作会议，部署深入推进2015年网上"扫黄打非"工作，推动网站落实主体责任，介绍了《2015年网上"扫黄打非"实施方案》。

国家互联网信息办公室副主任任贤良指出，网上"扫黄打非"工作既是互联网内容管理的重要任务，也是基本责任。网上"扫黄打非"事关国家网络安全、意识形态安全和文化安全，事关网上舆论生态和青少年健康成长，事关网站管理能力和管理成效，必须进一步提高对网上"扫黄打非"工作重要性的认识，强力推进相关工作。

通过"净网2015"专项行动的持续推进，各项网络清理工作深入开展。北京市网信办分别对新浪微博、奇虎360、百度等网站进行现场督导，重点检查相关网站的微博、网盘、搜索引擎等平台，要求网站对照网民举报和公众内容评议情况，采取有力手段尽快弥补管理漏洞，切实提高管控能力。广东省网信办组织对 115 网盘和腾讯网进行督导检查，要求网站采取更严格的筛查手段，遏制涉黄账号、涉黄群组"死而复生"现象，深度清理淫秽色情信息。上海市网信办把属地视频网站作为督导重点，要求 PPTV、土豆网等视频网站对频道、直播栏目、自制剧进行全面清查，在技术过滤基础上加强对用户上传微视频、视频的人工审核，打击各种通过修改文件名称、混杂其他内容逃避监管的行为。江苏省网信办针对不法分子利用论坛跟帖传播招嫖信息、扩散色情内容下载链接等问题，重点督察西祠胡同等论坛网站，要求网站加大跟帖管理力度，不留管理死角。

"净网 2015"专项行动取得了显著成效。各主要网站分别增加多种管理措施，开展集中清理活动。新浪微博进一步完善色情内容举报受理机制，加大对违规账号的处置力度，关闭微拍、微视、微录客等视频上传应用在微博的分享接口。奇虎 360、百度对搜索引擎和网盘采取深度挖掘和人工筛查的方式，屏蔽色情页面 20 多万个，封停涉黄云盘、网盘账号 30 多万个。腾讯对微信、QQ、空间的账号进行联动分析，关停违法违规账号 4 万多个。115 网盘对伪装传播色情内容的社区和账号进行重点清查，关停社区 37 个，封禁色情影片、色情图书资源包近 700 个。豌豆荚、应用宝、百度手机助手等主要应用商店建立应用程序黑名单信息共享机制，对涉嫌传播低俗有害信息的应用程序予以下架。

网上制作传播淫秽色情内容的手段和方式越来越隐蔽，不法分子逃避监管打击的伎俩不断翻新，互联网企业要进一步强化社会责任意识，加强技术防范，前移管理关口，提高管理能力，着力破解"微领域"管理难题。同时，各网站要积极配合有关部门查案办案，坚决打击违法行为。

2. 上合组织首次网络反恐演习

根据上海合作组织地区反恐怖机构理事会有关决议，2015 年 10 月 14 日，上海合作组织成员国主管机关在福建省厦门市举行了"厦门－2015"网络反恐演习，这是上海合作组织首次举行针对互联网上恐怖主义活动的联合演习。

近年来国际恐怖组织网上活动频繁，经常利用互联网发布恐怖视频、传

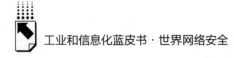

播极端思想、招募人员，给地区安全与稳定带来极大威胁。根据《上海合作组织成员国打击恐怖主义、分裂主义和极端主义 2013～2015 年合作纲要》，上海合作组织地区反恐怖机构理事会于 2013 年 9 月 20 日成立网络专家组，致力于加强上合组织成员国在打击"三股势力"网上活动领域的务实合作。为进一步增进互信，加强网络反恐领域的执法合作，上合组织地区反恐怖机构理事会于 2015 年 4 月 10 日通过了第 386 号决议，决定在中国厦门举行网络反恐演习。

此次演习的主要目的是，完善上海合作组织成员国主管机关查明和阻止利用互联网从事恐怖主义、分裂主义和极端主义活动领域的合作机制；交流各成员国主管机关在打击利用互联网从事恐怖主义、分裂主义和极端主义活动中的法律程序、组织结构和技术能力以及工作流程。

演习充分体现了地区反恐怖机构执委会在协调各成员国采取联合行动中的重要作用，检验了上海合作组织框架下网络反恐协作机制的有效性，展示了各成员国主管机关在发现、处置和打击恐怖主义网上活动方面的法律规定、工作流程、技术手段和执法能力。同时，演习也进一步增进了各成员国之间的互信，并将进一步提升上海合作组织成员国主管机关在打击恐怖主义领域的合作水平，切实维护地区安全与稳定。

B.4

工业控制系统信息安全稳步发展

孙军　李俊*

摘　要：　2015 年，全球工业控制系统信息安全形势依旧严峻，新增工业控制系统相关漏洞数量依旧居于高位，工业控制系统信息安全事件整体上仍呈持续发生的态势。但是，各国、社会各界对工业控制系统信息安全的重视程度逐步提升，各项工作均在逐步开展和推进，可谓忧中有喜。在规范标准方面，美国商务部国家标准与技术研究院（NIST）SP 800 - 82《工业控制系统安全指南》做出第二版重大更新；国际电工委员会 IEC 62443 系列国际标准陆续完善；中国则发布了首个工业控制系统信息安全指导国家标准。与此同时，在中国，"互联网+"、"中国制造 2025"、《网络安全法（草案）》以及网络空间安全一级学科的提出和建立，都为工业控制系统信息安全行业的发展提供了新机遇和新挑战。在这样的整体环境之下，我国工业控制系统信息安全产业蓬勃发展，2015 年市场规模超过 2.4 亿元。

关键词：　工业控制系统　标准规范　新机遇　新挑战　市场研究

---

* 孙军，博士，现就职于工业和信息化部电子科学技术情报研究所网络与信息安全研究部，主要负责工业控制系统、智慧城市的网络安全研究工作；李俊，博士，现就职于工业和信息化部电子科学技术情报研究所网络与信息安全研究部，主要负责工业控制系统、智慧城市的网络安全研究工作。

一 全球工业控制系统信息安全稳步发展

随着现代社会信息化水平的快速提高，工业控制系统（ICS）作为信息系统与现实世界连接的纽带，被广泛应用于关系国计民生的诸多领域。工业控制系统信息安全风险所带来的，不再仅仅是信息泄露、信息系统无法使用等"小"问题，而是会对现实世界造成直接的、实质性的影响，如设备运行异常（交通瘫痪、城市运行停滞、生产制造不达标）、设备运行停滞（停水、停电、停气、停供暖、生产制造系统停车）、设备损坏（零部件损坏甚至发生火灾、爆炸）、环境污染乃至人员伤亡等。对于那些应用于国家层面及军工领域的工业控制系统，其信息安全风险更是会对国家安全造成直接影响。近些年，工业控制系统信息安全漏洞不断被曝出，信息安全事件层出不穷，"震网""火焰""duqu""Havex""BlackEnergy"等恶意软件陆续出现，再加上工业控制系统连接互联网的趋势愈发明显，使得工业控制系统信息安全形势十分严峻。

（一）全球工业控制系统信息安全形势依旧严峻

随着工业控制系统信息安全持续被各界关注，在过去一年的时间里，全球范围内的工业控制系统信息安全事件发生频率依旧处于高位。能源、关键制造、公共健康、通信、政府设施、交通运输等关键基础设施工业控制系统依然是信息安全事件高发的几个领域。大量的工业控制设备连接在互联网上的现实，也持续影响着工业控制系统信息安全风险水平。与此同时，各国对工业控制系统信息安全的重视程度也显著提高，对控制工业控制系统信息安全风险起到了一定的作用。

1. 新增工业控制系统相关漏洞数量依旧居于高位

据统计，2015年新增工业控制系统相关漏洞数量依旧居于高位。漏洞所涉及的系统、设备主要分布在能源、制造业及市政等几个领域。从漏洞类型上来看，身份验证、缓冲区溢出及拒绝服务漏洞是最为常见的几个漏洞类型。另外，公开漏洞所涉及的工控系统厂商依然以国际厂商为主，西门子、施耐德、研华科技、通用电气及罗克韦尔分别占据了漏洞数量排行榜的前列。这些国际厂商供应的工业控制系统产品在应用场合的市场占有率较高，自然而然地成为工业控制系统信息安全研究人员关注的主要对象，公开的漏洞数量自然也占比较高。但这并不意味着这些大品牌产品的信息安全问题比小众品牌产品的问题严重，相反，据研究人员的测试和估算，小众品牌工业控制系统产品的信息安全问题更为严峻，甚至存在一些非常低级的信息安全漏洞。

2. 工业控制系统信息安全事件持续发生

工业控制系统信息安全事件发生数量在前几年的快速增长后，依旧处于较高水平。能源、制造业、市政等国家关键基础设施受到的攻击最为严重。这些信息安全事件涉及的主要攻击方式包括水坑式攻击、SQL 注入攻击和钓鱼攻击等。

2015 年 4 月 2 日，赛门铁克公司发表声明称，发现了一个针对能源行业的木马程序，赛门铁克称之为 Laziok。该木马能够收集目标机器的数据然后发送到制作者的服务器端进行分析，来决定要不要进行进一步的入侵。其主要针对石油、天然气等能源行业。

2015 年 6 月 21 日，波兰航空公司的地面操作系统遭遇黑客攻击，致使出现长达 5 小时的系统瘫痪，至少 10 个班次的航班被迫取消，超过 1400 名旅客滞留在华沙弗雷德里克·肖邦机场。这是全球首次发生航空公司操作系统被黑的情况。好在这次黑客攻击活动只侵入了地面操作系统中的航班出港系统，未造成进一步的损害。这次黑客事件也提醒全球航空业以及同行运营商，黑客技术已经具备入侵航空系统核心部分的能力。

（二）全球工业控制系统信息安全稳步发展

1. 各国对工业控制系统信息安全的重视程度逐步提升

面对日益严重的工业控制系统信息安全问题，各国对工业控制系统信息安全的重视程度显著提高，在纷纷出台相应政策的同时，也在抓紧开展相关工作。

2015年1月13日，美国总统奥巴马拜访了美国国土安全部国家网络安全与通信一体化中心（NCCIC），提出了一项针对网络安全信息共享的立法提案以加强网络安全的信息共享，对抗网络犯罪。另外，美国能源部将在未来五年内，向网络安全教育团队提供2500万美元的政府补贴。20日，奥巴马发表2015年国情咨文，专门提到了网络安全保护。

2015年4月24日，美国国防部发布第二版网络战略报告（第一版于2011年发布），指导美国网络力量的发展，加强网络防御建设与网络威慑力量。

2015年5月25日，日本在首相官邸举行网络安全战略本部会议，制定了包括"信息自由流通"、"对使用者的开放性"等五项原则在内的新的《网络安全战略》。

2015年6月8日，美国商务部国家标准与技术研究院发布第二版《工业控制系统安全指南》。该指南包括如何调整传统IT安全控制系统以适应工业控制系统独特的性能、可靠性和安全性要求。同时对威胁与漏洞、风险管理、实施方案、安全体系架构等部分进行了更新。自2006年美国国家标准与技术研究院首次发布工业控制系统指南以来，该指南下载量超过了300万次。

2. NIST SP 800-82《工业控制系统安全指南》进行重大更新

SP 800系列标准是美国商务部国家标准与技术研究院（National Instituute of Standards and Technology，NIST）发布的一系列关于信息安全的指南。虽然NIST SP并没有作为正式的法定标准发布，但该标准事实上得到了美国及国际信息安全行业的广泛参考。NIST于2006年第一次发布了针对工业控制系统（ICS）信息安全的标准——SP 800-82《工业控制系统安全指南》，工业和信息化部电子科学技术情报研究所也于第一时间对其进行了编译工作。该指南的目的是为工业控制系统的安全保障提供指导，涉及的系统包括SCADA、DCS及其他执行控制功能的系统。此后，NIST分别于2012年和2014年对NIST SP 800-82进行了两次修订，目前NIST SP 800-82《工业控制系统安全指南》第二次修订版（以下称R2版）已于2015年5月正式对外发布。与 NIST SP 800 – 82 初版和第一次修改版相比，R2 版此次修订的内容主要包括以下几个方面。

- 更新了工业控制系统威胁和漏洞；

- 更新了工业控制系统风险管理、推荐做法和架构；

- 更新了工业控制系统安全的当前活动；

- 更新了用于工业控制系统的安全功能和工具；

- 结合了其他安全标准和指南，特别是英国国家基础设施保护中心（CPNI）的标准和 ISA/IEC – 62443；

- 增加了针对 NIST SP 800 – 53 修订版 4 安全控制的新的指南，包括引入网络覆盖（overlay）；

- 增加了针对 NIST SP 800 – 53 修订版 4 安全控制的工业控制系统覆盖，对工业控制系统所造成的不同程度的影响提供切合实际的安全控制基线。

（1）工业控制系统威胁和漏洞

NIST 根据 ICS – CERT 平台发布的数据，在 R2 版中增加了 2010 ~ 2013 年期间公布的工业控制系统信息安全漏洞和信息安全事件。从更新的数据可以看出，工业控制系统信息安全事件显著增加，工业控制系统的复杂性也使其面临的威胁范围不断扩大。

R2 版以威胁源作为切入点，分别从敌对、意外、结构和环境四个方面对工业控制系统可能面临的威胁进行了分析。同时，按照漏洞和诱发条件的不同，对目前工业控制系统应用环境下存在的安全漏洞和诱发条件进行了梳理。在上述四类事件中，已发生的敌对性事件次数是最少的，但同时也是最具有破坏性的（例如 Stuxnet 蠕虫病毒、德国钢厂攻击事件等）。发生频率和次数最高的则为结构性事件——由于系统本身架构或设计存在不当而引发的安全事件。结构性的威胁可能出现在用于构建工业控制系统的硬件、固件和软件中，来源包括设计上的缺陷、开发的缺陷、错误性配置、保养不善、管理不善以及与其他系统和网络进行直接连接等。

（2）风险管理、建议措施和体系结构

各类组织机构几乎每时每刻都在对风险进行管控以满足其商业目标。应用工业控制系统的组织机构在人身安全（safety）风险管理方面已取得了良好的实践，针对信息安全（security）的风险管理也已越来越被政府、运营商、供应商所重视。工业控制系统的本质决定了当一个组织机构开展信息安全风险管理活动时，会包含传统 IT 系统管理过程中不会出现的额外注意事项。因为信息安全事件对工业控制系统的影响可包括物理和数字两个方面，风险管理需要综合考虑这两个方面潜在的影响。

R2 版中新增加的风险管理和评估内容，初步给出了在该风险管理体系下安全控制措施在工业控制系统中应用的指导原则。更新的内容主要借鉴了 NIST SP 800 系列中有关信息安全的风险管理方法，采用了一个三层结构方法对风险进行处理：①组织层面；②任务/商业流程层面；③信息系统层面。该方法通过结合特定的工业控制系统应用环境，对设计、评估、响应和监控四个环节进行综合分析，给出了工业控制系统事件可能造成的影响。

（3）安全防护能力和工具

R2 版中第 5 章工业控制系统安全架构对原有的 11 项内容进行了扩充，增加了网络分割、边界保护、单向网关、认证与授权、记录与审计和响应与恢复 6 项内容。其中，网络分割部分概述了将工业控制系统网络与企业网络分离的常用方法，以便工业控制系统运营商/用户采取不同的安全防护措施；边界保护和单向网关部分则介绍了目前工业控制系统网络和企业网络之间信息流的控制措施和可执行的安全功能，通过采取合理的监视、控制手段以保护工业控制系统免受恶意网络对手、非恶意故障以及事故的影响；认证与授权、记录与审计和响应与恢复这三部分内容则是对工业控制系统整体安全架构的完善，不仅提升了工业控制系统安全性，同时还降低了运营成本，也有利于集成商、工程商和用户合理地部署和维护工业控制系统网络。

此外，R2 版在附录 E 中增加了目前已开发成型的四款漏洞评估软件。

①Sophia

Sophia 是一个已申请专利的实时诊断安全工具，可建立和维护工业控制系统网络内的指纹认证系统并持续监控攻击行为。Sophia 会根据实时监测结果以白色、黑色和灰色显示，以此来提醒网络管理人员对异常活动进行进一步的分析。该工具由巴特尔能源联盟（BEA）和爱达荷国家实验室共同研发，并已通过了 Beta 测试。

②Shodan

Shodan 是一个搜索引擎，可在互联网上使用各种过滤器寻找特定类型的计算机（路由器、服务器等）。使用 Shodan 的用户能够找到的系统包括智能交通信号灯、安全摄像头以及供暖系统等。用户可以使用 Shodan 来查找他们的工业控制系统设备是否已暴露在互联网上。

③SCSET

CSET（Cyber Security Evaluation Tool，网络评估工具）是美国国土安全部（DHS）的产品，可协助组织机构保护他们重要的网络资产。该工具是在美国国土安全部的工业控制系统网络应急响应小组（ICS – CERT）的网络安全专家和 NIST 的协助指导下开发的。CSET 向用户提供了一个系统化和可重复的方法来评估他们网络系统和网络的安全状态，包括涉及所有工业控制系统和 IT 系统的高层次问题及详细问题。CSET 可在独立的笔记本电脑或工作站更容易的进行安装和使用，它包含了来自像美国国家标准与技术研究院（NIST）、北美电力可靠性公司（NERC）、美国运输安全管理局（TSA）、美国国防部（DoD）和其他组织中的各种可用的标准。用户可选择一个或者多个标准，CEST 将开放一系列需要被回答的问题。这些问题的答案将与选定的安全保障级别进行对比，产生详细的报告，以显示所展示领域中的潜在改进。CEST 提供的方法可有效地进行针对工业控制系统应用环境安全态势的自我评估。同时，CSET 还包含了视频教程和帮助选项以协助用户完成评估工作。

在部署漏洞评估软件时，NIST 同时提醒工业控制系统的所有者必须意识到在操作系统上进行这些漏洞评估测试的风险。必要时，应尽可能选用实验室环境进行工业控制系统安全测试，例如在冗余服务器或独立的系统上进行试验等。

（4）NIST SP 800 – 53 第四版在工业控制系统中的应用

尽管 NIST SP 800 – 53《针对联邦信息系统和组织建议的安全控制》中

介绍的许多安全控制措施都可适用于工业控制系统，但是其中的一些控制措施需要满足特定的工业控制系统需求。R2版结合NIST SP 800 – 53定义的18类安全控制措施，对涉及的员工管理与培训、信息安全评估、物理与环境保护和应急计划等方面进行了讨论，并给出了工业控制系统应用环境下相应的具体建议和指南。NIST SP 800 – 53中"覆盖"（overlay）的引入则是为了应对日益复杂的网络攻击，通过"选择基线—修订基线—创建覆盖—建立文档"四个步骤，逐步建立某一特定工业控制系统的安全控制和控制增强集。"覆盖"这一概念体现了美国在处理不同技术、不同行业中，标准制定的思路。

从此次R2版更新的内容可以看出，无线网络和许多传统IT设备的引入，使工业控制系统与外界的隔离性显著降低，工业控制系统存在和发现的漏洞日趋增多，面临的威胁进一步扩大。R2版的修订正是为了与美国《联邦信息安全现代化法案》（FISMA）、总统令–21（PPD–21）和行政命令13636（EO13636）规定的法定责任保持一致，并经过识别风险、管理风险、消除风险和控制风险四个步骤，确保设计和运行工业控制系统过程的安全。

3. ISA/IEC 62443系列国际标准陆续完善

IEC技术小组委员会TC65与ISA99于2007年成立了联合工作组，开始共同制定ISA/IEC 62443系列文件。该系列标准致力于改善组件、自动装置或控制系统的保密性、完整性和可用性，并提供了采购和实施安全控制系统的标准。目前，所有的ISA/IEC 62443系列标准和技术报告可分为四大类：概述类、信息安全规程类、系统技术类以及组件技术类。

（1）概述类

主要涉及概念、模型和术语等基本信息，同时对工业自动化和控制系统（IACS）安全指标和安全生命周期的产品进行了阐述。

《ISA – 62443 – 1 – 1术语、概念和模型》（IEC/TS 62443 – 1 – 1，以前被称为"ISA – 99第一部分"）：定义了所涉及的基本概念及模型，使得阅读和使用人员能够更好地理解工业控制系统信息安全。目前ISA 99协会正在对其进行修改，以使其能够与 62443 系列中的其他标准保持一致，并进一步明确了概念和模型的内容。

《ISA－TR62443－1－2 术语和缩略语》（IEC 62443－1－2）：列出了 62443 系列标准中使用的所有术语和缩略语。术语和缩略语的定义主要是依据现有的 IEC 或 ISO 文件：若该术语已被定义，则会根据工业控制系统的相关内容对其进行适当修改；若该术语暂无定义，则会依据其使用情况做出初次定义。该标准是一份工作草案，ISA 99 协会目前仍在对其进行修改和扩充。

《ISA－62443－1－3 系统信息安全符合性度量》（IEC 62443－1－3）：建立了一套工业自动化和控制系统（IACS）安全的定量指标体系，包含系统的目标、设计和信息安全保障等级。该标准致力于提供一个管理复杂工业自动化和控制系统全生命周期的信息安全规程。根据 ISA99 协会的最新计划，该标准目前仍处在修订中。

《ISA－TR62443－1－4 IACS 安全生命周期和实例》（IEC/TS 62443－1－4）：该标准拟针对工业自动化和控制系统产品和实例进行介绍，本计划于 2012 年底开始编制。但截至 2015 年 5 月，该文件的编制工作仍未进行。

（2）信息安全规程类

该部分内容主要针对资产所有者，包含了建立和维持一个有效的工业自动化和控制系统安全规程时资产所有者应予以考虑的各个方面。

《ISA－62443－2－1 IACS 信息安全管理系统的要求》（IEC 62443－2－1，以前被称为"ANSI/ISA99.02.1－2009"或"ISA－99 第二部分"）：主要介绍了与工业自动化和控制系统信息安全管理系统相关的政策、规程、实践和人员，定义了什么是符合要求的信息安全管理系统。资产所有者可根据自身情况对该标准的要求项进行适当修改以满足运营需求。目前，该标准的草案已于 2015 年 5 月发布并处于公开审查阶段。

《ISA－TR62443－2－2 IACS 信息安全管理系统实施指南》（IEC 62443－2－2）：重点阐述了如何执行一个有效的工业自动化和控制系统信息安全管理系统，给出了如何建立信息安全管理系统的具体实例。该标准已于 2013

年 4 月进行了第四次修订，目前内容仍在不断扩充和完善。

《ISA－TR62443－2－3 IACS 环境下补丁管理》（IEC/TR 62443－2－3）：对工业自动化和控制系统环境下的补丁更新进行了规范，也给出了补丁管理对工业控制系统可靠性和安全性可能造成的影响。该标准已于 2015年 7 月 1 日公开发布。

《ISA－62443－2－4 IACS 供应商的要求》（IEC－62443－2－4）：包含了对工业自动化和控制系统供应商和集成商的相关安全要求。此标准旨在对工业自动化和控制系统供应商和集成商的规程、实践和人员管理进行规范和约束。该标准已完成并公开发布。

（3）系统技术类

该部分内容阐述了系统设计的指导原则和控制系统安全集成产品的相关要求。

《ISA－TR62443－3－1 IACS 安全技术》（IEC/TR 62443－3－1）：提供了适用于工业自动化和控制系统的安全工具、技术手段、评估方法和缓解措施。此标准旨在对当前的工业自动化和控制系统安全技术进行分类和定义，以便为其提供合理可行的解决方案，同时也有利于确定需要改进和进一步研发的安全技术。该标准的第一次修订草案于 2012 年 12 月发布，目前仍处于审查阶段。

《ISA－62443－3－2 安全风险评估和系统设计》（IEC 62443－3－2）：对工业自动化和控制系统的风险管理和系统设计提出了规范性的要求。此标准力求定义一系列的工程措施，以此来引导一个组织机构对特定的工业自动化和控制系统进行评估，识别和应用安全对策，降低风险到可接受的水平。该标准已于 2015 年 8 月 5 日发布了修改后的第二版，目前正处于委员会投票阶段。

《ISA－62443－3－3 系统信息安全要求和安全等级》（IEC 62443－3－3）：定义了系统信息安全的基本要求，并基于身份验证控制、使用控制、系统完整性、数据保密性、数据流动限制、事件及时应对和可用资源 7 项内容来评定信息系统的安全等级（SL）。该标准已于 2013 年 8 月 12 日发布。

（4）组件技术类

该部分内容对工业控制系统供应商的单个产品做出了技术性的要求，包括 IACS 环境下系统硬件、软件的某些特定要求。

《ISA – 62443 – 4 – 1 产品开发要求》（IEC 62443 – 4 – 1）：定义了产品开发过程中特定的信息安全要求。这些要求可适用于现有工艺或新工艺过程中硬件、软件和固件的开发、维护和退出机制。该标准于 2015 年 4 月 9 日完成了第二版草案的修订，目前正处于委员会投票阶段。

《ISA – 62443 – 4 – 2 IACS 组件的信息安全技术要求》（IEC 62443 – 4 – 2）：对不同等级的 IACS 组件的信息安全技术要求做出了说明。该标准于 2015 年 7 月 2 日完成了第二版草案的修订，目前正处于委员会投票阶段。

二　我国工业控制系统信息安全忧中有喜

目前，我国工业控制系统核心软硬件产品自主可控水平低下、安全防护能力严重不足、网络接入控制不严格以及网络维护依赖国外厂商等问题依旧存在而且较为突出。这些问题要想得到解决，需要长期开展工作。与此同时，作为全球制造业大国、全球第二大经济体、全球经济增长第一引擎，我国对工业控制系统信息安全的重视也早已提升至国家层面。从中央网络安全和信息化领导小组成立，到各职能部门职能、职责、职位的确定；从"互联网＋""中国制造2025"等国家战略方针的陆续推出，到各地纷纷发文开展针对工业控制系统信息安全的工作；从国家首个工业控制系统信息安全标准的正式推出，到国家《网络安全法（草案）》的公布并公开征求意见；从国家首个工业控制系统信息安全技术国家工程实验室的成立，到网络空间安全一级学科的正式成立；从国家网络安全宣传周对工业控制系统信息安全的重视，到各类信息安全及黑客大会对工业控制信息安全议题的关注；从工业控制系统信息安全产业联盟成立，到各省成立省内联盟或行业协会；从老牌信息安全公司及部分工控厂商成立工业控制系统信息安全部门或子公司，到专门从事工业控制系统信息安全公司纷纷创立；从资本雄厚如 BAT（百度、阿里巴巴、腾讯）的大公司对工业控制系统信息安全公司的收购、并购，到风险投资、创业资本等对初创工业控制系统信息安全公司的关注和投资；等等。各界对工业控制系统信息安全的重视程度显著提高，相关政策持续推出、相关工作稳步开展，越来越多专门从事工业控制系统信息安全工作的组织和企业相继成立并高效运行。

（一）我国工业控制系统信息安全问题依旧突出

1. 工业控制系统信息安全风险事件不断

2015 年发生在我国的典型工业控制系统信息安全风险事件，凸显了我国工业控制系统面临的严峻问题。

2015 年 3 月 1 日，国内著名网络摄像头生产制造企业海康威视遭遇"黑天鹅"安全门事件，"监控设备存在严重安全隐患，部分设备已经被境外 IP 地址控制"。经分析海康威视安防监控设备主要存在以下三个方面安全风险：一是容易被黑客在线扫描发现。黑客至少可以通过 3 种方式探索发现海康威视安防监控产品：通过百度、Google 等网页搜索引擎检索海康威视产品后台 URL 地址，通过 Shodan 等主机搜索引擎检索海康威视产品 HTTP/Telnet 等传统网络服务端口关键指纹信息，通过自主研发的在线监测平台向海康威视产品私有视频通信端口发送特定指令获取设备详细信息。二是弱口令问题普遍存在，易被远程利用。据监测统计，有超过 60% 的海康威视产品的 Root 口令和 Web 登录口令均为默认口令。三是产品自身存在安全漏洞。海康威视产品在处理 RTSP 协议（实时流传输协议）请求时缓冲区大小设置不当，被攻击后可导致缓冲区溢出甚至被执行任意代码。此次事件，凸显了安防行业乃至整个工控行业面临的严峻的信息安全挑战。相关工作人员的安全意识亟待提升，整个行业的信息安全技术水平亦需要全方位的改善和提高。

2015 年 5 月 23 日，上海市奉贤区人民法院宣判了一起破坏中石化华东公司 SCADA 系统的案件。一名犯罪嫌疑人为中石化华东公司 SCADA 系统设计了一套病毒程序。而另一名犯罪嫌疑人则利用工作便利，将此病毒程序植入华东公司 SCADA 系统的服务器中，并最终导致病毒暴发，系统无法正常运行。面对系统的崩溃，软件公司先后安排十余位中外专家进行维修都没有修复。此时，两名嫌疑人又里应外合，由公司内部的嫌疑人推荐开发病毒程序的嫌疑人前来"维修"，从而赚取高额维修费用，实现非法牟利。此次事件，充分暴露了工控现场信息安全管理制度、防护措施的严重缺乏，相关工作人员信息安全技术水平较差、防范意识不足等一系列问题。

2. 工业控制系统信息安全行业面临新机遇和新挑战

（1）"互联网＋"工业发展趋势带来的机遇与挑战

第十二届全国人民代表大会第三次会议于 2015 年 3 月 5 日在人民大会堂开幕。李克强总理在这一年的政府工作报告中提出要制订"互联网＋"行动计划。

在工业领域，通俗来说，"互联网＋"就是"互联网＋工业"，是两化融合战略和工作深入开展的具体体现，是利用信息通信技术以及互联网平台，让互联网与工业进行深度融合，创造新的发展生态。

工业和信息化部电子科学技术情报研究所利用自主研发的工业控制系统安全监测平台，基于工控协议在全球互联网范围内开展常规化的扫描监测工作，以发现和监测暴露于互联网的工业控制系统软硬件设备。目前已发现千余个工业控制系统暴露在互联网上，通过详细分析，目前可确认有超过 120 余个连接在互联网上的工业控制系统存在被远程攻击甚至被接管等不同程度的信息安全风险。

上述现状与发展趋势，给工业控制系统信息安全既带来了机遇，也带来了挑战。机遇方面，工业控制系统信息安全市场已粗具规模并具备极大的发展空间和发展潜力。近年来，已有越来越多的组织、机构、公司及科研工作人员逐渐投入这个市场的开拓建设中来。挑战则主要体现在意识及技术等几个方面。工业控制系统运营企业管理人员的信息安全意识目前还处于较低的水平，对信息安全的重视程度远不及生产安全，与对完成生产任务的重视程度相比更是不可同日而语。技术方面，面对工业现场复杂的、区别于传统互联网的应用场景，信息安全从业人员还有很多技术环节需要攻关和突破。

（2）"中国制造 2025"的制造强国战略带来机遇与挑战

2015 年 5 月 19 日，国务院发布了《国务院关于印发〈中国制造 2025〉的通知》。《中国制造 2025》可以理解为中国版的"工业 4.0"规划，是我国实施制造强国战略第一个十年的行动纲领。而"以加快新一代信息技术与制造业深度融合为主线"主要是指工业控制系统及其他信息系统在制造业中的深化应用。这就为工业控制系统信息安全既带来了机遇，也带来了挑战。以工业控制系统在制造业企业生产线上的广泛应用为例，手机、家电、工业控制器等电子产品及汽车制造要想提高生产效率，降低残品率甚至实现多种产品生产的智能调配，都需要尽可能的应用工业控制系统构建自动化的生产线以替代传统的劳动密集型人工装配线。比如，工业控制系统的信息安全问题就是这些新型制造业企业必须要面对和考虑的问题和挑战；再比如高端制造业中常用到的数控机床也是如此。其作为生产加工企业的关键设备，面临着越来越多的工业病毒和网络攻击风险，而这些外来攻击能够导致数控机床乃至整个生产线停机。另外，德国西门子、日本 Fanuc 等品牌的高档机床控制系统在我国占据了 95% 以上的市场份额，大量分布在军工等关键领域的制造单位厂房中。对这些外国品牌数控机床内部构成、代码组成及远程维护端口等方面的不了解，也是我国制造业面临的一个很大的信息安全挑战。

作为全球制造业大国，全球十大智能手机制造商，中国占据六席，世界上最快的超级计算机、北斗导航卫星系统及大飞机项目都是中国制造业的代表。随着我国制造业的高速发展，工业控制系统信息安全在制造业领域的发展前景极其乐观，制造业现场必然将对工业控制系统信息安全从管理到具体的软硬件技术等诸多方面提出越来越多的需求，相应的制造业工业控制系统信息安全市场也将持续扩大。另外，要想顺利实施《中国制造 2025》纲领，实现"中国制造"向"中国智造"的全面转型升级，工业控制系统信息安全相关从业人员不但要从意识上保持高度警惕，还要从技术上加强防范，不断探索适合工业控制领域的信息安全保护措施。

（3）《网络安全法（草案）》公开征求意见带来机遇与挑战

根据党中央的要求和全国人大常委会立法工作安排，2014 年上半年，法工委组成工作专班，开展《网络安全法》研究起草工作。通过召开座谈会、论证会等多种方式听取中央有关部门，银行、证券、电力等重要信息系统运营机构，一些网络设备制造企业、互联网服务企业、网络安全企业，有关信息技术和法律专家的意见，并到北京、浙江、广东等一些地方调研，深入了解网络安全领域存在的突出问题，掌握各方面的立法需求。在此基础上，先后提出了网络安全立法的基本思路、制度框架和草拟了草案初稿，会同中央网信办与工业和信息化部、公安部、国务院法制办等部门多次交换意见，反复研究，提出了《网络安全法（草案）》征求意见稿。经与中央国安办、中央网信办共同商量，再次征求了有关部门的意见，做了进一步完善，形成了国家《网络安全法（草案）》。

第十二届全国人大常委会第十五次会议于 2015 年 6 月初次审议了《中华人民共和国网络安全法（草案）》，并随后在中国人大网上向全社会公开征求意见。

《网络安全法》的指导思想是：坚持以总体国家安全观为指导，全面落实党的十八大和十八届三中、四中全会决策部署，坚持积极利用、科学发展、依法管理、确保安全的方针，充分发挥立法的引领和推动作用，针对当前我国网络安全领域的突出问题，以制度建设提高国家网络安全保障能力，掌握网络空间治理和规则制定方面的主动权，切实维护国家网络空间主权、安全和发展利益。

草案将"维护网络空间主权和国家安全"作为立法宗旨。同时，按照安全与发展并重的原则，设专章对国家网络安全战略和重要领域网络安全规划、促进网络安全的支持措施做了规定。

《网络安全法（草案）》作为建设网络强国的制度保障，为工业控制系统信息安全既带来了机遇，也带来了挑战。机遇方面，随着国家《网络安全法（草案）》公开征求意见及后续将要开展的进一步工作，工业控制系统信息安全行业将更加有序、更加有章可循，相关工作也会更加规范地开展和实施。所涉及的相关组织机构、人员等的重视程度、意识觉悟也将得到明显改善和提升；挑战方面，也正是因为相关工作需要更加有序、规范的进行，要求相关组织机构、人员等必须不断完善工作制度，不断提升工作要求，依章、依规、依法开展工业控制系统信息安全工作。

（4）网络空间安全一级学科设立带来机遇与挑战

2015年6月11日，《关于增设网络空间安全一级学科的通知》（学位〔2015〕11号）正式由国务院学位委员会和教育部联合发布。在"工学"门类下增设学科代码为"0839"的"网络空间安全"一级学科。要求各单位加强"网络空间安全"的学科建设，做好人才培养工作。基于此，2015年8月4~5日，由中央网信办指导，中国网络空间安全协会（筹）主办，哈尔滨工业大学承办的"首届网络空间安全一级学科建设研讨会"在哈尔滨举行。来自全国60多所高校、科研机构和企业的100多位领导与网络安全专家参会，热烈讨论了网络空间安全人才培养机制、安全企业人才需求、网络空间安全产学研结合机制等问题。

网络空间安全一级学科的设立，为我国信息安全专业人才的培养提供了摇篮，为工业控制系统信息安全既带来了机遇，也带来了挑战。机遇方面，随着网络空间安全一级学科的设立和建设，必然将有越来越多的专业性人才投入工业控制系统信息安全的工作中，研究人员预测将会在2020年左右出现工业控制系统信息安全从业人员数量的一个跳跃式增长。工业控制系统信息安全产业也将随利好迎来一次大力发展的良好机遇，产能、市场份额等都将随之出现大幅提升；挑战方面，人才作为工业控制系统信息安全行业未来发展方向、发展速度、发展高度的关键性决定因素之一，其培养体系至关重要，是工业控制系统信息安全全行业乃至全社会面临的一项重大挑战。培养什么样的人才、如何培养人才不仅仅是教育部门的责任，更应该是每一个工业控制系统信息安全领域的组织、机构、公司乃至每一位从业人员都需要面对和思考的问题并为之努力。另外，信息安全行业涉及攻防两端，随着人才培养体系的逐步形成和完善，恶意攻击人员也更容易获得相关的知识和技术手段，恶意攻击人员的数量也将有所增加，这些都将是工业控制系统信息安全行业要面对的挑战。

（二）我国工业控制系统信息安全稳步推进

1. 各界对工控系统信息安全的重视程度显著提高

面对日益严重的工业控制系统信息安全问题，我国各界对工业控制系统信息安全的重视程度显著提高。继 2014 年成立中央网络安全和信息化领导小组，社会各界全方位开展工业控制系统信息安全相关工作以来，2015 年我国各界人士对工控系统信息安全的重视程度显著提升。

2015 年 3 月 19 日，工业控制系统信息安全产业联盟第一届第二次理事会在北京召开。联盟理事长戴汝为院士，副理事长邵柏庆、尹丽波，联盟发起单位代表及相关企业代表出席此次会议。

2015 年 4 月 11 日，在"2015 中国（重庆）国际云计算博览会"期间，重庆市经济和信息化委员会指导重庆市信息安全协会组织召开了以"信息安全·工业控制系统·互联网"为题的工业控制系统信息安全管理交流会。

2015 年 4 月 13 日，内蒙古自治区发布《关于开展全区重要工业控制系统基本情况调查的通知》。在全区范围内组织开展重要工业控制系统基本情况调查，并计划在此基础上开展全区工业控制系统信息安全试点示范工作。

2015 年 4 月 21 日，"工业和信息化蓝皮书（2014～2015）"发布会在京举行。工业和信息化部电子科学技术情报研究所正式发布了"工业和信息化蓝皮书"。该蓝皮书系列共分为五份报告：《世界网络安全发展报告（2014～2015）》《世界信息技术产业发展报告（2014～2015）》《世界制造业发展报告（2014～2015）》《世界信息化发展报告（2014～2015）》及《移动互联网产业发展报告（2014～2015）》，分别对全球网络安全、信息技术产业、战略性新兴产业、信息化及移动互联网发展进行了全面总结，并对未来几年的发展情况进行了预测。

2015 年 4 月 28 日，山西省经信委牵头与省国资委、省煤炭厅、省质监局、省安监局在太原市共同组织召开工业控制系统信息安全标准在煤炭行业的宣贯工作会。

2015 年 4 月 29 日，首都网络安全日成功举办。

2015 年 5 月 12 日，重庆市网络安全和信息化领导小组办公室与市经信委联合印发了《关于进一步加强工业控制系统信息安全管理的通知》。

2015 年 5 月 14 日，2015 第四届工业控制系统信息安全峰会在北京展览馆举行。

2015 年 5 月 19 日，国务院印发《中国制造 2025》的通知，专门提到了"加强智能制造工业控制系统网络安全保障能力建设，健全综合保障体系"。

2015 年 6 月，第十二届全国人大常委会第十五次会议初次审议了《中华人民共和国网络安全法（草案）》，并向社会公开征求意见。

2015 年 6 月 1 日，为期七天的第二届国家网络安全宣传周在北京开幕。本届宣传周主题依旧为"共建网络安全，共享网络文明"，并于 6 月 1～3 日在中华世纪坛举办公众体验展。此外，6 月 1～7 日还在全国各地同步开展。

2015 年 6 月 6 日，新疆维吾尔自治区召开工业控制系统信息安全工作座谈会，要求全疆各地、各部门、各单位要增强风险意识、责任意识，加强重点领域工业控制系统信息安全管理工作，以保障工业生产正常运转，维护经济运行安全和社会稳定。

2015 年 6 月 11 日，重庆市启动 2015 年工业控制系统信息安全专项检查工作。

2015 年 6 月 11 日，《关于增设网络空间安全一级学科的通知》（学位〔2015〕11 号）发布。"工学"门类下增设学科代码为"0839"的"网络空间安全"一级学科。

2015 年 8 月 3～7 日，山西省举办了工业控制系统信息安全标准培训班。

2015 年 8 月 4～5 日，由中央网信办指导，中国网络空间安全协会（筹）主办，哈尔滨工业大学承办的"首届网络空间安全一级学科建设研讨会"在哈尔滨举行。来自全国 60 多所高校、科研机构和企业的 100 多位领导与网络安全专家参会，热烈讨论了网络空间安全人才培养机制、安全企业人才需求、网络空间安全产学研结合机制等问题。

2015 年 8 月 7 日，第三届工业信息化及信息安全发展研讨会暨首届工业互联与智能制造之"互联网+"高峰论坛成功举办。

2. 我国工业控制系统信息安全管理工作职责明确

中央机构编制委员会办公室于 2015 年 4 月 20 日颁布《中央编办关于工业和信息化部有关职责和机构调整的通知》（中央编办发〔2015〕17号），以下简称《通知》，明确了工业控制系统信息安全管理的机构及工作职责。

《通知》中明确"工业和信息化部负责网络强国建设相关工作；负责拟定电信网、互联网及工业控制系统网络与信息安全规划、政策、标准并组织实施，加强电信网、互联网及工业控制系统网络安全审查；负责网络安全防护、应急管理和处置。"《通知》中明确"将原信息化推荐司和原信息安全协调司承担的生产和制造系统信息安全和信息化职责与软件服务业司的职责进行整合，并将软件服务业司更名为信息化和软件服务业司。"

以上内容表明，我国工业控制系统网络与信息安全规划、政策及标准的拟定、组织实施，工业控制系统网络安全审查、网络安全防护及应急管理和处置等均属于工业和信息化部的职责所在，具体则由工业和信息化部信息化和软件服务业司承担相关工作任务。基于此，信息化和软件服务业司在其机构职责第 2 条中明确指出，负责"统筹指导工业领域信息安全；研究拟定工业信息安全和信息安全产业发展战略、规划、政策和标准；指导做好重要工业领域工控系统信息安全保障工作；指导协调信息安全技术、产品研发及产业化"，并设系统安全处开展具体工作。

3. 我国发布首个工业控制系统信息安全指导国家标准

国家质量监督检验检疫总局、国家标准化管理委员会于 2014 年 7 月 24日正式批准了《工业控制系统信息安全》系列指导性国家标准：《GB/T30976.1－2014—工业控制系统信息安全第 1 部分：评估规范》；《GB/T30976.2－2014—工业控制系统信息安全第 2 部分：验收规范》。标准于2015 年 2 月 1 日起开始实施，其中：

《GB/T30976.1－2014—工业控制系统信息安全第 1 部分：评估规范》

包括安全分级、安全管理、技术、安全检查测试方法等方面的基本要求，并分别从组织机构管理和工业控制系统能力（技术）两个方面对评估工作进行了规范。《评估规范》的推出不仅有利于评估认证机构对系统设计商、设备生产商、集成商等的工业控制系统的信息安全开展评估活动，也可以帮助用户和企业改善工业控制系统信息安全的管理。

《GB/T30976.2-2014—工业控制系统信息安全第2部分：验收规范》中规定了验收过程中的流程、内容、方法及要求，验收测试工作需经过验收准备、风险分析与处置、能力确认三个阶段。《验收规范》可作为各利益相关方实际工作中的指导，并且适用于石油、化工、冶金、生产制造等行业使用的工业控制系统和产品。

此次是我国首次针对工控信息安全领域正式发布标准，填补了国内工控领域进行系统和产品评估及验收的空白。该系列标准的完成有利于逐步完善我国工业控制系统信息安全产业和标准体系，对保障国家经济平稳和利益安全具有重要意义。"互联网＋"、《中国制造2025》规则及两化融合的深入发展与推进势必会给工业控制系统信息安全保障工作提出新任务、新挑战，《工业控制系统信息安全》系列标准仍需不断开发和完善。

三 我国工业控制系统信息安全产业蓬勃发展

（一）市场整体特点分析

2015年，"工业4.0""工业互联""中国制造2025""互联网＋""云计算""大数据""物联网"等关键热词持续升温，这些概念无疑成为推动中国制造业信息化发展的重要潜在因素。在此背景下，对ICS信息安全的关注度也持续走高。与此同时，市场也在悄然变化，政府主导深化、政策稳中有变、新进者雄心勃勃、先入者步步为营、新产品加速上市、用户安全理念不断深化、资本机构悄然跟进，中国ICS信息安全市场已经悄然从概念导入期逐渐步入产品导入期阶段，市场特征正在发生着显著变化。

1. 市场规模 "量级未变"，但生态系统 "逐渐形成"

2015 年，国家针对 ICS 信息安全市场管理机构的职责分工已经完成，推荐性 ICS 信息安全的国家标准 GB/T30976.1 ~ .2 也已发布，涉足 ICS 信息安全产品的厂商数量也增加到三十多家，并且领先的 ICS 信息安全产品厂商正在深化 ICS 信息安全产品解决方案，从过去的工控防火墙、工控隔离网闸等硬件产品，逐渐扩充到管理平台、安全检测等软硬一体的解决方案。种种迹象表明，ICS 信息安全市场的 "生态系统" 正在逐渐形成。

2. 市场参与者从 "关注市场" 转向 "布局市场"

ICS 供应商方面，主要有 ABB、霍尼韦尔、英维斯、罗克韦尔、西门子、施耐德、和利时、中控科技、横河电机等企业。由于目前 ICS 信息安全市场规模有限，大多数 ICS 供应商配套的信息安全产品一般多向第三方外采，自产的比例很低。但是随着国家所倡导的两化融合的深入发展，控制系统层内部的信息安全防护也被更多提及，在趋势面前，ICS 供应商也从之前关注心态，开始考虑切入市场的时机和方式。比如，什么时候才是进入 ICS 信息安全市场的最佳时机？是自身生产 ICS 信息安全产品，还是继续选择外部合作？是战略并购，还是战略股权入资寻找有发展前景的 ICS 信息安全厂商合作？目前，ICS 厂商都在主动做相关战略的思考论证和布局。

ICS 信息安全供应商方面，Tofino、青岛海天炜业、力控华康、中科网威、三零卫士、启明星辰、匡恩科技、威努特、谷神星等厂商，作为 ICS 信息安全产品主流厂商，正式拉开了 ICS 信息安全市场新一轮的竞争序幕。

第一，借助资本加速 ICS 信息安全市场的战略布局。2015 年，在 ICS 信息安全主流厂商中，完成资本并购和正在资本洽谈的企业过半，有些厂商资本洽谈甚至顺利进入第三轮。资本的引入，将无疑加速 ICS 信息安全厂商发展，同时也对 ICS 信息安全市场发展起到重要的促进作用。

第二，加大产品研发力度，产品推陈出新，产品线不断完善。2015 年，在 ICS 信息安全主流厂商中，绝大多数企业都加快了新产品的研发布局。相比前两年，软件类的产品取得了长足的发展，安全审计、安全检测等产品纷纷出炉，各家都在围绕 "安全解决方案" 思路进行产品线布局。

第三，渠道布局加速。中国地域广阔，再加上 ICS 信息安全市场处于初步导入期，目前 ICS 信息安全市场的项目最主要的特点是"散"，在实施项目的过程中，ICS 信息安全厂商（尤其是新进入厂商）逐渐意识到传统 ICS 系统集成商的重要性，都在积极开发与传统工控领域 SI 的合作，这种务实的业务模式在各 ICS 信息安全厂商的业务策略中都有一定的表现。

第四，用户引导工作深化。2014 年之前，ICS 信息安全厂商的主要目标是希望通过"安全理念"引导用户的"安全意识"，但随着用户对于 ICS 信息安全"安全意识"的不断提高，如何帮助用户解决实际业务中遇到的 ICS 信息安全问题，使 ICS 信息安全项目落地实施，成为当前 ICS 信息安全市场各厂商主要的业务重点。2015 年，ICS 信息安全领域出现了更多的自发性的业务交流会议，比如 ICS 用户、ICS 信息安全厂商、ICS 供应商、设计院等多方对话，成为用户引导深化的具体表现。

传统 IT 信息安全供应商方面，网御星云、网御神州、启明星辰、绿盟、金电网安等一大批传统 IT 信息安全供应商的战略布局出现分化。其中，部分厂商在犹豫中继续等待，虽期望进入，但口号大于实质，相关 ICS 信息安全产品研发投入有限。而另一部门厂商，比如启明星辰、绿盟等，通过资本方式或成立工控事业部的方式，正式进入 ICS 信息安全领域，使 ICS 信息安全成为其集团战略中重要的新业务培育板块。

3. 以防火墙和网闸类产品为主，软件类和服务类产品逐渐丰富

2015 年，ICS 信息安全市场产品类别有了较大发展。除工业隔离网关、工业防火墙外，还相应推出了安全管理平台、安全审计、安全检测、指纹识别以及安全诊断、培训服务等。虽然从市场规模占比来看，仍然以硬件为主，但硬件、软件和服务类产品组成的一体化解决方案正逐渐给用户带来更多价值。

4. 行业集中度高，但应用领域不断扩大

目前 ICS 信息安全主要集中于电力、石化（化工）、冶金、烟草、煤矿等行业，其中电网、石化、冶金的市场累计份额仍然超过 80%，但其他行业正逐步寻找市场机会，比如火电厂、交通、市政、军工等，这些新领域的

项目相对分散，但正在成为政府关注的重点，有些已经纳入新的示范项目范畴内，值得重点关注。

5. 电网领域进入壁垒高，其他领域竞争开始加大

由于历史原因，电网领域主要由南瑞信通、珠海鸿瑞占据主导地位，供应商格局稳定，新进入者在该领域获得发展的难度较大。ICS 信息安全主流厂商，包括 Tofino、青岛海天炜业、中科网威、匡恩科技等，虽通过各种手段进行推进，仍较难获得电网市场份额的提升。相比电网，油气、石化、化工、冶金、烟草、矿山等行业，各主流厂商都有进入的机会，厂商的产品性能、渠道开发、市场推广等综合能力成为业务推进的关键决定因素。

6. 2016年，市场有望迎来小的爆发性增长

认真分析可知，在全球范围内，ICS 信息安全都是一个需要摸着石头过河的产业。政府监管、行业标准、产品、市场等都是在不断发展和相互促进的过程中完善的。按照产品上市的理论，上市产品至少要经历五年以上的实际应用及不断修正才能达到逐渐适用的效果。目前，在 ICS 信息安全市场，产品上市五年以上的少之又少，有些产品只是刚刚经过实验论证，因此政府很难在产品不成熟的阶段，直接推出所谓的强制标准，以推动市场的发展。最有效的做法，仍然是政府通过示范性项目，总结经验和完善产品解决方案，逐渐引导 ICS 信息安全市场发展。

目前，工信部、环保部、国家发改委等政府职能部门正在规划 ICS 信息安全示范项目，有相当量级的项目可能将在 2016 年释放，因此对于 ICS 信息安全厂商而言，如何提升自身产品性能、增强研发能力、扩大渠道范围、提高用户端影响力等，才是把握 2016 年市场机会的核心要素。

（二）市场规模概述

伴随着互联网技术的进步，对于信息安全产品的需求将保持快速增长。"棱镜门"事件又把网络信息安全的关注程度推向了高潮。在政策支持和市场需求的驱动下，目前我国信息安全市场发展仍保持快速增长态势。这其

中，工业领域（石油、石化、化工、油气、电力、冶金、纺织、电子、造纸、建材、矿业、食品饮料、烟草以及市政等行业）的信息安全应用占比约为13%。

具体来讲，2014年我国ICS信息安全市场的实际增速略低于预期，整体规模约为2.21亿元，同比增长11.5%，相比2013年增速提高1.4个百分点。从某种意义上讲，2014～2015年ICS信息安全市场的增长，最主要的核心动力来自于新进入ICS信息安全市场厂商积极采取各种方式进行了大量的业务推动，带动了部分预算外项目的实施。2015年我国ICS信息安全市场规模超过2.4亿元，同比增长10.3%（见表1）。

表1　2012～2016年我国ICS信息安全市场规模及增长预测

单位：百万元，%

年份	市场规模	增长率	年份	市场规模	增长率
2012	179.8	6.8	2015	243.5	10.3
2013	198.0	10.1	2016F	298.8	22.7
2014	220.8	11.5	—	—	—

资料来源：工业和信息化部电子科学技术情报研究所分析整理。

2016～2017年国家出台实施针对ICS信息安全的系列标准的预期落空，使得ICS信息安全市场很快呈现爆发式增长的概率变小，但如果2016年ICS信息安全市场的预期能够实现，市场会迎来小的爆发增长。2016年的预期为：第一，国家发改委、工信部、环保部等官方部门针对ICS信息安全投入的专项项目资金到位情况；第二，石油化工等行业内自发组织的规范项目实施情况。

（三）部分行业工业控制系统信息安全市场状况

1.电力

电力行业信息安全起步时间早，行业法规相对完善，信息安全建设和发展相对成熟，呈现稳定增长的整体趋势。2014年，电力行业ICS信息安全市场规模约为 1.19 亿元，增速为 13.1%。电力行业 ICS 信息安全市场的增长仍主要来自于电网端项目。研究人员认为，2015 年电力行业 ICS 信息安全市场规模约为 1.35 亿元，增速为 13.5%（见图 1）。

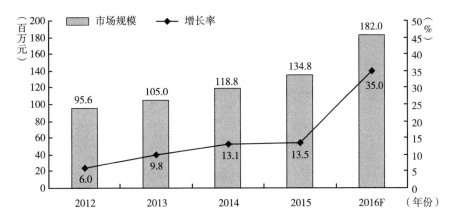

图 1 2012～2016 年我国电力行业 ICS 信息安全市场规模及增长预测

资料来源：工业和信息化部电子科学技术情报研究所分析整理。

2. 石油及化工

相对于其他行业，石油 & 化工行业 ICS 信息安全建设相对较快，用户端对于 ICS 信息安全的防护理念认同度较高，安全防护意识提升较快。目前中石油、中石化、中海油等集团的各下属企业对 ICS 信息安全的关注度逐年提高，行业内针对信息安全的投入逐年增大，部分单位已经针对 ICS 信息安全设立专项资金，随着示范性项目的逐年增多，ICS 信息安全经验积累逐年增加，石油 & 化工行业 ICS 信息安全的发展将会呈现稳定的发展态势。2014 年，石油及化工行业 ICS 信息安全市场规模为 4370 万元，增速为 15.0%。研究人员认为，2015 年石油及化工行业 ICS 信息安全市场规模约为 4980 万元，增速为 14.0%（见图 2）。

3. 冶金

相对于石化行业，冶金行业工业控制系统的应用相对分散，ICS 信息安全需求也较为分散。与此同时，2014 年，冶金行业产能过剩现象仍在持续，

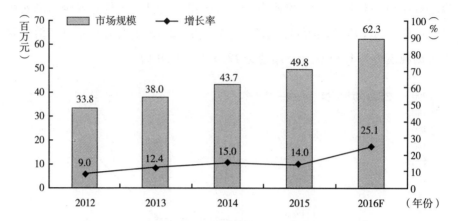

图2　2012～2016年我国石油及化工行业 ICS 信息安全
市场规模及增长预测

资料来源：工业和信息化部电子科学技术情报研究所分析整理。

行业投资明显回落，直接导致项目需求减少，ICS 信息安全市场也受到不同程度影响。2014 年，中国冶金行业 ICS 信息安全市场规模为 2050 万元，同比下滑 2.4%。研究人员认为，2015 年冶金行业 ICS 信息安全市场规模约为2150 万元，增速为 4.9%（见图 3）。

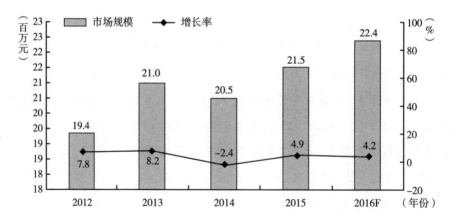

图3　2012～2016年我国冶金行业 ICS 信息安全市场规模及增长预测

资料来源：工业和信息化部电子科学技术情报研究所分析整理。

4.烟草

2014年，烟草行业 MES 系统总销售额为 1.4 亿元，同比增长 9.7%。根据 MES 系统平均中标金额在 500 万 ~ 600 万元计算，总共只有 20 个左右的 MES 系统，与 2013 年市场状况类似。由于烟草行业 ICS 信息安全主要配套应用在边界层，实际配套的 ICS 信息安全产品数量及规模都比较有限。2014年，烟草行业 ICS 信息安全市场规模为 1100 万元，增速为 10.0%。研究人员认为，2015 年烟草行业 ICS 信息安全市场规模约为 1200 万元，增速为 9.1%（见图 4）。

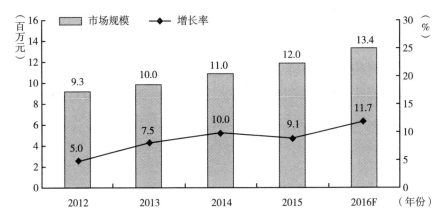

图 4 2012 ~ 2016 年我国烟草行业 ICS 信息安全市场规模及增长预测

资料来源：工业和信息化部电子科学技术情报研究所分析整理。

B.5

网络安全应急管理持续推进

孙立立　张慧敏*

摘　要： 当前，网络攻击、窃密行为日益猖獗，网络安全事件频发，网络安全形势严峻。为应对复杂的网络安全形势，最大程度减少网络安全事件带来的危害和损失，保护国家和公众利益，美国、欧盟等西方发达国家和地区纷纷将网络安全应急管理纳入国家战略，强化网络安全应急管理协调机制，逐步完善风险/事件分级，理顺应急响应全过程，多层次、全方位加强网络安全应急管理。

关键词： 网络安全事件　网络安全应急管理　协调机制　事件分级

近年来，利用网络窃取敏感信息、重要情报等事件多发，特别是针对电信和金融网络等关键信息基础设施的恶意攻击和破坏事件日益增多。2015年，美国国防部发布《国防部网络战略》，将网络安全应急纳入战略目标，并将网络安全应急管理作为其重要内容。事实上，为应对严峻的网络安全形势，最大程度减少网络安全事件带来的危害和损失，保护国家和公众利益，美国、欧盟等西方发达国家和地区普遍着力加强网络安全应急管理，将网络安全应急纳入顶层设计，强化网络安全应急管理协调机制并逐步完善风险/事件分级。

---

* 孙立立，情报学硕士，工业和信息化部电子科学技术情报研究所高级工程师，主要研究方向为网络安全战略规划、网络安全应急管理；张慧敏，管理科学与工程专业博士后，工业和信息化部电子科学技术情报研究所高级工程师，主要研究方向为网络安全战略与政策。

一 将网络安全应急纳入顶层设计

近年来，美国、英国、加拿大等发达国家纷纷将网络安全应急工作纳入国家网络安全战略，从顶层设计高度明确网络安全应急响应、监测预警、系统恢复等的重要地位和战略实施的优先级别。

（一）纳入战略目标

2015 年，美国国防部发布《国防部网络战略》，将网络安全应急管理纳入其战略目标。该战略强调，为实现"建立战备力量，培养并加强网络空间作战能力"的战略目标，要分析、评估网络特战队的应急能力数据，包括开发能力、专业水平和应急情况下需要的访问和工具使用情况；为"保护美国国防部信息系统和网络，确保国防部数据安全并降低国防部面临安全风险"，要制订互联网应急计划，确保网络老化和被破坏情况下，关键作战任务的连续性。同时，该战略还强调，要通过增加情报和预警能力，及时预见网络威胁，从而"保护美国本土和核心利益免遭破坏性网络攻击"。

同时，美国还在《保护网络空间国家战略》中明确把"将网络攻击造成的破坏降低到最低，将恢复时间降到最短"，以及"关键部门/基础设施部门建立信息共享与分析中心，监管对其基础设施的攻击情况"作为其战略目标之一。同时，该战略还将提高信息基础设施安全管控与恢复力作为政策重点。

《芬兰网络安全战略》明确了网络安全的战略方针，即保持和提高企业和组织对危及社会关键职能安全的网络威胁和干扰的检测、抵抗和恢复能力，检测和识别在风险评估中出现的对关键社会职能的干扰，在最大限度减少其对社会关键职能的不利影响的情况下，消除其带来的干扰。

（二）作为战略优先项

《加拿大网络安全战略》明确将网络安全监测作为确保政府系统安全的

措施之一。加拿大危机应急中心负责监测网络威胁，提供减轻网络威胁的建议并应对国内网络安全事件。加拿大通信安全部应加强监测和发现威胁的能力，为国外机构提供情报和网络安全服务，应对针对政府网络和信息系统的网络威胁和攻击。

《欧盟网络安全战略》将提升恢复力作为战略重点并布置了一系列相关任务，强调欧盟必须通过实质性的努力，增强欧洲公共和私营部门的防御、监测和处理网络安全事件的能力，以及整合资源、完善流程。同时，欧盟提出为重大网络事件或攻击提供支持，制定进一步提升预防、监测和应对网络事件能力的措施，成员国彼此间要更加密切地了解重大网络事件或攻击。若网络事件严重影响了业务连续性，网络与信息安全部门应建议启动国家或联合网络与信息安全合作计划。

《英国网络安全战略》明确提出要加强现有实力，继续提高对尖端网络威胁的侦测分析能力，重点聚焦关键国家基础设施及其他与国家利益相关的系统，提升态势预警与响应能力。

《德国网络安全战略》将建设国家网络响应中心作为其战略目标和措施之一，并明确该中心要向联邦信息安全局（BSI）报告，直接与联邦宪法保护局及联邦民众保护和灾难援助局开展合作。联邦刑事警察局、联邦警察局、海关刑事局、联邦情报局、联邦国防军和关键基础设施运营商主管机构均依照法定任务和权限参与该中心工作。

《法国信息系统防御和安全战略》将网络安全监测、警报和响应作为七项主要工作之一，强调法国正在发展信息系统攻击监测的能力，以便在受到攻击时向相关负责人发出警报，帮助其了解攻击性质并采取适当的防御措施；法国国家信息系统安全局设立了"操作室"，实时呈现国家网络形势图像和进行危机形势管理，管理检测工具和监视装置收集的或合作伙伴转达的所有信息；法国还提出要能够更迅速地采取必要措施，应对那些可能影响或威胁政府当局或重要运营商信息系统安全的危机事件。

捷克将建立国家级计算机应急响应小组作为其网络安全战略的战略目标和措施之一，并明确 CERT 将成为国家和国际网络威胁早期预警系统的组成部分。CERT 要对潜在网络攻击的识别方法进行优化，并协调相应对策和补救措施。该机构将与其他相关政府机构进行合作，提出并协调预防性措施，以避免或阻止对国家信息和通信系统以及国家关键基础设施要素的潜在攻击。同时，捷克拟建立一个全国性的、具有响应功能和信息交换功能的网络威胁早期预警系统，以降低信息和通信系统遭受威胁产生的风险，并将其发展成为国际网络威胁早期预警系统的一部分。

意大利《国家网络安全战略框架》的指导方针明确指出，要增强情报联合会、武装部队、警察、民防部等的专业能力，有效防范、识别、消减针对国家信息通信技术网络的恶意活动，消除其对公共服务系统的影响，使系统恢复其初始功能。同时，意大利提出要增强计算机应急响应小组的工作能力并强调要加强各部门之间的信息共享并确保信息共享的安全性，以增强对信息通信技术与基础设施潜在威胁的调查和响应能力。

澳大利亚《网络安全战略》在战略优先项中明确，在国防部建立网络安全运行中心，提供 24/7 式情境感知能力并协调对网络安全事件的响应。同时提出建立新的国家 CERT，共享信息并加强政府与私营部门间在应对网络安全威胁时的有效协调。此外，澳大利亚在战略中还提出积极参与和推动国内、国际政府与企业内部及政府与企业之间的可信、适时的信息共享，确保情境感知能力的维护和对在线威胁的全球一致响应。

《新西兰网络安全战略》将"对突发事件的响应与计划"作为优先领域之一，明确要建立国家网络安全中心，并将"关键基础设施保护中心"的职能纳入国家网络安全中心，同时，要修订政府的国家网络应急响应计划，与关键国家基础设施的提供者和企业等一道，支持开展网络安全响应能力评估。

印度《国家网络安全政策》明确将建立安全威胁早期预警机制、漏洞管理机制和安全威胁响应机制作为战略政策内容。印度强调，国家要建立系统、流程以及机制，对显现和潜在的网络安全威胁进行应对，并及时与私营部门共享信息，以便采取相关行动。

二 强化网络安全应急管理协调机制

为应对网络安全威胁和事件，美国、欧盟等发达国家和地区纷纷建立了适应自身需要的应急管理协调机制。

（一）美国采取集中协调、分散执行的应急机制

美国网络安全事件应急组织协调覆盖国土安全、情报、国防、执法四个领域，涉及国土安全部、情报联合会、国防部、司法部等多个部门及其下属机构。

1. 国土安全领域的应急响应协调机构

国土安全部是跨部门、跨地区总体协调网络安全事件管理的部门，负责与各合作方共同建立和维护全美一体的网络安全与通信状况的告警，同时也是发生特定网络事件期间进行网络事件管理和协调的核心部门。国土安全部下设的国家网络安全与通信一体化中心（NCCIC）和国家运行中心是主要的事件通报和应急响应协调机构。

（1）国家网络安全与通信一体化中心（NCCIC）

该中心是美国 24×7 全天候的网络事件的应急协调中心，负责收集联邦政府、州、地方政府、私营机构的所有态势感知、漏洞、入侵、事件以及消减活动的相关信息，是网络响应活动中的所有物理要素和虚拟要素的集中控制点。在稳态运行情况下，该中心通过其下的协同机构，将所有有用信息集中在一起，从而形成通用运行概览并支持协作性的事件响应。该中心的协同机构具体包括以下几个。

美国计算机应急响应小组（US－CERT）。US－CERT 是建立国土安全部与其他公共和私营部门间合作的重要机构，负责为联邦机构提供响应支持并防范网络攻击，并在各州、地方和区域政府间提供信息共享并开展协作。US－CERT 与联邦机构、产业界、研究机构、州、地方和区域政府以及其他对公发布网络安全信息的机构之间都有互动交流。此外，

US – CERT 还为公众和其他机构直接与美国政府就网络安全问题开展交流和协调提供途径。

工业控制系统网络应急响应小组（ICS – CERT）。ICS – CERT 为抵御新兴网络威胁、保护工业控制系统环境提供核心运行能力；与联邦机构、州、地方和区域机构与组织，情报联合会、私营部门以及国际 CERT 机构、私营部门 CERT 机构就工业控制系统相关安全事件响应开展有效协调与信息共享；通过响应和分析工业控制系统相关事件，对脆弱性与恶意软件分析进行指导，为法庭调查提供现场支持，依据情报和报告进行态势感知等活动的开展工作。

国家网络安全中心（NCSC）。该中心负责将相关信息整合以提供跨区域的态势感知；向国土安全部高层和国家政策制定者报告和分析美国网络安全战略状况；促进各网络安全中心之间的协作并共享态势感知信息。该中心致力于提供跨组织的信息共享框架，以促进态势感知和联合网络响应。同时，该中心还发布分析报告和制定一体化事件响应规划，并组织网络事件调查能力仿真协作模型的研究和管理。

国家通信协调中心（NCC）。该中心主要负责辅助国家安全与应急准备中涉及的通信行业服务与设施的创建、协调、恢复、重建。

（2）国家运行中心（NOC）

该中心可以跨联邦机构为事件管理进行态势感知和运行协调，是美国跨联邦政府进行态势感知和运行协调的中心。该中心为国土安全部秘书处和其他机构提供必要的信息，用于制定国家层面事件管理的关键决策。其下设机构包括以下两个。

国家基础设施协调中心（NICC）。该中心是国家运行中心的 IP 中心，对国家关键基础设施和关键资源（CIKR）部门进行监测。在发生网络事件时，该中心负责组织跨国家关键基础设施和关键资源部门机构进行信息共享和讨论。

国家响应协调中心（NRCC）。作为国家运行中心的下设机构，该中心是国土安全部联邦应急管理局（FEMA）的主要操作中心，主要负责国家事件响应与恢复以及国家资源协调。该中心24×7全天候监测可能或正在进行的网络安全事件，同时为区域分支机构的相关工作提供支持。

2. 情报领域的应急响应协调机构

美国情报联合会（IC）是情报领域的主要应急响应协调机构，负责感知和警示攻击信息、界定网络威胁特征、进行攻击归因并预先阻止未来安全事件。IC具体协调的机构包括以下几个。

情报联合会事件响应中心（IC-IRC）。该中心负责管理和监测IC网络，包括指导网络威胁与关联分析，对IC的网络威胁与事件信息进行24×7全天候的收集与共享。

国家安全局威胁行动中心（NTOC）。该中心是国家安全局与国土安全部进行网络事件响应的主要合作伙伴。在情报分析方面，该中心具备了适时网络感知和发现威胁表征的能力，可对恶意活动进行预测和预警。该中心在网络事件响应方面的情报工作主要是通过建立和维护时效能力来确定相关网络的配置与发布活动；遵循国家安全局的使命，对来自国外的网络威胁进行特征分析和报告，从而预见、检测、击溃网络非法利用和网络攻击；提供24×7全天候的网络监测、预警和事件响应服务；按照联邦机构需求为其提供技术援助。

国家网络调查联合工作组（NCIJTF）。该工作组在网络事件应急响应方面的情报工作主要是负责协调、整合、共享国内网络威胁调查相关信息。

3. 国防领域的应急响应协调机构

美国国防部（DOD）是国防领域的主要应急响应协调机构，主要负责态势感知共享机制的建立和维护，指导.mil域名网络的运行和保护。同时，国防部与合作伙伴共同对网络威胁进行归因，提供消减技术，采取行动遏制或防范威胁国家安全的网络攻击与威胁。国家警卫局与国防部同为国防领域的应急响应协调机构，主要负责国民警卫队（包括但不限于网络空间）在网络事件响应过程中的同步沟通与协调。国防部具体协调的机构包括以下几个。

美国网络指挥部（USCYBERCOM）。该指挥部负责计划、协调、整合、指导特定国防部信息网络的运行与防御活动,为指导全军全方位开展网络空间战做准备,确保美国及其盟友在网络空间活动自由,遏制敌人在网络空间的自由活动。该指挥部隶属于美国战略指挥部。

国家安全局威胁行动中心(NTOC)。该中心在国防领域网络事件应急响应方面的主要职责是保护国防部的非涉密网络;推动协调开展计算机网络作战,为协作开展规划制定和计算机网络作战提供支持。

国防部网络犯罪中心(DC3)。该中心负责数字法证研发测试与评估、提供网络技术培训。该中心下设国防计算机法证实验室、国防网络调查培训科学院、国防网络犯罪研究所。

4. 执法领域的应急响应协调机构

美国司法部(DOJ)是执法领域的主要应急响应协调机构,负责防范和控制网络犯罪。司法部具体协调的机构包括以下两个。

国家网络调查联合工作组(NCIJTF)。该工作组受联邦调查局领导,涵盖 18 个情报与执法机构,在执法方面主要负责追踪和确定网络威胁群体和个人的身份、所在地点、动机、能力、同盟、手段、资金和技术支持等,从而为美国政府跨部门、全方位执法提供支持。

国防部网络犯罪中心(DC3)。该中心在执法领域的工作主要是负责数字法证研发测试与评估,下设国家网络联合工作组分析小组,是 FBI 履行部门间协调职能的重要机构。除国家网络调查联合工作组和国防部网络犯罪中心之外,与司法部在网络犯罪调查与执法方面的工作相关的机构还包括以下两个。

联邦调查局(FBI)。它的使命是保护和保卫美国免受恐怖主义和国外情报威胁,并在网络犯罪领域进行执法。

美国秘密服务局(USSS)。它是美国联邦执法机构,隶属国土安全部,其最初职能是调查与国家财政有关的犯罪,后演变为美国第一个国内情报与反情报机构,并将其部分职能转至联邦调查局。美国秘密服务局目前的调查职能主要是保障美国金融系统,包括对金融欺诈、电信欺诈、身份欺诈、电子资金转移等的调查。

5. 应急响应支撑关系

根据网络安全事件性质、严重程度和范围的不同，各机构在网络安全事件的应急响应中存在多种支持关系，包括日常信息共享、冲突排解、合作和联合行动等。通常情况下，美国主要通过国土安全部下设的 NCCIC、国家运行中心，同其他情报、基础设施保护等相关部门相互支持，对网络安全事件做出协调和响应，具体分为两种情况：一方面，国土安全部在其内外部机构的支持下开展应急协调工作，内部协调机制体现为国家基础设施协调中心和国家运行中心通过信息提供、咨询辅助等方式为 NCCIC 提供支持，外部协调机制体现为 NCCIC 在国防部、司法部、联邦调查局以及其他网络安全、情报、基础设施保护相关部门的协作下，识别网络安全事件、防止其连锁反应、评估跨部门的网络安全风险以及通过国家网络风险警戒级别系统对网络安全风险状况进行沟通。另一方面，国土安全部为其他部门网络安全事件应急工作提供协调与支持，具体体现为 NCCIC 为国防部、司法部、联邦调查局以及其他网络安全、情报、基础设施保护相关部门提供网络运行、网络风险及 IT 和通信国家关键基础设施和关键资源部门的态势感知。

在特殊情况下，总统一旦认定网络攻击会威胁美国国家安全，可命令国防部采取军事行动，国土安全部则通过 NCCIC 及其合作方，共同支持国防部执行整个军事任务。

（二）瑞典强调应对严重 IT 事件的协调机制

瑞典 2011 年发布《严重 IT 事件国家响应计划》，明确政府民事应急局（MSB）是瑞典国家层面处置严重 IT 事件的组织协调机构。MSB 负责组织研判是否启动以及何时启动国家层面的应急工作。当经研判存在严重 IT 事件威胁（或直接风险）时，或严重 IT 事件已经发生后，该响应计划启动，MSB 及其他相关机构按照各自职责协调处置严重 IT 事件。

除国家层面的部门协调外，瑞典还支持建立技术能力体系，充分利用专家资源，提升应对严重 IT 事件的社会能力。

（三）奥地利施行内外兼顾的协调机制

奥地利网络危机管理部门由来自国家与关键基础设施运营方的代表组成，其组成成员和工作方式以政府危机和民防管理为蓝本。网络危机管理部门的职责已经超出 ICT 范畴时，为保障内部安全，由联邦内政部负责协调重要威胁防范工作。而在外部安全方面，为保护军事国防（网络国防）框架，则由联邦国防部在协调措施方面起主要作用。

（四）加拿大确立以 CCIRC 为核心的应急机制

加拿大公共安全部（PS）、加拿大安全情报局（CSIS）、加拿大通信安全机构（CSEC）和加拿大皇家骑警（RCMP）等部门和机构在网络事件响应中都具有明确的角色和职责。加拿大联邦政府致力于完善内部协调机制，推动各部门协同一致的工作。大部分协调工作通过加拿大网络事件响应中心（CCIRC）得以实现。

加拿大网络事件响应中心（CCIRC）是加拿大负责预防、缓解、准备、响应和恢复网络事件的国家协调中心。大多数情况下，受网络事件影响的组织首先通过 CCIRC 与联邦政府取得联系并获得资源。CCIRC 是加拿大公共安全部的组成部分，与 RCMP、CSIS、CSEC 等联邦机构在联邦政府层面确立工作联系。CCIRC 与加拿大重要伙伴紧密合作，尤其是与美国、英国、澳大利亚、新西兰以及来自世界各地的国家计算机安全事件响应团队的代表建立合作关系。CCIRC 还与省和地区政府的信息保护中心、关键基础设施所有者和经营者以及其他公共和私营部门组织的网络安全人员建立关系。基于这些关系，CCIRC 能够提供准确的定位警报和缓解建议，促进有利于所有利益相关者改善计算机系统的网络安全态势的信息传播。

CCIRC 可以根据网络事件发生情况及需要，提出是否联系当地执法部门或国家安全当局的建议。

如果重大网络事件导致了实际后果（例如，一个电力网络攻击导致停电），政府运行中心（GOC）会在事件后果的协调管理中发挥首要作用。

三 完善网络安全风险/事件分级

为了快速、有效地预防和处理网络安全风险与事件，美国、加拿大等国都对网络安全风险或事件级别进行了划分。美国从保护对象、损失程度、影响范围，以及应急响应需要动用的资源角度对国家网络安全风险进行了划分。加拿大主要从事件影响、人身伤害、经济损失，健康福利、社会服务和公众信心受影响程度等角度对网络安全事件进行了划分。瑞典则直接对严重IT事件进行了界定。

（一）美国国家网络风险警戒级别

美国根据威胁性、脆弱性，以及对整个网络基础设施可能带来的潜在后果，为网络风险警戒设立了4个层级体系，如表1所示。

表1 美国国家网络风险警戒级别 （NCRAL）

级别	级别标签	风险描述	响应级别
1	严重	发生或即将发生高度破坏性后果	响应功能不堪重负，顶级国家行政机构的参与必不可少。行使互助协定和联邦/非联邦援助必不可少
2	重大	观察到或即将发生关键功能失灵情况，并且这会带来中度至显著严重级别的后果，可能再加上有即将发生更严重后果的迹象	安全态势需要极大提升。DHS部长需参与进来，指派相关机构并激活相关联邦功能。其他相似的非联邦事件响应机制也要参与进来
3	较高	早期迹象显示，或潜在迹象表明，将产生中度至严重级别后果	预防措施升级。响应实体能够在正常范围或略微增强运行态势范围内进行事件/事故管理
4	警戒	风险处于基线可接受水平	基线运行，定期信息共享，流程和程序运行、通报、消减策略能够继续进行不受无故干扰或资源不被不当占有

美国NCIRP主要侧重处理重大网络安全事件，而重大网络安全事件是指在网络领域发生的，达到国家网络风险警戒级别（NCRAL）2级及以上，

需要国家级协调的事件。

1. 一级风险的特点和标准

- 非法入侵或破坏涉密网络;

- 大部分网络基础设施的关键功能遭到严重破坏;

- . gov、. mil、. com 或其他顶级域名遭受严重破坏;

- 大部分关键基础设施和关键资源的关键网络功能或资产遭受严重破坏;

- 发现和发布零日漏洞的影响已知且严重;

- 情报和其他报告确认网络对手发起了恶意活动;

- 情报和其他报告确认网络事件和对抗美国或美国盟国的敌对军事行动（包括战争行为）存在联系;

- 灾备、减灾或响应措施不起作用;

- 需要白宫和高级非联邦执行行动;

- 需要国家级网络事件响应计划流程和当局全面参与;

- 需要网络统一协调小组全面和持续行动;

- 需要定期特殊的事件特定通信或报告;

- 需要定期特殊的信息共享活动;

- 执行互助协定或为非联邦实体提供联邦援助必不可少;

- 为联邦实体提供非联邦援助必不可少;

- 积极的和集体性的响应、恢复和减灾活动必不可少。

2. 二级风险的特点和标准

- 关键功能即将或正在遭受严重破坏;

- 影响 . gov 或 . mil 基础设施（包括其他非联邦系统）;

- 涉密网络遭到入侵或破坏;

- 顶级域名或二级域名服务器遭到破坏;

- 公开重要系统遭受有针对性的入侵（如白宫网站）;

- 发现或发布零日漏洞的影响不为人知;

- 有证据显示成功的、有针对性的攻击已经影响或可能影响关键功能;

- 发生非授权的、跨联邦机构界限的根级访问;

- 灾备、减灾或应对措施不起作用，或者可能态势严重且无期限升级；
- 需要国家级国家网络事件响应计划（NCIRP）流程和当局全面参与；
- 需要定期升级的事件特定通信或报告；
- 需要定期升级的信息共享活动；
- 需要持续直接与受影响的实体联系并与之协调；
- 持续直接联系其他潜在目标或受影响的群体可按现有程序进行；
- 仍需保证执行互助协定或为非联邦实体提供联邦援助；
- 仍需积极且协调的集体响应、恢复和减灾活动；
- 公共事务协调必不可少。

3. 三级风险的特点和标准

- 除了下面列出的其他标准，已知或预期的入侵活动正在发生或已经被报告；
- 发现或发布零日漏洞的影响不为人知；
- 有证据证明成功入侵影响关键系统，但不会大大降低关键系统性能；
- 有报告表明网络对手的活动正在增加；
- 国土安全部部长批准国土安全部危机行动小组的活动；
- 作为日常业务和能力的一部分，检测、阻止、响应和解决问题的能力正在行使，或执行级别略有上升；
- 作为日常工作的一部分，灾备、减灾和响应措施应该能够无限期保持，或执行级别略有升级；
- 需要一些特殊的、事件特定的通信或报告；
- 需要与受影响实体直接联系和协调，且超过 4 级水平；
- 事件、影响和新信息依旧能够以正常程序归类；
- 与其他潜在目标或受影响群体的直接联系能通过现有程序进行；
- 必须进行脆弱性评估和整改。

4. 四级风险的特点和标准

- 威胁只影响非关键任务系统（如个人工作站）；
- 作为日常业务和能力的一部分，具备检测、阻止、响应和解决问题的能力；

- 只需要稳态级别的通信或报告；

- 信息共享产品能够通过现有程序上传和分发；

- 事件、影响和新信息能通过正常程序归类；

- 与其他潜在目标或受影响群体的直接联系能通过现有程序进行；

- 任何灾备、减灾和响应措施应该能够作为正常运作的一部分被无限期保持。

（二）加拿大网络安全事件分级

加拿大 CCIRC 根据一些重要因素对网络事件进行分类，建立影响严重度矩阵。这些因素包括信息披露、经济福利、健康和安全、公众信心和基本服务等方面。矩阵包含五个不同的影响程度，从极低到极高（见表2）。

1. 极低影响度事件

根据影响严重度矩阵，影响度极低事件通常影响一小部分个体，不会导致任何必要服务的损失或造成重大经济影响。这类事件很常见。大多数组织不需要依靠外部援助或协调就可以成功处理问题。

2. 低影响度事件

低影响度事件是指那些被认为只在有限时间内（"有限时间"范围很广，取决于该组织的性质）影响小型组织或小型社区的网络事件。低影响度事件对个人的关键服务几乎没有影响。

3. 中影响度事件

中影响度事件是指影响中型组织或社区并扩张到服务损失的网络事件。此类事件造成的金融损失也很严重，并导致一些关键服务的潜在损失，但不会造成严重伤害或人身伤亡。

4. 高影响度事件/极高影响度事件

高影响度事件/极高影响度事件的后果更为严重，包括潜在的生命损失或大规模金融影响。此类事件不再仅仅被当作网络事件进行分类，因为现实后果会导致应急响应程序的激活。因此，高影响度和极高影响度事件将由应急管理机构协调处理。联邦层面的应急管理工作由受 CCIRC 支持的政府运行中心（GOC）负责。

表2　加拿大网络安全事件严重度矩阵

影响	信息泄露	人身伤害	经济损失	健康福利	基本服务	公众信心/媒体影响
极低可忽略影响	公开的信息不保密	轻微不适	小规模影响中小企业;中等规模影响个人;损失小于1000美元	F/P/T/M 和 CI 能够提供福利	小组织 = 临时损失（小于12小时）	可忽略影响
低轻微影响	低敏感性信息 A 级保护	中度到严重不适	小规模影响经济部门,大规模影响中小企业;损失大于1000美元,小于10万美元	导致响应机构需要增加资源控制问题/其他健康福利服务没有显著影响	小组织/小城市 = 中等临时损失（在24～72小时）/临时损失	写信给编辑/电话投诉/当地消息报道
中较大影响	中敏感性或有损国家利益的信息 B 级保护/机密	严重不适/伤害/疾病	中等规模影响经济部门,超大规模影响中小企业;损失大于10万美元,小于1000万美元	导致响应机构需要增加资源控制问题/其他健康福利服务受到负面影响	小组织/小城市/大城市 = 长时间（大于72小时）/中等临时损失/临时损失	媒体社论/国家媒体报道/议会集中辩论
高重大影响	高敏感性或严重损害国家利益的信息 C 级保护/高度机密	可能导致人员死亡/永久性残疾	加拿大经济/战略经济目标受损;损失大于1000万美元,小于10亿美元	导致响应机构运用能力控制问题/其他健康福利服务无法提供	大组织/大城市/省/地区 = 长时间/中等临时损失	挑战政府政策/广泛的国际媒体报道/公民不服从行为
极高灾难性影响	对国家利益造成特别严重损害的信息 最高机密	可能导致多人死亡	广泛影响经济/战略性经济目标;损失大于10亿美元	导致超出响应机构运用能力控制问题/其他健康福利服务停止	大城市/省/地区 = 长时间/中等临时损失	政府服务中断/暴力示威/国际媒体报道集中/严重影响加拿大民众

（三）瑞典严重IT事件界定

瑞典网络安全事件应急机制主要针对严重IT事件，瑞典将严重IT事件的要素定义为：从一般性事件演变而来；对关键社会功能造成严重影响；需要启动国家层面快速响应机制；需要国家层面协调。瑞典认为2007年4月爱沙尼亚遭受的攻击可被视为严重IT事件的典型案例，涵盖以上定义的几个要素。

四　理顺网络安全应急响应流程

（一）美国网络事件响应

美国国家网络事件响应计划（NCIRP）描述了网络事件的响应周期，如图1所示。

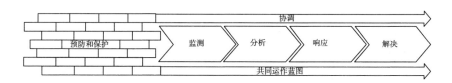

图1　网络事件响应周期

1. 协调和共同运作蓝图

协调工作和制定共同运作蓝图是预防和保护活动的基本要素，并在监测、分析、响应和解决活动中起着至关重要的作用。当发生重大网络事件时，协调变得至关重要，因为每个组织机构可能拥有不同的优先事项，从而促使其做出不同决定。关键基础设施和关键资源所有者和运营者可能侧重遏制和恢复，而联邦合作伙伴可能关注于归因和起诉。

2. 预防和保护

NCCIC的公共和私营部门持续监测和追踪威胁、漏洞、干扰和入侵，以帮助防护关键网络基础设施。NCCIC为所有相关组织机构提供预警信息，对美国整体网络基础设施发生的关键改变进行预警。NCCIC 内的组织机构确保 NCCIC 和其他关键合作伙伴在整个事件响应周期中接收预防性和保护性信息，并能够就这些信息采取行动。

3. 监测

当预防和保护工作失败时，联邦、州、地方、部落、地区政府和关键网络的私营部门业主和运营商，很有可能首先监测到他们网络上的恶意或未授权活动。这些业主和运营商通常在其事件响应过程中独自行动，但在合适情况下，他们将与其他合作伙伴进行合作，以识别和控制关键网络上的恶意和未授权的活动。他们设法收集尽可能多的关于未经授权的活动的信息，包括各种事件的关键细节信息。此外，多种来源的威胁和漏洞信息将通过 NCCIC 传达到相应的合作伙伴。

基于网络监测和信息收集活动，每个组织机构基于进一步分析结果与 NCCIC、其他合作伙伴进行双向沟通，确定风险和运营影响。

4. 分析

对事件进行分析，旨在发现事件是恶意的还是无意的，同时对其影响范围和严重性进行评估。分析是一项持续的过程，且要随着时间推移，对活动进行监测，并做出相应调整。分析过程要尽可能整合多种来源的数据和信息，并在 NCRAL 体系的总体框架内进行沟通交流。

许多组织具有强大的分析能力。每个组织可以自行进行评估，或与他人合作，但 NCIRP 鼓励他们与 NCCIC 或其他合作组织进行关于潜在事件的信息共享工作。分析应包括事件的技术分析、事件目的或对业务的影响分析以及事件可见性、对公共事务的影响分析。

NCCIC 汇集了各种各样的信息源数据以帮助进一步分析，协助建立一个强大的共同运作蓝图，并进行进一步分析，以确定 NCRAL 体系警戒级别。

5. 响应

在 NCRAL 体系的 1 级和 2 级协调行动中，网络安全和通信办公室副主任协调 NCCIC 与网络统一协调组事件管理工作组之间的响应工作，包括确定该事件的行动计划，评估响应有效性，以及基于事件行动计划目标调整相关工作。

每个参与重大网络事件响应行动的组织都发挥着独特作用，因为每个组织都有不同的任务和不同的职责。所需的响应资源应该是随时可用的，并根据每个组织的网络响应计划和权力进行调配，职责包括：通知和调动网络响应机构和人员，实施计划，请求必要援助，启动或继续进行执法调查。

6. 解决

网络安全和通信办公室副主任及网络统一协调组事件管理工作组确认响应工作的预期成果是否已实现，或是否可以在没有国家协调的情况下成功完成响应工作。网络安全和通信办公室副主任与 NCCIC 主管以及网络统一协调组合作，发布适当的通报和消息。

网络安全和通信办公室副主任、网络统一协调组事件管理工作组以及网络统一协调组总结从事件中吸取的经验和教训，并组织参加经验交流活动。网络统一协调组监测、跟踪、衡量他们的实施情况，以协调实施长期整改措施。

（二）瑞典网络安全响应

瑞典的国家响应计划基于四项核心合作过程，包括国家层面态势感知、信息协同、对结果和管理进行综合性评估及技术性和业务性合作。其中，前三项内容由民事应急局（MSB）负责，最后一项内容由相关责任方负责（见图2）。

1. 国家层面态势感知

"国家层面态势感知"的目的是通过建立态势感知来协调响应行动，以合理利用社会资源共同处置严重 IT 事件。"信息协同"的目的是向公众提供有效的信息。"对结果和管理进行综合性评估"的目的是从全社会角度开展深入、完整、以结果为基础的态势感知。"技术性和业务性合作"目的是恢复重要功能。

MSB 负责组织协调召开合作会议，形成国家层面态势感知，并向政府

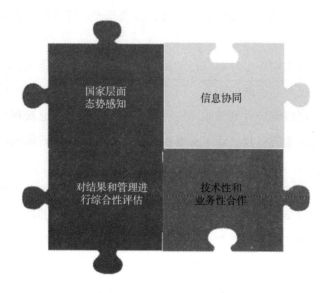

图2　瑞典严重IT事件国家响应过程

报告及通知相关技术机构；信息安全合作小组（SAMFI）①和中央政府机构有责任共享态势、结果、行动和所需资源，向MSB报告发生的IT事件；郡行政委员会主要负责召开地方合作会议，形成地方态势感知，共享态势、结果、行动和其他所需资源，主动向MSB报告IT事件；自治市则除共享态势感知、结果、行动和所需资源外，还应参与地方性合作；私营部门同具有相应职责的政府机构和郡行政委员会共享信息，主动向MSB报告IT事件，或参与合作会议。

2. 信息协同

在"信息协同"过程中，MSB负责组织召开信息协调会议，通过相关渠道公布官方信息，参与其他与信息相关的活动；中央政府机构和郡行政委员会信息官员参与信息协调会议，参与其他与信息相关的活动，通过"www. krisinformation. se"向公众公布信息；受影响私营机构和关键社会基

---

① SAMFI的组成机构包括：瑞典民事应急局、瑞典邮政和电信管理局、国防广播电台、瑞典国防装备管理局、瑞典武装部队、代表国家刑事调查局和瑞典安全局的国家警察委员会。

础设施运营者等其他相关方将根据需要参加信息协调会议和相关信息活动。

3. 对结果和管理进行综合性评估

在"对结果和管理进行综合性评估"过程中，MSB 负责持续更新、分析国家层面与信息安全相关的态势感知信息，开展对结果和管理的综合性评估，向关键社会机构和其他受影响机构发布警告和通知，向政府和其他相关方报告评估结果，为进一步讨论和决策，向信息协调过程负责人提供数据；SAMFI 共享信息和分析结果，当需要时，将向国家网络安全合作组织提供更多资源；相关国家和国际合作方以及负责管理关键社会功能的私营机构应共享信息和分析结果，在现有的技术能力网络框架内提供专业支持，需要时向 NOS 提供更多资源。

4. 技术性和业务性合作

在"技术性和业务性合作"过程中，为避免严重 IT 事件，MSB 负责持续提供技术咨询和支持（主要通过 CERT – SE），作为瑞典同欧盟和国际类似机构沟通的接触点（主要通过 CERT – SE），警告并通知关键社会功能和基础设施部门，以及其他受影响方（主要通过国家网络安全合作组织），提出相关行动和资源需求的建议；SAMFI 将共享信息，提供业务性和技术性支持（主要通过国防广播电台、瑞典安全局和瑞典武装部队）；其他相关方要进行信息共享。

（三）加拿大网络事件响应过程

加拿大政府规定，如果重大网络事件导致实际后果（例如，一个电力网络攻击导致停电），联邦政府运行中心（GOC）可能会在协调事件的后果管理中发挥首要作用。在这一点上，各种应急管理措施可能被实行，包括联系省和地区应急管理机构，如图 3 所示。

省、地区和其他级别政府负责保护其自身计算机系统的安全。他们同时也肩负众多行业监督管理的责任，并将网络安全问题合并到适当的法规和指南中。省和地区政府与联邦和地方应急管理同行以及其他利益相关者建立关

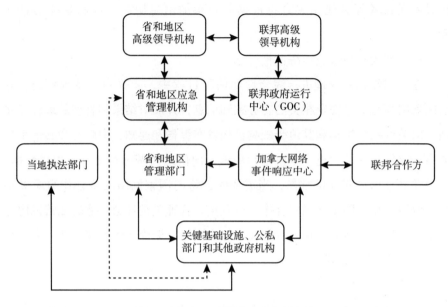

图3 加拿大网络事件处置流程示意

系，协调应对紧急事件。

关键基础设施所有者和经营者以及其他公共和私营部门组织负责保护其自身计算机系统的安全。在某些情况下，他们可能与各级政府建立现有的关系，协调应对网络事件。

被监管行业内的一些组织（如电信、电力、石油和天然气）要关注网络安全和弹性问题。这些组织与监管部门（联邦或省的）以及所在省的应急管理组织保持相应联系。受网络事件影响的组织也与 CCIRC 保持联系，以实现信息共享，获得针对网络事件的具体指导。

许多公共和私营部门都有危机管理机制，促进应对紧急情况时的内部协调，这种机制也确保他们的执行能够以一种适当、协调的方式进行。执行管理部门与适当级别政府中的相应部门建立联系，包括监管和应急管理组织，从而在危机情况下促进有效沟通和协调。

当地执法机构负责执行相关法律，维护和平、秩序和安全。受网络事件影响的组织如确信自己是网络犯罪的受害者，应该立即向当地执法机构报告。

五 中国网络安全应急工作取得重大进展

2015 年 7 月，我国发布《网络安全法（草案）》（以下简称《草案》）。《草案》确立了保障网络安全的基本制度，同时对保护各类网络主体的合法权利、保障网络信息依法有序自由流动、促进网络技术创新和信息细化持续健康发展具有重大意义。此外，《草案》首次将网络安全应急工作纳入法律，将网络安全应急处置要求单独成章，作为重要内容予以突出强调，并列出七项条款对网络安全监测预警、信息通报、应急机制、预警发布、应急处置等方面做了详细规定，这为我国网络安全应急工作的开展提供了有力依据，同时也将大力提升我国网络安全保障能力。

在网络安全应急工作机制和预案制订方面，《草案》对国家网信部门和负责关键信息基础设施安全保护工作的部门都提出了具体要求。《草案》规定，国家网信部门协调有关部门建立健全网络安全应急工作机制，制订网络安全事件应急预案，并定期组织演练。负责关键信息基础设施安全保护工作的部门应当制订本行业、本领域的网络安全事件应急预案，并定期组织演练。网络安全事件应急预案应当按照事件发生后的危害程度、影响范围等因素对网络安全事件进行分级，并规定相应的应急处置措施。

此次《网络安全法（草案）》的发布，一方面弥补了我国综合性网络安全法律法规的缺失，让我国网络安全工作有法可依；另一方面也契合了当前严峻的网络安全形势对网络安全应急工作的迫切要求，使我国第一次从立法的高度，明确要建立国家网络应急工作机制。

除了《网络安全法（草案）》外，为规范应急工作，国家已经发布了多份应急法规和规范性文件，如《中华人民共和国突发事件应对法》、《突发事件应急预案管理办法》和《国务院办公厅关于加快应急产业发展的意见》等。

《中华人民共和国突发事件应对法》从预防与应急准备、监测预警、应急处置与救援、事后恢复与重建以及法律责任等方面对我国应急工作的要求进行了明确。《突发事件应急预案管理办法》从应急预案分类和内容，预案编制要求，预案的审批，备案和公布，应急演练，评估和修订，培训和宣传教育，组织保障等方面对应急预案提出了具体要求。《国务院办公厅关于加快应急产业发展的意见》在强调充分认识发展应急产业的重要意义的基础上，提出了加快应急产业发展的总体要求，并明确将监测预警、预防防护、处置救援、应急服务等作为未来重点方向，将加快关键技术和装备研发、优化产业结构、推动产业集聚发展、支持企业发展、推广应急产品和应急服务、加强国际交流合作作为未来主要任务，并对相应政策措施、组织协调做出具体要求。

同时，在《国家突发公共事件总体应急预案》的指导下，我国共公开发布了《国家自然灾害救助应急预案》《国家防汛抗旱应急预案》《国家地震应急预案》等18项国家专项预案。据统计，我国公开发布的省级总计应急预案共22项，国务院部门也制订了57项部门应急预案，我国多级预案体系基本形成。

B.6
网络安全教育培训深入开展

杨帅锋　王晓磊　程　宇　宋檀萱*

摘　要： "国以人兴，政以才治"，网络安全人才数量的多少关系网络
安全建设水平的高低和保障能力的强弱，关系国家的安全和
发展是否有保障。国家网络安全保障体系建设离不开网络安
全人才的教育培训工作，因此要走"人才强网"之路，将我
国从网络大国建设成为网络强国。与此同时，包括中国在内
的世界主要国家持续开展网络安全意识教育与宣传活动，并
将网络安全意识教育作为提升国家网络安全防护能力的基础，
旨在通过提升公众网络完全知识和技能，促进公众网络安全
意识的觉醒，降低公众遭受网络安全风险的概率。

关键词： 教育培训　顶层设计　认证　意识教育　宣传活动

一　网络安全教育与培训稳步开展

（一）国外网络安全教育培训情况

1. 网络强国重视网络安全教育顶层设计

美国的网络实力世界第一，各方面的网络安全保障都需要大量的人才。

---

* 杨帅锋，硕士，工业和信息化部电子科学技术情报研究所助理工程师，参与起草国家网络安
全"十三五"发展规划，主要研究网络安全战略规划、态势感知、网络空间治理等；王晓
磊，工业和信息化部电子科学技术情报研究所工程师，主要从事网络与信息安全战略规划、
情报研究和意识教育工作；程宇，工业和信息化部电子科学技术情报研究所助理工程师，主
要从事网络与信息安全战略规划、情报研究和意识教育工作；宋檀萱，工业和信息化部电子
科学技术情报研究所工程师，主要从事网络与信息安全战略规划、情报研究和意识教育工作。

因此，美国非常重视网络安全教育的顶层设计，制定并实施了全面的网络安全人才培养战略，颁布了一系列法案和战略文件。2010年3月，美国通过了《网络安全法案》，要求政府机构和私营部门鼓励培养网络安全人才，开发网络安全产品和提供服务。2011年7月，美国国防部发布《网络空间军事行动战略》，指出其五项战略任务之一是通过强化培训来建设一支网络空间高科技人才队伍。2015年4月，在美国国防部发布的《国防部网络战略》中提到，国防部要充分利用2013年对网络人才和技术培训进行的大规模投资，并且招募和留任高技能平民人员。战略还提到国防部将与教育机构、政府和私营部门展开跨部门合作，支持国家网络安全教育计划。国防安全服务部门将扩大对国防部人员的教育和培训项目。在战略发布的当天，美国国防部部长阿什顿·卡特在斯坦福大学发表演讲，承诺通过国防部渠道投入更多网络安全方面的研究和开发经费，并向斯坦福大学及其所处"硅谷"地区的高技术企业及人才示好。

此外，美国政府的各个相关部门机构也都十分重视网络安全教育的顶层设计。

（1）美国国土安全部（DHS）：2003年2月，国土安全部发布《保护网络安全国家战略》，提出要"启动国家网络安全意识普及和培训计划"；2004年，国土安全部与美国国家安全局（NSA）的信息保障司（IAD）合作实施了"国家学术精英中心计划"；2012年6月，国土安全部与美国高校和私营企业合作，启动了旨在培养新一代网络专业人才的计划——"网络安全人才计划"（Cybersecurity Workforce Initiative），国土安全部通过该计划招聘了一大批网络安全专业人才。

（2）美国国家标准与技术研究院（NIST）：2010年4月，NIST发布"国家网络安全教育计划（NICE）"，目的在于通过教育培训提高公民的网络安全意识和技能。在该计划中，NIST组织了"建设国家网络安全职业学习计划"（NICCS）的网站，该网站由DHS负责，免费向公众提供网络安全教育和培训课程等形式多样的服务；2011年9月，由NIST牵头，国土安全部、国防部、教育部、司法部、人力资源办公室等部门共同提出了《网络安全人才队伍框架（草案)》，网络安全专业领域的定义、任务及人员应具备的"知识、技能、能力"在框架中得到明确，并于2014年5月发布了该框架的更新版本。

（3）美国国家安全局：国家安全局与美国政府有关部门、学术界和产业界一起合作实施了"国家IA教育培训计划"（NIETP）。NIETP通过实施各项计划，能够确保美国信息系统安全专业人才具有最高的素质。

（4）美国国家科学基金会（NSF）：1993年美国国家科学基金会发起了"高级技术教育计划"（ATE），主要致力于美国高科技领域技术人才的培育。在ATE的资助下，美国摩瑞谷社区大学系统安全与信息保障中心（CSSIA）培养了一大批网络安全人才。CSSIA提供网络安全课程学习及上机实践练习，它已经发展成为美国网络安全教育领域的典范。

美国的网络安全人才教育培训走在了世界的前列，其他国家和地区也意识到了网络安全人才的重要性，欧盟、英国、日本等纷纷出台了有关的人才政策，在网络安全教育顶层设计方面做了相关部署。2013年2月，欧盟发布《网络安全战略》，该战略将对网络安全教育与培训工作的重视程度上升到了国家层面，除了在学校对计算机科学等专业的学生开展网络安全培训，还要对公务工作人员进行网络安全方面的培训；2011年，英国发布《网络安全战略》，强调"加强网络安全技能与教育，确保政府和行业提高网络安全领域需要的技能和专业知识"。2011年3月，英国政府通信总部（GCHQ）下属的英国国家信息安全保障技术管理局（CESG）发布了《信息安全保障专业人员认证》框架，明确了信息保障专业人员招聘、遴选、培训等具体要求。2015年2月，该框架发布了5.2版本。最新框架对信息保障专业人员进行分类，包括认可人员、信息保障审计人员、信息保障架构人员、安全和信息风险咨询人员、IT安全人员、通信安全人员和渗透测试人员共七个类别。日本在2011年发布的《保护国民网络安全》文件中提出，要通过培养一批网络安全人才提高普通用户的网络安全知识标准。文件特别重视培养网络安全专家，采用通用人才评估和教育工具、大学与产业合作开发等方法培养网络安全专家，制订适用于各个行业的网络安全专家培养计划，同时还将考虑建立保障中长期网络安全的专家候选人系统。在 2015 年发布的《网络安全战略》中，日本加大了网络安全人才培养的力度，提出要利用高等教育与职业培训培养适应社会需求的人才、充实初级和中级阶段的网络安全教育、挖掘和培养具备突出能力且适应全球化发展的人才、改善人才发展环境，以提高组织能力为目的培养人才。

2. 国外高校不断推进网络安全专业教育

高校作为教书育人的基地，自然成为培养网络安全人才的首选之地。美国公民从小就开始接受信息安全教育。如美国教育部和国家科学基金会共同领导"正式信息安全教育"项目，通过从幼儿园到高中毕业阶段、高等教育阶段和职业阶段等三个阶段对"正式信息安全教育"项目的全方位支持，打造一条培养优秀的信息安全从业者的"生产线"。

"核心课程 + 课程模块"模式和"知识传授 + 科学创新 + 技术能力"模式是美国高校培养网络安全人才的两种主要模式。"核心课程 + 课程模块"模式是美国大学在网络安全专业教学中普遍采用的模式，与我国高校的"基础课 + 专业方向选修课"模式类似。"知识传授 + 科学创新 + 技术能力"模式对网络安全人才的培养提出了更高的要求。在美国，众多知名高校都设有网络安全专业，如麻省理工学院、加利福尼亚大学、爱达荷大学、美国国防大学、斯坦福大学、詹姆斯麦迪逊大学等。美国麻省理工学院的安全信息系统中心开设了信息系统安全认证研究生课程，同时还发起了相关实验室和会议；加利福尼亚大学设有计算机安全实验室，开展相关技术的研究；爱达荷大学在计算机科学部为不同阶段的学生开设不同的课程，为本科生开设计算机安全课程，为硕士和博士研究生开设网络安全和信息系统课程；美国国防大学在其信息运营部提供信息安全运营方面的课程；美国詹姆斯麦迪逊大学设有信息系统安全教育研究中心，还发起了为政府、高校和工商业培养信息系统安全专业人员的机构；达拉斯大学开设了网络安全中心；卡内基梅隆大学的 CyLab 实验室是美国规模最大的网络安全研究和教育中心之一；佛蒙特州的尚普兰学院和内布拉斯加州的贝尔维尤大学开设了内容丰富的网络安全学习项目。此外，各大名校都早已启动了计算机安全教育项目。

除了常规的高校教育，美国社区大学两年制的网络安全专业教育也是加强网络安全人才建设的一条路径。美国还建立了"高校—企业—军队"的互动教学模式以及网络安全产学研合作培养机制。如美国国家安全局在2014年7月宣布，它将选择美国陆军军官学校、纽约大学、辛辛那提大学、陶森大学和新奥尔良大学等5所高校建立专门的网络作战计划学术中心，该举措旨在培养一支高素质的大学生队伍供其使用。美国国防部高级研究计划局（DARPA）通过在企业和私立大学设立资助项目培养网络安全人才。还有一些政府和私人安保机构开始面向高中生开放实习机会，既可以向他们展示网络安全的就业前景，又可以培养他们对网络安全专业的兴趣，尽早规划人生，走上网络安全成才之路。

在英国，政府也十分重视未成年人的网络安全教育。2008年制订的《未成年人网络安全计划》将网络安全教育作为中小学课程的必修课程之一，使英国公民从小就能受到很好的网络安全教育。2014年3月，英国政府打算把网络安全教育扩大到11岁的小学生，并提供新教材和资助招募网络安全教师。此外，英国政府格外重视培养网络安全专家。2013年5月，英国商业、创新和技能部（BIS）与工程和物理科学研究委员会（EPSRC）向英国牛津大学和伦敦大学投资750万英镑，资助这两所大学成立网络安全研究中心，合作培养网络安全研究人员和领导人员；2014年8月，英国情报机构政府通信总部（GCHQ）授权六所英国大学建立训练未来网络安全专家的硕士专业，大力培养"网络安全硕士"。由GCHQ批准的网络安全大学及专业有：爱丁堡龙比亚大学先进安全和数字取证硕士专业、兰卡斯特大学网络安全硕士专业、牛津大学软件和系统的安全硕士专业、伦敦大学皇家霍洛威学院信息安全硕士专业，以及获得GCHQ颁发的临时认证的克兰菲尔德大学的网络防御和信息安全保障课程、萨里大学的信息安全课程。高校"网络安全硕士"学习的主要内容为网络安全技能，帮助网络用户应对恶意软件的侵扰，保护国民和国家信息安全不受威胁。其实，早在英国2011年公布的《网络安全战略》中就提到了"网络安全硕士"学位的内容，该战略认为高等教育是提升英国防范黑客和网络欺诈能力的关键措施。

2015 年 4 月 1 日，英国政府公布了一系列鼓励年轻人加入网络安全事业的举措，特别重视在公务员队伍中增加网络专家的数量。按照英国的《国家网络安全计划》，英国政府将通过与多方组织合作提供学徒培训机会增加网络专家在公务员队伍中的比例，网络安全培训课程也被纳入继续教育和高等教育。具体方式为在"公务员快速通道学徒项目"（Civil Service Fast Track Apprenticeship Scheme）中增加网络安全培训的内容，并在科技雇主合作平台（Tech Partnership）的支持下创建网络安全培训框架。此外，英国还推出了一系列教育计划鼓励继续教育学院和学校重视网络安全教育，从 2016 年起，英国工程技术学会将网络安全列为学士学位课程的必修课，而且从 2016 年 9 月起，网络安全知识技能将成为取得与计算机及数字化相关的继续教育资格证书的关键考核因素。

同英国类似，法国也重视中小学网络安全教育和培养网络安全专家。法国在中小学教育阶段设有礼仪与公民教育课程，其中的网络安全教育内容规定中小学生需获得信息与网络资格证书。法国国防部设立专门课程训练网络安全人员。2014 年法国拨款 10 亿欧元用于加强网络安全建设，该笔款项将具体用于在法国雷恩建设一个网络防御人员培训中心，将网络防御尖端研究人员的数量增加三倍。

韩国也在组建网络安全专家团队。2014 年 2 月，韩国政府表示将建立一支由 300 名专家组成的网络安全专家队伍，这些专家都是从事信息保护工作 5 年以上、在防黑客大赛上获过奖的网络安全人才。韩国的未来创造科学部曾在 2013 年对外宣布，将在 2017 年前培养 3000 名白客。此外，韩国国防部与忠清大学合作设立的国防情报通信系在 2014 年启动了招生计划。

在德国，网络信息安全领域的创新研究已位于联邦教育与研究部的优先发展之列。德国教育部与联邦内政部于 2009 年联合启动了"IT 安全研究工作计划"项目。2013 年 8 月，德国联邦教育与研究部计划提供资金保护德国的信息技术系统和设施。德国十分重视培训合格的从业人员，如达姆施塔特工业大学从 2010 年夏季学期开始设立信息技术安全领域的理学硕士学位。该校高级安全研究中心允许从业者通过参加培训课程的方式获得信息技术安全证书。

在日本，东京大学、日本大学、早稻田大学等综合性大学基本都设有网络安全相关专业。日本还设立了专门培养网络安全人才的私立大学，如日本网络安全大学设有密码、运营管理、网络等课程，培养网络安全硕士和博士研究生。自 2007 年起，文部科学省开展了"研究与实践结合培养高级网络安全人才项目"，建立了网络安全优秀人才认证制度。日本国内大学致力于培养可以应对网络攻击的人才。2013 年 7 月，会津大学开设了面向社会人士的专业讲座。2014 年 6 月，九州大学与美国马里兰大学巴尔的摩分校签订协议，引进人才培养方面的经验技术和网络安全对策教育项目。12 月，九州大学设立"网络安全中心"推进网络安全技术研究、网络安全专家培养等工作。同年 11 月，日本通过《网络安全基本法》，九州大学专门开设了介绍此类法令的课程，同时还计划于 2017 年 4 月将该课程设为所有入学者的必修课。

在澳大利亚，为应对不断增长的国家主导型网络攻击威胁，新南威尔士大学将从 2016 年 2 月起开设 1 年期的网络安全方面的硕士课程。该课程计划为网络安全挑战提供见解，以及如何制定应对策略和做出外交回应来处理网络安全威胁，并为组织机构面对网络威胁如何做好准备和应对提供看法。学校在网络领域还提供另外两个硕士课程，其中一个是与以电脑安全技术领域为重点有关的课程，另一个是有关探索网络犯罪和网络恐怖主义的课程。

3. 社会网络安全教育培训形式多样

美国的网络安全职业培训认证资质在世界上具有很大的权威性，包括 ISC 提供的注册信息系统安全师认证（CISSP），信息安全审计和控制联合会（ISACA）提供信息系统审计认证（CISA），计算机专业认证研究所（ICCP）提供计算机专业认证证书，CIW 的网络安全专家认证，Guarded Network 公司推出的网络安全认证等。美国的一些知名企业开展了认证培训，如思科公司具有 CCNA Security、CCNP Security、CCIE Security 三个等级的网络安全系列认证资质；甲骨文公司职业发展课程内容主要有 Oracle 数据库管理、维护和开发工作。在资格认证方面，美国还试图培养女性以填补网络安全人才缺口。2015 年 10 月，美国信息安全和网络安全培训公司 SANS 启动了网络安全人才沉浸式女子学院，旨在帮助女性快速进入网络安全行业，对其进行快捷培训和认证。成功修完课程的参与者除了能获得全球信息保障认证（GIAC）证书，还有在网络安全行业中就职的机会。

美国还非常重视与民间网络安全人才的交流，鼓励和吸引民间网络安全人才参与国家的网络安全建设。2012 年，时任美国国家安全局局长和网络司令部司令的基斯·亚历山大在世界黑客大会 DEFCON 上发表演讲，号召民间黑客与安全公司和政府合作，之后国家安全局开始借助 RSA、BlackHat 和 DEFCON 等国际性安全会议招募大量的网络安全人才。在 2015 年的 RSA 大会上，美国现任国土安全部部长 Jeh Johnson 邀请民间黑客与安全公司和政府合作。另外，一些面向大学学历以下学生的网络安全教育培训活动也在美国民间迅速开展。如 Wickr 的创始人尼克·赛尔每年在拉斯维加斯的 DEFCON 大会上传授合法的网络安全课程，而传授对象是年仅 8～16 岁的孩子。美国还通过举办网络安全竞赛培养人才。2014 年 6 月，美国国防部高级研究局计划署宣布举办网络安全挑战赛（CGC），赛程开始于 2015 年，总决赛将于 2016 年在 DEFCON 大会期间举行。

在英国，国家信息安全保障技术管理局（CESG）依照《信息安全保障专业人员认证》框架，实施 "CESG 注册专业人员"（CCP）认证项目。CCP 项目中最受关注的是 "安全和信息风险咨询" 认证以及 "信息保障架构" 认证。目前 CESG 在美国、澳大利亚、新西兰和加拿大开放了 CCP 认证。2014 年 11 月 20 日，CESG 推出 "CESG 培训"（CCT）项目，该项目下设 8 家培训机构，开发了 10 门培训课程。英国政府通信总部于 2015 年 3 月 4 日开始试行名为 "Cyber First" 的新计划，旨在培养尖端网络安全人才，满足未来英国的政府部门和企业的人才需求。该计划通过网络安全挑战赛等比赛发掘人才。除了政府部门，英国的行业协会也积极培养网络安全人才。2013 年末，英国 IT 行业技能组织 e - skills 与多家公司合作发起网络安全培训计划，包括 IBM、英国石油、QinetiQ 等公司。

日本也通过网络安全比赛培养人才。2014 年 6 月 29 日，日本国内最高级别的黑客竞赛"SECCON 2014"拉开帷幕，并在 2015 年 2 月的全国大赛之前举办多次竞技活动。日本希望通过 SECCON 培养大量的网络安全人才。日本还对黑客开通了招聘的"绿色通道"。2014 年 9 月，日本政府开始研讨直接聘用精通网络技术的黑客，到 2016 年，日本政府拟设立网络信息安全技能国家资格认证制度，以培养更多的网络安全专业人才。

（二）中国网络安全教育培训情况

1. 网络安全专业学科建设取得突破

党中央、国务院历来重视我国信息安全保障体系的建设，对网络安全人才培养、学科建设等工作一直十分关心。2003 年，27 号文件提出"加强信息安全保障工作，必须有一批高素质的信息安全管理和技术人才，要加强信息安全学科、专业建设，加快信息安全人才培养"。两年之后，教育部于2005 年发布 7 号文件，指出"发展和建设我国信息安全保障体系，人才培养是必备基础和先决条件。要不断加强信息安全学科建设，尽快培养高素质的信息安全人才队伍，成为我国经济社会发展和信息安全体系建设中的一项长期性、全局性和战略性的任务"。2007 年，成立高等学校信息安全类专业教学指导委员会通过了教育部门的批准。

我国高校早在 2000 年就开始设置信息安全本科专业，正式启动了网络安全人才高等教育培养体系。但由于各种原因，一直未能将网络安全学科设为一级学科，各高校只能在不同学科下设置与网络安全研究相关的专业，开展网络安全人才教育培养工作。这引发了网络安全学科建设缺乏系统性、网络安全人才培养质量不高、人才培养规模小等问题，与国家信息安全产业发展的速度相矛盾。当前，我国网络安全人才远远不能满足国家信息化建设的需要，我国网络安全关键技术与世界网络强国相比仍然处于比较落后的地位。

新一届中央领导集体高度重视网络安全工作。2014 年 2 月 27 日，中央网络安全和信息化领导小组成立，组长由习近平总书记亲自担任，总书记在中央网络安全和信息化领导小组第一次会议讲话中明确提出："建设网络强国，要把人才资源汇聚起来，建设一支政治强、业务精、作风好的强大队伍。千军易得，一将难求，要培养造就世界水平的科学家、网络科技领军人才、卓越工程师、高水平创新团队。"网络空间安全人才培养是一个完整的社会系统工程，需要在一级学科目录的规范下，按照学士、硕士、博士的体系，系统化全方位地培养各类网络空间安全人才。没有标准的培养体系，就很难培养国家急需的高水平人才。终于，在 2015 年 6 月 11 日，教育部 11 号文件指出，为实施国家安全战略，加快网络空间安全高层次人才培养，根据《学位授予和人才培养学科目录设置与管理办法》的规定和程序，经专家论证，国务院学位委员会学科评议组评议，报国务院学位委员会批准，国务院学位委员会、教育部决定在"工学"门类下增设"网络空间安全"一级学科，学科代码为"0839"，授予"工学"学位。目前，网络安全已经受到政府、企业和高校越来越多的关注和重视。2015 年 7 月 6 日发布的《中华人民共和国网络安全法（草案）》明确提出，鼓励企业和高等院校、职业学校等教育培训机构开展网络安全相关教育与培训，采取多种方式培养网络安全技术人才。

网络安全学科在我国走过了十多年的历程，在专业型人才、复合型人才、领军型人才极度匮乏的局面下，网络安全人才教育培养工作已迫在眉睫，力求避免因人才问题影响我国实施"网络强国战略"。

2. 其他教育培训及资格认证情况

我国部分企业与机构面向网络安全从业者开办了沟通交流会议和教育培训课程，通过举办网络安全竞赛培养选拔人才。如首届 XCTF 全国联赛采用国际前沿的 CTF（Capture The Flag）解题与攻防竞赛形式，历经 10 个月，吸引了 89 个国家、3847 支队次，超过 1 万人次参与。在"一带一路"国际战略背景下，联赛以"21 世纪海上丝绸之路"的起点福州作为起点，邀请"一带一路"沿线国家队伍参赛。极棒（GeekPwn）定于每年的 10 月 24～25 日举办。2015 年，大赛把目光聚焦在智能家居、智能穿戴、智能手机、汽车/无人机、智能娱乐等智能生活安全领域，旨在通过活动吸引一流的极客发现智能软硬件存在的安全问题，推动设备厂商及时修复存在的问题。极棒从 2015 年三月起，还组织了公开课、特训营和安全峰会，旨在给安全爱好者们带来前沿安全技术干货，为安全极客提供良好的成长土壤。中国信息安全技能竞赛（ISG）已举办了七届。2015 年中国信息安全技能竞赛以"发现人才·普及意识·体现价值"为主题。ISG 组委会着力将竞赛打造成集竞技比赛、安全教育、社会宣传、人才选拔为一体的综合服务平台，在竞赛中举行"人才嘉年华"公益活动，知名安全企业代表现场为参赛选手提供就业机会。

在资格认证方面，我国也已开展了注册信息安全专业人员（CISP）、注册信息安全管理师（CISM）、国家信息安全技术水平考试（NCSM）、全国网络技术水平（NCNE）等资格认证考试。

3.网络安全专业教育培训发展方向

我国的网络学科建设及人才培养存在着网络安全创新人才培养机制不健全、专业学科分类不统一、专业人才培养缺乏标准、人才实战技能锻炼不足、学科师资队伍不强大等问题。当前我国网络安全人才培养远远不能满足实施"网络强国战略"的需求。因此，必须加快推进网络安全专业人才的教育培训工作。

首先应健全网络安全人才培养机制。加强顶层设计，将网络安全人才培养工作上升到国家战略高度。明确人才培养目标，制订人才培养方案，出台相关政策法规，因材施教，给予具有特殊技能的网络安全人才优惠政策。促进产学研结合，通过高校与科研机构以及具体的网络安全单位联合培养等模式，促进网络安全人才学以致用。此外，还需在教学环境、师资力量、资金支持等方面做好人才培养保障工作。

其次是完善网络安全专业学科建设。在学科分类方面，与网络空间安全相关的专业有信息安全专业和网络工程专业，归在计算机大类，信息对抗专业归在兵器类，保密管理专业归在管理科学与工程类。另外，网络空间安全一级学科博士和硕士学位的基本要求、网络空间安全类本科专业教学质量国家标准、职业院校网络空间安全类专业教学标准等标准尚未出台。而学科类别分散和标准缺乏，不利于培养综合素质高的网络安全人才，因此应逐步统一网络安全专业学科分类，尽快出台网络安全人才培养的各类标准。

最后是加强复合型网络安全人才的培养。目前我国网络安全人才主要拥有信息安全、计算机、通信等理工科背景，偏重技术研究。但是随着全球网络安全治理的不断推进，各国网络安全战略、政策法规等不断出台与更新，急需国际关系、国际政治、法律等学科的人才对此进行研究。然而文科专业人才缺乏网络安全知识背景，理工科专业人才则缺乏法律、政治等知识背景，因此既有网络安全知识背景又有法律、政治、国际关系等知识背景的复合型人才是今后网络安全工作急需的人才，国家应注重复合型网络安全人才的培养教育工作。

二　网络安全意识教育持续受重视

（一）全球网络安全意识教育宣传活动持续开展

1. 美国国家网络安全意识月

美国国家网络安全意识月（National Cyber Security Awareness Month，NCSAM）于每年10月举行，通过政府和社会组织的合作，旨在为美国公众提供保障网络安全所需的资源。在美国国土安全部和国家网络安全联盟指导下，自NCSAM启动实施以来，影响力和参与人数成指数级增长。

伴随着白宫对网络安全立法和活动的支持，网络安全成为美国社会关注的热点，特别是引起了美国消费者对网络安全的强烈关注。2015年第十二届国家网络安全意识月期间，持续开展了Stop. Think. Connect. 和互联网家庭网络安全调查等活动，更加注重于面向消费者的网络安全意识宣传教育。第十二届国家网络安全意识月继续以"我们的共同责任"为主题，同时，意识月每周设定不同的网络安全主题：第一周——Stop. Think. Connect. 五周年—所有网民的最佳实践；第二周——创建工作中的网络安全文化；第三周——联系社区和家庭—我们上网时的持续受保护；第四周——你不断变化的数字生活；第五周——网络安全人才体系建设。

（1）总统宣言

按照惯例，美国总统奥巴马再次宣布启动国家网络安全意识月活动，并发表了主旨宣言，奥巴马呼吁美国公众通过关注网络安全意识月有关活动、事件和培训来认识网络安全的重要性，采取选择更强的密码，更新软件和负责的上网行为等措施减少恶意网络行为带来的侵害，重申加强关键基础设施保护，确保美国人民能安心、熟练、负责任的使用新的数字工具和资源。奥巴马指出，网络安全不仅涉及公共安全，还涉及经济和国家安全，美国政府正努力保持和保护国家的网络安全。2015 年，白宫签署了行政命令，促进全民共同努力实现政府和私人之间网络威胁信息的共享。美国政府将继续与行业领导者合作实施 2014 年政府推出的网络安全框架，继续支持安全研究人员和教育工作者研发网络安全新技术和新工具以及培养未来所需的网络安全人才。

（2）Stop. Think. Connect.

Stop. Think. Connect. 活动由美国国土安全部指导，国际反网络钓鱼工作组（APWG）和国家网络安全联盟（NCSA）共同主办。2015 年 10 月 1 日是 Stop. Think. Connect. 活动的五周年纪念日，为纪念活动的开展，第十二届国家网络安全意识月突出了 Stop. Think. Connect. 活动的全部信息及"让机器保持安全"、"保护你的个人信息"、"小心连接"、"智慧上网"和"争做好网民"等活动理念，旨在增强公众网络安全意识，包括了解有关网络风险和威胁，并提供更多的网络安全解决方案；对公众进行网络安全方法和策略教育，保证个人、家庭和社区的安全上网；转变公众网络安全观念，让公众意识到网络安全是所有人共同的责任；让美国公众、私营部门以及州和地方政府切身参与提高国家网络安全工作实践；让更多机构和个人参与教育公众如何保护自己的网络更加安全的活动。奥巴马总统在国家网络安全意识月宣言中特别鼓励公众访问"www. DHS. gov/StopThinkConnect"网站，学习更多网络安全知识和技能。

（3）网络安全和互联网家庭调查

为了解美国家庭网络安全状态，在国家网络安全意识月期间，国家网络安全联盟（NCSA）和 ESET 公司特别委托 Zogby Analytics 公司开展关于"我们数字大门的背后：网络安全和互联网家庭"在线调查。调查从家庭网络安全认知和信心、家庭网络连接、网络安全教育和家庭办公等维度开展。调查结果表明美国家庭在管理网络生活方面取得了显著的进步，但对网络安全操作、文化和关注上仍旧存在一定的问题。在万物互联互通的时代，家庭连接网络的设备数量迅速增加，需要一个全新且积极的态度保持网络生活和互联网家庭的安全，并以此享受互联网给生活带来的益处。具体调查结果如下。

• 尽管数据泄露和黑客攻击容易成为社会关注的焦点，但美国用户认为自己的家庭网络是安全的比例相对较高。有 49% 的用户认为自己家庭网络非常安全，有 30% 的用户认为自己家庭网络比较安全，仅有 21% 的用户对自己家庭网络的安全性表示担忧。

• 无线路由器是网络攻击的主要入口，美国家庭无线路由器密码保护意识有待提高。超过 40% 的家庭没有更改过无线路由器出厂预设密码，接近 60% 的家庭没有（48%）或不确定（8%）是否在过去的一年更改了路由器的用户名和密码。

• 数据泄露成为美国家庭受到网络安全威胁的重要原因。20% 的美国家庭收到过信息数据泄露后的危害通知。在这些泄露者中，56% 的美国家庭多次收到了危害通知。20% 的美国家庭收到来自孩子学校的通知，称孩子信息数据发生了泄露。53.8% 的美国家庭在过去的一年有负面网络安全情况的经历，在这些受害者中，43.6% 的美国家庭最终改变了家庭网络行为，包括提高了浏览网页警觉性（63%）和更改密码（55.8%）等。

• 美国家庭设备连接互联网的比例已经达到较高的水平。67% 的美国家庭有 1 ~ 5 台设备连接网络，30% 的美国家庭有 6 台甚至更多的设备连接网络，只有 3% 的美国家庭没有设备连接网络。

• 美国家庭设备中连接网络最高的是笔记本电脑。笔记本电脑占 75%，台式电脑占 67%，移动终端和平板电脑占 53%，智能手机占 65%，电视和电视盒占 54%，游戏机占 38%。

● 远程访问呈现越来越明显的趋势。超过20%的美国家庭使用移动设备或其他类型的应用程序远程访问或控制家中的防盗门、摄像机、电器、恒温器等设备。

● 从家庭作业、医疗保健到银行和财税，与朋友交流或存储家庭纪念品，互联网与美国家庭生活已经密不可分。美国家庭在线活动主要分布如下：网络金融中银行占66%、财税占30%，娱乐中音乐媒体占39%、社交网络占74%、游戏占43%、流媒体电视电影占45%，购物和电子商务中旅游占31%、购物占61%、产品推广占20%，存储个人信息中视频和图片占38%、音乐占36%，健身和健康占16%，工作和家庭作业中家庭作业占21%、工作占28%。

● 超过75%美国父母对孩子进行家庭网络安全教育。在这些家庭中每年开展教育的占19%，每月开展教育的占31%。每周开展教育的占17%，零星开展教育的占33%。

● 美国家庭关注子女的网络安全威胁主要包括：网络欺凌和骚扰占41%，观看色情内容占38%，与陌生人接触占38%，查看不良或与年龄不合适的内容占37%。

● 美国家庭对子女网络安全环境信心较高。60%的父母有信心掌握他们的孩子在网上的所有事情，64%的父母有信心和孩子共同进行网络活动，61%的父母相信他们的孩子可以安全使用网络设备。

● 美国家庭对孩子网上活动的约束比例偏低。仅41%的美国家庭要求孩子在下载一个新的应用程序、游戏或者加入一个社交网络之前必须获得许可；仅40%的美国家庭禁止孩子与朋友分享网上账户的密码；仅34%的美国家庭要求孩子提供所有网上账户密码；仅30%的美国家庭禁止孩子在社交网络上发布个人信息；仅31%的美国家庭禁止孩子从网上下载盗版内容，如非法游戏、电影、歌曲等；仅40%的美国家庭限制孩子每天的在线时间；超过10%的美国家庭对孩子网上活动没有任何约束。

● 当网络活动约束被打破时，父母对孩子的处罚包括：拿走设备一段时间的占63%；进一步严格限制设备使用时间的占12%；限制设备使用具体事情的占 14%；没有任何处罚措施的占 11%。

● 美国家庭对学校网络安全教育满意度不高。仅 61% 的美国家庭非常或极其相信孩子的个人信息生成和采集在学校被保护；超过 46% 的美国家庭说他们的孩子在学校从未受到有关网络安全教育；仅 22% 的美国家庭收到信息或他们的孩子主动提到在学校参与了网络安全竞赛；超过 16% 的美国家庭被告知孩子在学校的数据被泄露。

2. 欧洲网络安全月

欧洲网络安全月（ECSM）是针对欧洲民众的网络安全意识教育宣传活动，旨在通过开展数据和信息安全的高峰会议、实践分享和竞赛等线上、线下活动提升公众对网络威胁变化的感知能力。第四届欧洲网络安全月继续由欧洲网络与信息安全局（ENISA）和欧盟委员会等机构承办，并于 2015 年10 月举办。安全月各周活动主题分别为：第一周——员工网络安全培训；第二周——网络安全文化创建；第三周——密码安全；第四周——认知云解决方案安全；第五周——数据市场安全。从 2013 年第二届欧洲网络安全月鼓励利益相关方共同参与网络安全意识教育活动开始，欧洲网络安全月活动取得了极大的成功，活动开展的深度和广度以及活动的影响力都有很大提升，部分成果统计信息见表 1。

表1　2012~2015 年欧洲网络安全月部分成果统计信息

单位：个，万

序号	统计项	2012	2013	2014	2015
1	参与国家	8	27	30	33
2	重点 Twitter 账号关注数	300	964	2223	约 3000
3	出版资料	0	2	7	8
4	会员国开展活动数	52	115	184	约 300
5	参与用户	400	2500	4000	4800

资料来源：工业和信息化部电子科学技术情报研究所整理。

（1）欧洲网络安全月工作机制

为保障欧洲网络安全月活动的顺利开展，ECSM 委员会在欧洲层面和成员国之间建立了一个稳定的工作机制。具体包括：本年度和下一年度欧盟轮值主席国负责制订 ECSM 推进计划等纲领性指导文件，成员国负责组织开展本国网络安全教育活动和欧盟层面活动落地延伸，ECSM 委员会负责制订欧盟层面活动具体方案和组织计划，并通过 ENISA 建立的国家网络专员联络平台与成员国及所有利益相关方进行解释和沟通，直至获得支持。

（2）欧洲网络安全竞赛

网络安全专业人才是保护关键信息基础设施免受黑客和网络犯罪分子攻击的关键力量，为发现顶尖的网络技术人才、培养和鼓励更多年轻的网络人才从事网络安全事业，提升公众对网络安全的关注度，奥地利、德国、罗马尼亚、西班牙、瑞士、英国等欧洲国家开始举办一年一度的网络安全竞赛。其中奥地利网络安全竞赛由奥地利网络安全协会举办，德国网络安全竞赛由德国政府和国际互联网安全机构等合作伙伴共同举办，罗马尼亚网络安全竞赛由罗马尼亚国家网络安全中心举办，西班牙网络安全竞赛由西班牙国家网络安全研究所举办，瑞士网络安全竞赛由瑞士外交部、财政部和瑞士工程科学院联合举办，英国网络安全竞赛由英国网络安全协会举办。

面对网络威胁的规模化、组织化，网络安全越来越需要专业化、团队化的力量保障，为此 ENISA 从 2013 年起在各国网络安全竞赛基础上发起开展了泛欧层面的网络安全竞赛（ECSC），从各国网络安全竞赛中选拔最优秀人才组成团队参加欧洲网络安全竞赛并选拔出最优秀的网络安全团队。作为欧洲网络安全月欧盟层面的重要活动，2015 年欧洲网络安全竞赛决赛于 10 月 19～22 日在瑞士举行，来自奥地利、德国、罗马尼亚、西班牙、瑞士和英国共六只队伍参加了比赛。参赛队伍进行网络安全、移动设备安全、密码安全、逆向工程等领域解决问题能力的竞争，最终奥地利队获得了冠军，德国队获得了第二名，瑞士队获得了第三名，西班牙队获得了第四名，罗马尼亚队获得了第五名，英国队获得了第六名。

（3）成员国积极组织开展网络安全意识宣传教育活动

2015 年第四届欧洲网络安全月共有奥地利、比利时、保加利亚、捷克、丹麦、德国、爱沙尼亚、希腊、英国、西班牙、法国、意大利、拉脱维亚、立陶宛、爱尔兰、匈牙利、荷兰、波兰、葡萄牙、罗马尼亚、斯洛伐克、斯洛文尼亚、芬兰、瑞典、塞浦路斯、卢森堡、挪威、克罗地亚、冰岛、土耳其、塞尔维亚、摩尔多瓦等32个国家参与，为配合网络安全月活动的开展，上述国家分别在本国共组织开展了近300项网络安全竞赛、培训、峰会、论坛等意识教育主题活动，部分活动统计见表2。

表2 2015年第四届欧洲网络安全月成员国部分活动

序号	国家	活动名称（中文）	活动名称（英文）
1	奥地利	网络空间法律–技术对话	Cyber Law – Technology Dialog
2	比利时	第三届欧洲网络安全年会	The 3rd Annual European Cyber Security Conference
3	保加利亚	移动安全–iOS和Android	MOBILE SECURITY – iOS and Android
4	捷克	（网络）安全节！	SECURITY Fest!
5	丹麦	网络钓鱼国家行动	National campaign about phishing
6	德国	网络安全在线调查	Online research：Cyber – Security Awareness
7	爱沙尼亚	2015网络安全实践	"Abuse@ ee 2015"
8	西班牙	网络安全在线培训	Online training in Cybersecurity
9	芬兰	网络安全教育	Cyber Security education
10	英国	最薄弱的环节：用户的安全性游戏	The Weakest Link：A user security game
11	意大利	2015意大利信息和通信技术安全报告	Report 2015 on ICT security in Italy
12	拉脱维亚	2015：建设数字城堡	2015：Building Digital Fortress
13	立陶宛	2015立陶宛网络防御培训	Cyber Defence Lithuania 2015
14	爱尔兰	2015网络威胁峰会	Cyber Threat Summit 2015
15	匈牙利	信息安全圆桌会议	Information Security Roundtable
16	荷兰	网络预警	Alert Online
17	波兰	HackMe竞赛	HackMe challenge
18	葡萄牙	网络训练营	Cyber Bootcamp
19	罗马尼亚	数字化时代金融服务—电子支付的安全和未来论坛	The Future and Safety of Electronic Payments – Financial Services in Digital Era

续表

序号	国家	活动名称（中文）	活动名称（英文）
20	斯洛伐克	恶意软件分析挑战赛	Malware analysis challenge
21	斯洛文尼亚	个人隐私和数据保护培训	Teaching privacy and personal data protection
22	塞浦路斯	2015 塞浦路斯信息安全峰会	Cyprus Infosec 2015
23	卢森堡	2015 个人信息保护论坛	Annual Privacy Forum 2015
24	挪威	2015 挪威网络安全月开幕式	Opening of the Norwegian Cyber Security Month 2015
25	克罗地亚	黑客之夜	Hacking night
26	土耳其	第 8 届信息安全与密码学国际会议	8th International Conference on Information Security and Cryptology
27	塞尔维亚	信息和通信技术学院网络威胁和网络安全对话	Cyber – threats and web security – talk at the ICT College
28	摩尔多瓦	国际网络安全会议——"公私合营模式在网络安全领域的作用"	International cyber security conference – "The Role of Public – Private Partnership in the field of cybersecurity"

资料来源：工业和信息化部电子科学技术情报研究所分析整理。

此外，英国、荷兰等部分欧洲国家在参加欧洲网络安全月活动的基础上，还举办了网络安全日、网络安全周等宣传活动，对网络安全领域重点、热点、难点问题进行专题宣传教育，部分活动见表 3。

表 3　部分欧洲国家网络安全日/周活动

序号	国家	网络安全日/周（中文）	网络安全日/周（英文）
1	英国	国家防身份欺诈周	National Identity Fraud Prevention Week
2	荷兰	阿姆斯特丹安全日	Security Day Amsterdam
3	挪威	国家安全日	National Security Day
4	罗马尼亚	网络安全日	Cyber Security Day
5	保加利亚	网络安全周	Cyber Security Weeks

资料来源：工业和信息化部电子科学技术情报研究所分析整理。

3. 日本网络安全意识月

日本网络安全意识月（Cybersecurity Awareness Month）于每年 2 月举

办。网络安全意识月前身是自 2010 年起每年举办的信息安全月，2013 年 6 月，日本首次采用"网络空间安全"替代"信息安全"，将网络安全提升至国家安全和危机管理的高度。日本网络安全意识月每年均以"Aware，Secure，Continue"为口号，通过政府和社会合作方式，广泛开展网络安全教育活动以提升公众网络安全意识。2014 年起，日本将 2 月的第一个工作日定为"网络安全日"，并组织开展相关教育活动；将 3 月 18 日定为"网络空间攻击应对训练日"，由国家警察厅、防务省、经济产业省、内阁官房信息安全中心等数十家机构每年联合组织开展网络战演习。配合网络安全意识月加强网络安全宣传警示工作。

（1）部门和行业机构活动

2015 年，在日本第六届网络安全意识月期间，包括总务省、文部科学省、经济产业省、警察厅等中央政府部门及网络安全政策委员会、日本科学未来馆、日本网络安全协会（JNSA）、日本计算机应急响应小组（JPCERT）、情报处理推进机构、国家信息和通信技术研究所（NICT）、国立材料科学研究所、国防基础设施协会、智能手机安全协会（JSSEC）等行业机构继续组织或指导有关单位举办相关预防网络威胁的会议、论坛、培训等活动，以此来引起整个社会和公众对网络安全关注和重视，部分活动统计见表 4。

表 4　日本中央政府部门和行业机构组织指导开展的部分活动

序号	活动名称	主办/指导单位
1	M2M 应用安全论坛	总务省
2	2015 密码研究与评价委员会年度大会	总务省、经济产业省、国家信息和通信技术研究所（NICT）、情报处理推进机构
3	e - NET 大篷车宣传活动	文部科学省
4	2015 信息安全研讨会	文部科学省
5	控制系统安全大会	经济产业省、日本计算机应急响应小组
6	儿童网络安全防护培训	警察厅
7	网络信息保护示范演示活动	日本科学未来馆
8	网络安全技术研讨会	国防基础设施协会
9	黑客大赛"SECCON 2014"	日本网络安全协会（JNSA）

序号	活动名称	主办/指导单位
10	2015 网络安全论坛	日本网络安全协会主办,总务省、经济产业省、网络安全政策委员会等指导
11	2015 智能手机安全研讨会	智能手机安全协会(JSSEC)
12	IT 安全年会	国立材料科学研究所

资料来源:工业和信息化部电子科学技术情报研究所分析整理。

（2）日本地方政府和企业活动

日本网络安全意识月各地活动主要由地方警察部门牵头组织,教育、电信等部门及有关企事业单位配合开展。第六届网络安全意识月日本1都、1道、2府、43县等全部地区以及统一软件、日本电气、微软日本、雅虎日本、谷歌日本等网络安全企业为青少年公务员、教师、医护人员、企业管理者、银行工作人员、重要信息基础设施管理人员等组织开展了1000多项网络安全会议、论坛、竞赛、培训等宣传教育活动。活动内容包括金融网络安全、移动终端网络安全、企业网络安全、个人信息安全、关键信息基础设施网络安全、信息道德等网络安全重点领域,并通过电视、网络、报刊等媒体向公众传播网络安全知识,部分活动见表5。

表5　日本第六届网络安全意识月地方政府和企业开展的部分活动

序号	地方	活动名称	主办单位
1	北海道	网络安全图片展	北海道警察本部
2	青森	智能移动终端应用安全培训	津轻市教育局
3	宫城	2015 仙台网络安全研讨会	东北电信局等
4	秋田	中学生信息技术大赛培训活动	情报处理推进机构
5	山形	PTA 安全使用智能手机培训	山形县警察本部
6	栃木	网络安全培训	栃木县警察本部
7	群马	关键基础设施从业人员网络安全培训	群马县警察本部
8	埼玉	中小企业管理人员网络安全培训	情报处理推进机构等
9	千叶	青少年网络安全交流会	君津市教育局
10	东京	个人信息保护论坛	日本电气股份有限公司
11	神奈川	公务人员网络安全培训	神奈川县警察本部

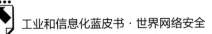

续表

序号	地方	活动名称	主办单位
12	新潟	网络空间威胁防护研讨会	网络空间威胁防护委员会
13	富山	安全使用互联网教育培训	滑川警察局
14	福井	打击网络恐怖主义培训	福井县警察本部
15	福井	福井县 PTA 研讨会	福井县 PTA 联合会
16	山梨	医务人员预防网络安全威胁培训	南甲府警察局
17	长野	网络犯罪案例宣传报道警示活动	长野县警察本部
18	岐阜	预防网络犯罪讲座	山县警察局
19	静冈	静清信用社金融网络安全讲座	静冈县警察本部
20	静冈	静冈信息安全研讨会	东海信息和通信局
21	爱知	网络(电视)媒体宣传活动	CC 网(有线电视)
22	三重	预防网络犯罪宣传活动	三重县警察本部
23	滋贺	企业网络安全研讨会	滋贺预防网络攻击委员会
24	京都	金融网络安全教育培训	宇治警察局
25	大阪	2014 网络安全和危机管理研讨会	近畿信息和通信管理局
26	兵库	网络安全知识讲座	西宫警察局
27	兵库	企业网络安全培训	饰磨警察局
28	奈良	金融网络安全教育培训	奈良县警察本部等
29	和歌山	打击网络犯罪专项行动	串本警察局
30	岛取	网络安全宣传单制发	浜村警察局
31	岛根	松江 2015 年网络安全研讨会	综合通信局等
32	冈山	信息道德讲座	井原警察局
33	广岛	网络安全专题讲座	广岛县警察本部
34	广岛	中小企业管理者网络安全教育培训	情报处理推进机构等
35	山口	预防网络犯罪研讨会	山口县警察本部
36	德岛	关键基础设施从业人员网络安全培训	德岛县警察本部
37	香川	网络安全联系人会议	香川县警察本部
38	高知	预防电信诈骗培训	宿毛警察局
39	高知	互联网安全知识讲座	土佐警察局
40	福冈	SPREAD 网络安全研讨会	统一软件有限公司
41	佐贺	信息道德研讨会	佐贺县警察本部等
42	长崎	网络反恐教育活动	长崎县警察本部
43	熊本	2015 熊本网络安全研讨会	总务省九州综合通信局等
44	大分	网络安全进社区活动	大分县警察本部
45	宫崎	青少年信息安全保护研讨会	串间警察局
46	冲绳	信息通信技术应用推广研讨会	总务省冲绳通信管理局

续表

序号	地方	活动名称	主办单位
47	互联网	网络安全知识竞赛	谷歌公司
48	互联网	网络安全措施评论	微软日本
49	互联网	博客文章解读	雅虎！日本

资料来源：工业和信息化部电子科学技术情报研究所分析整理。

4. 澳大利亚网络安全周

澳大利亚网络安全周即 Stay Smart Online Week，自 2008 年起由澳大利亚政府设立的 Stay Smart Online 网站主办，各级政府部门、企事业单位以及用户合作开展。通过多年的累积，Stay Smart Online 已经和超过 1700 个各级政府部门、企业和社会组织建立了合作伙伴关系，共同协作在整个社会传播网络安全知识和信息。作为美国国家网络安全意识月的合作伙伴，为了配合美国国家网络安全意识月活动的开展，2015 年第八届澳大利亚网络安全周同期于 10 月举办。第八届澳大利亚网络安全周以"你的生意是你自己的"为主题，旨在保护个人和中小企业商业信息的获取、使用以及存储的网络安全。为此，2015 年澳大利亚网络安全周首次发布了《中小企业网络安全指南》和《网络安全意识调查》。

（1）《中小企业网络安全指南》

《中小企业网络安全指南》由澳大利亚通信和艺术部委托 Stay Smart Online 网站、澳大利亚邮政公司、澳大利亚电信公司、澳新银行集团公司、澳大利亚国家银行、西太平洋银行等单位共同编制。《中小企业网络安全指南》旨在指导企业开展一些基本的网络安全实践。根据《中小企业网络安全指南》，企业仅仅需要几分钟的时间，阅读五个简单的操作方法，即可为客户和供应商委托的商业信息提供最基本的保护。五个简单的操作具体包括。

①关键词：密码，行动：指导员工创建安全性强且容易记忆的密码；

②关键词：备份，行动：和其他重要文件一样，让企业的备份信息离线或安全存储，定期测试备份系统，确保安全存储所有信息；

③关键词：意识，行动：鼓励企业中的每个人关注网络安全警报服务来保证获取当前网络安全的最新消息；

④关键词：保密，行动：让企业的团队意识到信息安全的重要性，并将其作为企业商业计划的一部分，并考虑使用一个安全密码存储企业的加密密码副本；

⑤关键词：网站和设备安全，行动：进入网站前检查网站在浏览器栏是否有挂锁的标识，确保信息在进出网站时是安全的。

（2）展开网络安全意识调查

为配合网络安全周活动举办，Stay Smart Online 在网站上开展了澳大利亚公众网络安全意识调查。调查内容包括密码更改、密码共用、公共网络用途、安全网络购物、杀毒软件安装和更新、网络安全威胁等。调查结果如下。

① 56.8%的用户很少或者从不更改密码（见图1）。

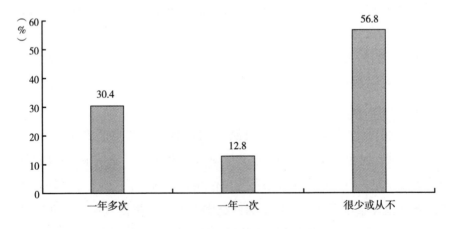

图1　澳大利亚网络用户更改密码情况

资料来源：Stay Smart Online，工业和信息化部电子科学技术情报研究所分析整理。

② 58.4%的用户在多个账号中使用相同的密码（见图2）。

③ 6.4%的用户使用公共 Wi‐Fi 付账单（见图3）

④ 74.4%的用户会确保使用一个安全的网站购物（见图4）。

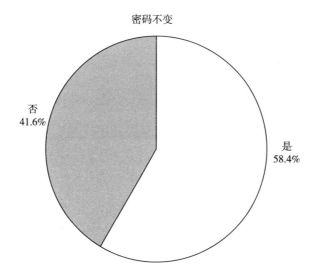

图 2　澳大利亚网络用户共用密码情况

资料来源：Stay Smart Online，工业和信息化部电子科学技术情报研究所分析整理。

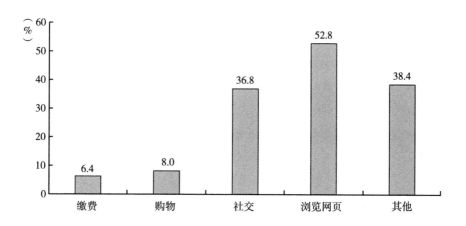

图 3　澳大利亚网络用户公共网络用途分布

资料来源：Stay Smart Online，工业和信息化部电子科学技术情报研究所分析整理。

安全网络购物

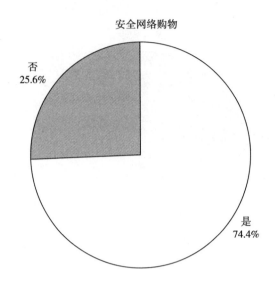

否
25.6%

是
74.4%

图4 澳大利亚网络用户安全网络购物占比

资料来源：Stay Smart Online，工业和信息化部电子科学技术情报研究所分析整理。

⑤ 75.2%的用户安装杀毒软件并实时更新（见图5）

⑥ 61.6%的用户已经遭遇某种形式的网络安全威胁（见图6）。

5. 加拿大网络安全意识月

第三届加拿大网络安全意识月由加拿大公共安全部于2015年10月举办。加拿大公共安全部通过政府建立的 Get Cyber Safe 网站在线上为加拿大公众详细介绍了僵尸网络、黑客攻击、恶意软件、域欺骗、网络钓鱼、木马和病毒、无线窃听等常见的网络安全威胁，提升公众对网络安全威胁的认知，警示用户注意防范网络风险。Get Cyber Safe 网站同时还对电子邮件、网上金融、网络社交、网上购物、网络游戏等常见活动的网络安全风险点进行了揭示，并为用户提供基本的解决策略。此外，加拿大网络安全意识教育活动特别注重加强与美国的合作，2012年加拿大公共安全部与美国国土安全部宣布启动《加拿大—美国网络安全行动计划》，从2013年加拿大举办首届网络安全意识月起，即加入由美国国土安全部指导开展的 Stop. Think. Connect. 活动，共享两国网络安全信息和资源。

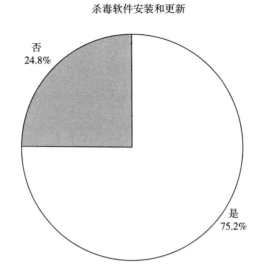

图5 澳大利亚网络用户杀毒软件安装和更新情况

资料来源：Stay Smart Online，工业和信息化部电子科学技术情报研究所分析整理。

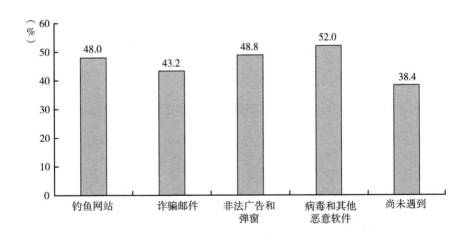

图6 澳大利亚网络用户遭遇网络安全威胁分布

资料来源：Stay Smart Online，工业和信息化部电子科学技术情报研究所分析整理。

（二）中国网络安全意识教育再上新台阶

按照中央网络安全和信息化领导小组的统一部署，2015 年 6 月 1 ~ 7 日，中央网络安全和信息化领导小组办公室、中央机构编制委员会办公室、教育部、科技部、工业和信息化部、公安部、中国人民银行、新闻出版广电总局、共青团中央、中国科学技术协会 10 部门联合举办了第二届国家网络安全宣传周。第二届国家网络安全宣传周贯彻落实习近平总书记关于培育"中国好网民"的要求，大力宣传"中国好网民"应具备"四有标准"，突出青少年网络安全教育，广泛传播"网络安全方面最大的风险是没有意识到风险"，进一步提升了公众网络安全意识、文明素养和防护技能，使"共建网络安全，共享网络文明"的理念更加深入人心。

第二届国家网络安全宣传周主办部门多、联动力度大、宣传范围广、各界反响强。联合主办部门开展了网络安全青少年科普教育、公众体验展、文章和微视频征集、知识大讲堂、知识进万家等各类主题活动 30 多项，累计达 1500 多场次，发放知识手册 2000 多万册。25 个省（区、市）同步组织开展活动，全国直接参与人数超过 2500 万人，信息覆盖近 6 亿人。中央和地方主流媒体开展了全方位、多角度深入报道，上千家网站在首页突出位置刊载活动新闻和深度评论。网络安全概念股受到宣传周的影响呈现大涨。

1. 多部门联合举办，社会各界热情参与、高度支持，将网络安全宣传引向深入

中央网络安全和信息化领导小组办公室、教育部、科技部、共青团中央、中国科学技术协会共同指导国家网络安全青少年科普基地建设。宣传周设立金融、电信、政务、法治、科技、青少年等主题日，中央网络安全和信息化领导小组办公室统筹协调，各部门在相应主题日主办大讲堂，充分调动本系统、本行业力量集中开展宣传活动。中央机构编制委员会办公室推出中国机构检索平台，向公众提供权威可靠的党政机关官网网址导航。教育部部署全国各级各类学校开展"网络安全精彩一课"，组织第二届全国

大学生网络安全知识竞赛和首届全国大学生宣传作品大赛。科技部、中国科学技术协会组织全国科技馆集中开展网络安全科普主题活动。工业和信息化部组织三大基础电信运营商参加网络安全公众体验展、发送公益短信、在各地营业网点开展宣传活动。公安部征集打击网络违法犯罪宣传案例、组织全国各级公安系统微博、微信矩阵推送宣传周信息和网络安全知识。中国人民银行组织四大国有商业银行和中国银联参加网络安全公众体验展，联合银监会、证监会、保监会、外汇局，在全国性银行和相关金融机构各地营业点播放公益短片、发放知识手册。新闻出版广电总局部署中央广电媒体全力配合，采访报道宣传周，制播专题节目。共青团中央动员各级团组织微博、微信发起"守护未来"网络安全青少年教育话题讨论。工业和信息化部、公安部等部门全力为宣传周做好网络安全保障。此外，中华全国妇女联合会、中国关心下一代工作委员会、中国互联网协会、中国文化网络传播研究会等群众组织社会团体，也主动围绕青少年网络安全教育主题开展了相关活动。

院士专家、企业、广大民众、青少年儿童通过各种方式，为宣传周贡献力量。中国工程院副院长陈左宁为国家网络安全青少年科普基地揭牌，多位院士出席启动仪式、发表观点、接受采访或致电表达对宣传周的支持和肯定；数百名专家为宣传周出谋划策，并通过发表署名文章、接受媒体采访、参加主题日大讲堂等方式，大力传播网络安全理念。由互联网巨头、知名网络安全公司、重点金融机构、电信运营商等组成的50家参展企业投入大量人力物力，精心布展，创意构思，让参观者能够亲身体验常见的网络安全风险。广大民众也纷纷加入宣传大军，仅新浪微博话题阅读量就高达6000万次、60余位大V积极响应。青少年踊跃参与，百余名青少年代表参加了启动日主题活动，百余名小记者对宣传周进行采访。

2. 主题活动样式多元，规模浩大

（1）经典活动持续升温

网络安全公众体验展布展面积为6000平方米，50家企业和机构精心设计布展方案，进一步贴近百姓，增强互动体验性，将看似神秘的网络安全以通俗易懂的方式呈现给普通市民。3 天时间吸引超过 2.5 万人参观。"讲述身边的网络安全故事"文章和微视频征集活动吸引了青海、西藏、四川等地的基层工作者、专业人士、普通百姓在短短 2 周时间里提交征文 418 篇、微视频 61 部，优秀文章和微视频在线点击率超过 220 万次。网络安全知识进万家活动深入机关、企业、社区、学校、工地等面向学生、工人、市民发放知识手册超 2000 万册。主办部门在相应主题日组织开展的网络安全知识大讲堂吸引听众座无虚席，仅北京主会场参与听众达 2000 人。工业和信息化部电子科学技术情报研究所发布了《公众网络安全意识调查报告》，将关系老百姓生活的网络安全七大风险和应对妙招编辑成脍炙人口的打油诗、漫画和专家解读，得到大量转发和点赞。

（2）网络安全技术产业集中展示，促进企业在"互联网＋"时代进行战略布局

第二届国家网络安全宣传周是对中国网络安全技术和产业的一次集中检阅。相关行业企业围绕"互联网＋"的战略布局，以公众体验展为平台，展示了技术产品、进行了交流合作。企业利用宣传周时机，展示面向"互联网＋"时代的战略布局和安全整体解决方案，提升了公众对网络安全产业的关注度，股市中网络安全板块表现抢眼。同时，宣传周也促进了企业对"互联网＋"时代安全的再认识。有企业表示，网络安全是"互联网＋"时代的"地基"，安全与"互联网＋"将是一个"乘"的关系。如果安全做得不好，可能会给"互联网＋"乘一个零点几的数，使互联网应用萎缩，甚至可能成为一个负数，带来用户数据泄露等危害。

3. 各类媒体积极响应，形成多元、立体、全覆盖、深聚焦的传播格局

宣传周非常重视媒体宣传工作，将宣传工作列为重中之重，周密部署计划、突出宣传重点、加大宣传力度，近百家重点媒体及网站从预热阶段即开始介入宣传周新闻议题策划，主动进行议题设置，报道量较上届增长 94%。宣传渠道全覆盖、立体化、网格化。利用平面媒体、广电媒体、网络媒体、手机报、自媒体、即时通信工具等各种传播渠道，交叉使用公交地铁电视、楼宇户外大屏、交通信息屏、手机短信、张贴海报、发放手册等多种传播方

式，广泛覆盖室内室外、线上线下、城市乡村各类人群，并向国际有力发声。形成覆盖广、规格高、立体化、扩散快、反馈佳的极好宣传效果。海内外媒体在重要版面、重要栏目、重要时段突出专题报道。《人民日报》《光明日报》《经济日报》《解放军报》等中央权威报刊推出了近20篇专门报道，中央人民广播电台《新闻和报纸摘要》《政务直通》，以及中央电视台《新闻联播》《焦点访谈》《第一时间》《政务直播间》《整点新闻》等名牌栏目制播专题节目，覆盖受众达5亿余人，充分体现了国家层面的高度重视和网络安全的重要性。千余家网络媒体积极制作形式新颖的专题报道，并在网络首页及"两微一端"突出展示，以文字、视频、动漫、图表、H5轻应用等形式在移动端进行全媒体微传播，受到广大网民的欢迎。彭博社、香港《大公报》、香港《文汇报》等主流境外媒体积极参与报道，侠客岛、传媒大观察、丁道师等自媒体根据自身优势结合生活实际，充分展现网络安全教育和宣传的必要性。在各宣传单位共同努力下，将网络安全宣传活动推向热点，引发社会公共热情高涨，500万人参与其中。

4.各地积极推动，上下联动一盘棋

各地积极开展本地网络安全宣传周活动，与中央共同营造全国范围内的网络安全宣传气氛，形成全国上下一盘棋，相互联动，不断将宣传活动推向高潮。5个省（区、市）举办本地网络安全公众体验展，参加公众体验展人数超过30万人；8个省（区）发放宣传册、传单等网络安全知识普及活动；17个省（区、市）围绕青少年开展网络安全主题教育；13个省（区、市）开展网络安全知识进万家活动；6个省（区、市）组织网络安全征文活动。另外，安徽组织开展网络赌博、网络雇凶杀人等重点涉网案件"以案说法"宣传活动，内蒙古举行了大学生网络安全宣传志愿者宣誓仪式，四川举行网络安全形势报告会和信息安全推进会，新疆举行网络信息安全和密码应用论坛，辽宁利用全省科普基地集中开展网络安全科普主题活动等。新疆、西藏、内蒙古等地还将宣传材料翻译为维语、藏语、蒙语等，让少数民族群众也能学到网络安全知识，提高防范技能。各地还注重加大宣传力度，营造浓厚活动氛围。

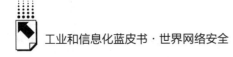
5. 活动成效显著，营造"共建网络安全，共享网络文明"的浓厚氛围

（1）"中国好网民"概念广泛传播，"四有标准"得到多方认同

第二届国家网络安全宣传周高举"中国好网民"旗帜，引导网民增强意识和提高技能，提高文明素养，遵法守法。当人人都成为"四有标准"的中国好网民时，"互联网"就会变成"互利网"。"四有标准"的提出能够增强全民网络安全意识，为构建清朗的网络空间竖起一道防线。广大公众也积极响应中国好网民的"四有标准"，不同职业、年龄的网友积极参与讨论，纷纷发表自己的看法。

（2）重视青少年网络安全教育引起社会共鸣，为网络强国建设奠定基础

第二届国家网络安全宣传周无论在主题设计还是在议题强化上，都体现了对中国网络现状的精准理解与把控。从国家战略高度将网络安全与青少年教育紧密结合，重视个体，关心孩子，彰显人本温度。中国互联网管理已经触摸到了青少年的时代心跳，体现了我国对这些互联网未来小主人的高度重视，功在当代，利在千秋。

B.7
网络安全技术多元化发展

刘文胜 于 盟*

摘 要: 互联网技术高速发展,新技术的快速涌现给现代社会带来前所未有的变化。云技术的广泛运用,移动互联网的普及率呈爆发式增长,同时也带来了许多未知的安全威胁。2015年网络安全形势非常严峻,新型的网络攻击手法以及病毒木马程序,已经超越了传统的攻击手段,且难以防备,网络攻击次数成倍增长,大量的敏感数据泄露。现有的杀毒软件、防御方法对利用0day定制的病毒木马以及网络攻击技术束手无策。移动互联网安全现状更是令人担忧。

关键词: 网络安全 云安全 网络攻击 移动安全

一 新型网络攻击技术

21世纪互联网新技术不断涌现,社会信息化,智能化程度不断提高,给现代社会带来翻天覆地的改变。互联网新技术的发展日益复杂,设计之初通常较多考虑新技术的实现,而并没有过多考虑新技术的安全运行,网络攻击手法多种多样,导致近几年针对互联网信息系统的网络攻击事件频繁发生。

---

* 刘文胜,硕士,工业和信息化部电子科学技术情报研究所助理工程师,研究方向为网络安全;
于盟,硕士,工业和信息化部电子科学技术情报研究所工程师,研究方向为网络安全。

2015 年网络安全更是面临严峻的挑战，黑客工具与黑客技术教学视频在互联网广泛传播，致使黑客数量日益庞大，年纪呈现低龄化，攻击技术也更加新奇。IT 军火商 Hacking Team 有大量的 0day 漏洞与木马病毒程序外泄，对互联网世界的安全造成巨大冲击。在最新的补丁程序，有效的杀毒软件还没有设计出来时，许多黑客组织便利用 0day 漏洞和木马病毒程序进行疯狂的网络攻击，传播木马病毒程序。java 反序列漏洞，掀开了语言级别漏洞的先例，语言漏洞必然引发使用该语言编写的插件、程序等出现可利用的漏洞，波及范围非常广泛。2015 年开始出现针对安卓平台下二维码扫描的攻击，通过对二维码写入特定的指令，当移动设备对二维码扫描时，执行写入的指令引发恶意攻击，研究人员表示，利用二维码的攻击技术必然引发针对移动设备扫描技术攻击的新热潮。

（一）Hacking Team 0day 漏洞攻击

总部位于意大利，被称为新时代 IT 军火供应商，从事黑客工具研发的 Hacking Team 公司，向全世界执法机构出售监视软件。2015 年 7 月 5 日，Hacking Team 公司遭到黑客攻击，造成 400GB 的数据外泄。此次泄露的数据非常敏感，包括：（1）多款木马病毒程序的源代码，以及内部攻击工具；（2）未公开的 0day 漏洞；（3）与 Hacking Team 公司签订的商业合同、财务文件、客户端文件、电子邮件等隐私信息；（4）Hacking Team 公司员工的个人资料；（5）涉密的项目资料，以及监听的录音等资料。

从泄露的文件信息中发现，Hacking Team 公司至少向数十个国家出售过特定的间谍软件、木马病毒与网络攻击软件，主要客户有韩国、美国、黎巴嫩、意大利等国家。此次 Hacking Team 泄露的数据对网络安全界造成的影响空前绝后，互联网将可能面临许多超级病毒木马程序与新型的网络攻击技术的攻击。

Hacking Team 公司爆发信息泄露事件后不久，360 互联网安全中心监测发现太平电脑网，证券之星等知名网站，甚至是国内知名的皮皮影音播放器的广告页也都被恶意挂马，受影响的用户至少有数百万个。该木马被命名为"restartokwecha"的下载者木马，是利用 Hacking Team 泄露的一个 Falsh 漏洞（CVE – 2015 – 5122），Flash 版本低于 18.0.0.209 的都很有可能遭受下载者木马的恶意攻击。木马能够在受害者电脑后台隐藏执行进程，篡改用户浏览器首页，在桌面上创建虚假浏览器快捷方式，安装广告插件，不断弹出各种广告页面。

据研究人员分析 Windows、Linux、MacOS 未打补丁系统上的 IE、Chrome 等浏览器都会受到该木马的恶意感染，系统被木马恶意感染时不会发出警告，也不会发出拦截提醒。据 360 互联网安全中心统计，2015 年 10 月广告联盟出现大规模挂马事件，木马被查杀后，11 月互联网再次出现大规模挂马事件，如图 1 所示，挂马页面单日拦截量最高达 170 万次。

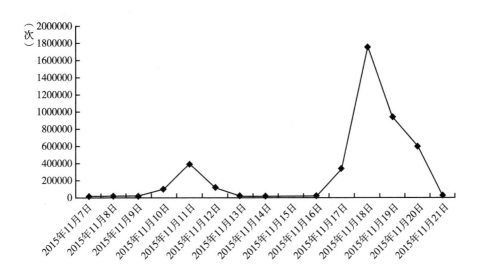

图 1　2015 年 11 月份单日拦截量

资料来源：360 安全卫士。

对木马进行分析后发现，此木马更新频率非常高，可躲避查杀和监控。会自动检测判断所处的系统环境，当木马处于虚拟机内，木马便不自动执行，防止专业人员进行调试，分析。

（二）BGP 劫持

在 2008 年 defcon 安全大会上，曾提出过关于 BGP（Border Gateway Protocol，边界网关协议）劫持利用的议题，之后每年都会出现 BGP 劫持的安全事件，影响范围非常广泛。因 BGP 劫持的危害性非常大，在 2015 年 Blackhat 大会上这个议题再次被着重提出。

在网络中不同的自治系统（AS）之间传递信息时，通常每个 AS 指定一个正在运行 BPG 协议的节点，进行 IP 地址段，AS 编号等路由信息交换。两个通过 BGP 协议链接的 AS 之间传递的信息只做一些简单的信息验证，并不会进行非常严格的过滤。对于大量分散的 IP 地址段，采用 prefix 地址过滤路由信息。

BGP 路由劫持可分为两类：第一类：prefix 劫持，被劫持的 AS 在受害者合法分配 IP prefix 时，申请同样的 prefix，并且通过路由器将虚假路由信息传播出去，造成其他 AS 选择不正当的 BGP 路线。第二类：subprefix 劫持，通过 subprefix 劫持，可以截获受害者全部的 IP 流量，并且可以通过被劫持的 AS 伪造受害者 IP prefix 的 subprefix，以此达到将受害者的 prefix 安全被 IP prefix 覆盖的目的。

BGP 劫持可以导致中间人攻击，拒绝服务攻击，甚至可以窃取未加密的信息，起初并不受人们的重视，直到 TLS 加密算法大量在通信应用程序之间运用，窃取数据变得越来越困难，BGP 劫持才引起许多研究人员的关注。

（三）APT - TOCS 攻击

2015 年 5 月安天科技股份有限公司监测到一例主要针对中国政府机构的 APT 攻击事件，随即安天科技股份有限公司研究人员对该 APT 攻击事件分析发现，黑客利用商业自动化攻击测试平台 Cobalt Strike 生成的 Shellcode，并采用文件捆绑、社工邮件、系统漏洞、内网横向移动等一系列方式，实现对目标主机进行非常隐蔽的远程操控模式。此次针对中国政府机构的 APT 攻击使用了 Cobalt Strike 攻击测试平台，研究人员把这次 APT 攻击命名为 APT – TOCS（TOCS，Threat on Cobalt Strike）。

APT – TOCS 攻击能够在一定程度上躲避常规的入侵检测设备、防火墙的安全监测与拦截，也能够逃过安全防护软件的查杀，甚至对云检测、可信计算环境、沙箱检测等安全检测手段都有对抗能力。APT – TOCS 攻击原理利用脚本加载权限的远程注入技术，调用 powershell. exe 将加密的，带有后门的 Shellcode 加载到内存中进行解密并执行。执行的 Shellcode 是由商业自动化攻击测试平台 Cobalt Strike 生成的，使用信标（Beacon）模式进行通信，可同时与多个信标工作。被攻击的目标主机中没有恶意病毒、木马实体文件，每隔 1 分钟便会使用 Cookie 字段向 Shellcode 后门地址发送一次使用 RSA、BASE64 加密方式加密的网络心跳数据包，数据包中包含进程 ID、IP 地址、用户名、校验码、系统版本等主机信息。

（四）二维码扫描攻击

当前手机 App 软件普遍都有二维码扫描功能，原理在于利用光电元件将扫描到的光信号转换成电信号，之后利用数字转换器将电信号转换成数字信号给计算机处理。攻击者便可以对二维码进行特殊处理，使手机扫描的二维码转换成指定的数字信号让计算机处理，便可达到恶意攻击的目的。

2012 年 7 月，在乌云网上有白帽子公布了一个利用恶意二维码攻击快拍的漏洞，安卓手机与苹果手机 App 扫描识别出来的二维码通常以 html 形式展现，可以执行 html 和 js。如果将以下 js 代码在 cli. im 网站上生成二维码，如图 2 所示生成二维码，之后用手机 App 进行扫描，便可获取手机本地文件内容，如图 3 所示。

```
< script >
x = new XMLHttpRequest（）;
if（x. overrideMimeType）
x. overrideMimeType（text/xml'）;
x. open（"GET"，"file：/////default. prop"，false）;
```

x. send （null）;

alert （x. responseText）;

</script >

图 2　生成的二维码

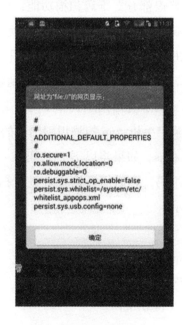

图 3　获取本地文件内容

2014 年低版本的安卓系统自带的 Webview 组件使用开源的浏览器引擎 Webkit 作为内核，Webkit 原本就存在 UXSS 高危漏洞，导致低版本手机存在 UXSS 漏洞。当手机 App 扫描二维码得到的结果是一个网址，存在 UXSS 漏洞的 Webview 组件便会直接打开扫描的网址，必然存在隐私资料被窃取的风险。UXSS 漏洞危害比较大，影响多个常用的金融交易软件、个人通信软件。TSRC 的研究人员对 UXSS 漏洞做了一个演示，制作一个特定的二维码发送给某手机用户，手机用户用普通的手机 App 对二维码进行扫描，打开相应的链接后，手机中的隐私资料便可被窃取走，如图 4 所示，获取隐私信息。

图 4　获取隐私信息

安卓 App 扫描二维码识别的内容是网址时，调用 Webview 组件打开网址，Webview 使用的 js 接口调用 java 代码时 targetSDK 的版本在 17 以下，便有可能遭受远程命令执行攻击。

（五）声波窃取技术

在 2015 年的 Blackhat 安全大会上，研究人员演示了声波窃取电脑中数据的技术，这种名为"Funtenna"的黑客技术不需要与互联网连接，可能会避开防火墙，入侵检测设备的防护措施，在物理隔离的情况下窃取电脑中的数据。

据安全研究员透露，Funtenna 技术主要原理在于，攻击者在目标机器上设法安装一个恶意软件，恶意软件能够操控设备的输入输出电路发出特定频率的震动，产生声波信号，声波把数据传输出去，产生特定频率的声波信号人耳无法分辨。攻击者需要使用特定的 AM 收音机天线，在一定的距离内便可以接收这些信号，并将接收的信号还原成对应的数据信息，如图5 所示。传统的网络安全防御方法对于这种利用声波窃取物理隔离电脑数据的技术无法防御。

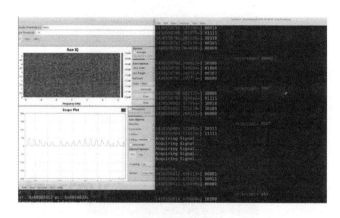

图5　声波信号

（六）云中间人攻击

云端档案同步化的原理是利用装置上的同步化权杖与同步化软件进行用户身份验证，使得终端设备上的档案资料变更时能够与云端服务器上的资料进行同步。在 Blackhat 安全大会上资安公司 Imperva 展示了一种针对云端的中间人攻击技术，攻击者不用传统的密码暴力破解等攻击方式，利用的就是云端存储服务的档案同步机制，便可轻易地获取用户微软、Google Drive 上的资料，获取控制权限。

针对云端的中间人攻击原理是利用网络钓鱼方式，或者网站挂马方式向受害者电脑植入木马，获取同步权杖，便可冒充真实用户对云端进行欺骗，将真实用户的电脑档案资料传输到攻击者设定的云端账号中。攻击者能够对云端平台植入恶意木马病毒，进行恶意攻击，甚至可以在恶意攻击结束后，将感染木马病毒的文件传输到终端设备上，对终端设备进行更为严重的攻击。

二　移动安全

终端设备因其广泛运用而暴露在互联网上，其安全防护措施薄弱，近几年来一直是黑客攻击的主要对象。针对移动互联网的攻击技术也日渐新昇。2015 年的移动互联网领域木马病毒泛滥，数亿台移动设备感染病毒木马程序，病毒库新增病毒样本超过千万条，近七成的病毒带有恶意扣费功能，此外有大量窃取用户隐私数据的顽固病毒，病毒难以查杀。其中 XcodeGhost 病毒、幽灵推（Ghost Push）病毒等恶意病毒影响范围非常广泛，上亿用户深受其害。

（一）手机安全

在 2015 年 11 月 10 日的 Blackhat Europe 大会上，来自全球各地的黑客披露了许多智能手机的漏洞，智能手机安全现状令人担忧。

在安全大会上，来自阿里巴巴的安全研究人员演示了如何利用无线电（SDR）设备对 Apple Watch、Android 和 iPhone 手机的 GPS 定位系统进行欺骗攻击。根据研究人员的报告，攻击原理是先获取智能设备获取定位的方法，之后利用伪造的 Wi‐Fi 热点，根据定位的方法对 Wi‐Fi 定位系统进行欺骗，从而达到对基于位置的服务（LBS）进行攻击。

智能手机通常使用远程存储技术完成 App 和云端之间的数据交互，后端即服务（BaaS）厂商推出的商业云存在技术只是使用了简单的 API 函数，完成数据存储、管理、交互功能。在安全大会上研究人员使用了多种方法入侵服务后端，证明 BaaS 存在多种不安全的隐患。根据研究人员对 200 万个 Android 手机的 App 调查发现，利用 BaaS 中配置错误这一漏洞，便可获取云端上 5600 余万条敏感数据。研究人员甚至可以通过劫持 Amazon S3 服务获取客户数据库控制权限，并进行恶意操作。

2015 年 11 月，荷兰代尔夫特理工大学的研究人员宣称，他们已经研究出一款能够自我复制，跨平台的安卓恶意程序。这款恶意程序能够伪装自己，并感染关键性基础设施，窃取数据信息发送到指定设备上。这款恶意程序除了具备计算机病毒传播的方式外，还能绕过安卓设备某些权限限制，窃取敏感数据发送到指定设备上。这款程序设计最初的目的是在关键性基础设施遭受破坏后，能够用来防止数据丢失。但是如果利用这项程序制作出恶意病毒，危害将会很严重。

自从 Hacking Team 爆发信息泄露事件以来，多款的新型的木马病毒在互联网上进行恶意攻击并传播，其中一款针对安卓系统进行远程操控的木马 RCSAndroid，是迄今为止发现的安卓木马程序中最为复杂的恶意程序之一。RCSAndroid 木马能够在没有 root 权限的情况下入侵，并伴有多种间谍功能，对电话自动录音、定位，获取各种网络账号密码、记录短信、邮件等内容，甚至可以控制手机摄像头进行拍照功能。现在还没有杀毒软件对能够对 RCSAndroid 木马进行查杀，对中毒感染 RCSAndroid 木马的手机最好的解决办法只能是清理手机，重新安装系统。

（二）XcodeGhost

2015 年 9 月 12 日，腾讯安全响应中心检测出多款从 AppStore 下载，并有官方数字签名的 App 出现流量异常现象。而后 CNCERT 发出预警指出，第三方平台百度网盘，迅雷中的 Xcode 安装包，很多被黑客植入恶意代码，会自动将恶意代码插入生成的 App 应用程序中，实现远程操控与信息窃取功能。被注入恶意代码的 App 程序能够绕过 AppStore 的检测，可以出现在 AppStore 中供用户下载并安装使用。受影响的 App 高达 3000 多个，其中有很多应用非常广泛的软件，如微信、高德地图、滴滴出行，甚至包括一些银行手机应用。据分析被植入恶意代码的 App 能够收集用户各种隐私信息，包括手机唯一标识、设备应用名称、通信录等信息发送到指定的服务器上，甚至可以打开特定的页面，保守估计受影响的用户过亿。

XcodeGhost 事件爆发后，盘古安全团队便在第一时间内对常用的苹果 App 进行检测，发现有 800 多个不同版本的 App 感染了 XcodeGhost 病毒，XcodeGhost 对 iOS 应用的影响非常大。相关研究人员发现，XcodeGhost 病毒的影响迄今并没有结束，XcodeGhost 的变种病毒 XcodeGhost S 在僵尸网络中很活跃，能够感染 iOS 9，并且能绕过静态检测。一般情况下，iOS 9 系统只允许带密码的 https 连接，但是 iOS 9 开发者在提高服务器端和客户端的安全连接时添加了例外，在 Info. plist 中使用 NSAllowsArbitraryLoads 允许 http 连接，XcodeGhost S 病毒便可以选择不同的 C&C 服务器进行连接。目前 XcodeGhost S 病毒已经感染了美国众多的企业。据研究人员检测发现，至少有 210 家企业正在使用被 XcodeGhost S 感染的程序。

XcodeGhost 病毒影响范围广，持续时间长，是目前苹果系统面临最大的危机。

（三）幽灵推（Ghost Push）病毒

2015 年 9 月，猎豹移动安全实验室发布紧急安全警报，全球共有上万种手机感染 Ghost Push 病毒，仅猎豹移动安全实验室统计的每日感染量就超过 60 万台，Ghost Push 病毒主要感染的用户分布在美国、印度、中国、墨西哥等地（见图 6）。

猎豹移动安全实验室经过调查发现，全球已有 3658 种不同品牌的手机，共计 14846 款机型感染 Ghost Push 病毒。Ghost Push 病毒能够开机自动运行，获取 root 权限，进行恶意广告推送，在未经用户允许的情况下自动安装一系列恶意程序，自动扣费，甚至安装窃取隐私数据的间谍软件。市面上常用的杀毒软件不能彻底清除 Ghost Push 病毒，杀毒软件查杀后，手机重启病毒依然存在。

建议手机用户从正规的 App 应用市场下载应用，并且安装猎豹安全大师，对手机上使用的应用进行查杀和安全监控。

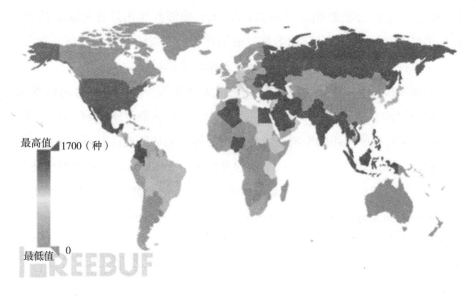

图6 幽灵推病毒全球分布情况

资料来源：猎豹移动安全实验室。

（四）移动互联网安全报告

2015年12月初，阿里发布第三季度移动安全报告，报告指出，第三季度共有四千多万台设备感染恶意病毒，相比第二季度病毒量增长了16%。第三季度病毒库中新增275.2万个病毒样本，相比第二季度增长了40%，其中恶意扣费病毒、色情病毒持续增长。

恶意扣费病毒能够使不法分子直接、快速的获利，也致使恶意扣费病毒在病毒库中所占比例最高，高达64%，甚至在发现的许多色情病毒中，也带有恶意扣费行为。

报告中指出广东省经济发达，并且华为、中兴公司总部都设立在广东，致使广东省手机用户数量巨大，遭受病毒感染的数量也是最多的，占全国感染量的14%。报告中指出感染病毒区域呈现以中东部经济较为发达的省份为主。全国手机设备中毒比例高达13.8%，尤其是贵州、云南、新疆这三个地区手机感染病毒的比例高于其他地区（见图7）。

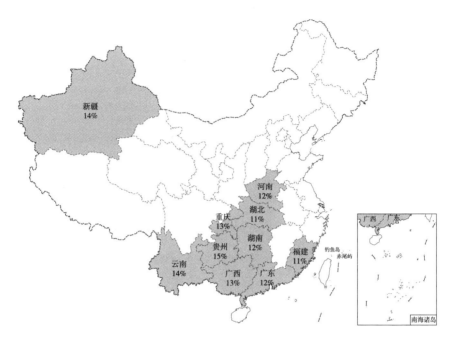

图7 2015 年第三季度移动设备感染率 TOP10 分布情况

资料来源：阿里聚安全。

报告显示，在安卓 16 个行业中，运用最为广泛的 10 个应用共有 11630 个漏洞，相比第二季度增长了 37%。其中高危漏洞占 24%，中危漏洞占 63%，低危漏洞占 13%（见图 8）。

关注移动安全的人员增多，导致 2015 年安卓与 iOS 系统漏洞的数量急剧增加，截至目前发现的安卓系统漏洞共计 97 个，相比 2014 年增长了 781%，其中代码执行漏洞数量最高，占 26.6%。截至目前发现 iOS 系统漏洞 579 个，相比 2014 年增长 101%，其中漏洞占比最高的两个是代码执行漏洞与拒绝服务攻击漏洞，分别为 26.8% 和 25.5%（见图 9、图 10）。

阿里移动安全报告显示，运营商、电商、社交、金融、政务、游戏、安全等 7 个行业中 TOP10 的应用中共有 4695 个漏洞，高危漏洞数量占 25%，如 Webview 远程代码执行漏洞、密钥硬编码漏洞等，利用这些高危漏洞，可以窃取用户隐私信息，破解加密信息，威胁系统的安全运行。

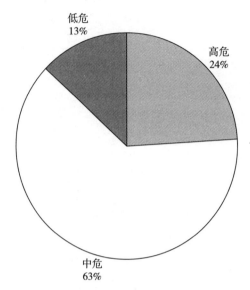

图8　2015 年第三季度安卓 16 个行业 TOP10 应用漏洞分布

资料来源：阿里聚安全。

　　阿里聚安全仿冒检测引擎平台对全网应用渠道进行持续性的安全检测，对社交、安全、办公、电商、游戏、新闻等 16 个安卓行业的 TOP10 应用进行分析发现，96% 的应用存在病毒仿冒现象，病毒仿冒总量共计 8796 个。攻击者诱导用户下载感染病毒的仿冒软件，获取系统的操作权限，对手机进行大量的恶意操作，恶意推送广告、弹窗，下载其他恶意软件，甚至进行恶意扣流量、扣费等操作（见图11）。

　　对 7 个重点行业病毒仿冒软件进行分析发现，社交与游戏行业病毒仿冒量非常大。游戏行业的仿冒应用主要带有流氓行为，恶意弹窗、广告，恶意扣费、扣流量，主要目的在于推广游戏、威胁账户安全。金融行业的病毒仿冒应用主要存在恶意扣费、短信劫持、窃取隐私信息等恶意行为，主要目的在于窃取账户信息、威胁金融账号资金（见图12）。

　　9 月份爆发的"人人红包"病毒，诱导手机用户通过来路不明的链接下载安装恶意软件，该恶意软件具有隐藏图标的行为，能控制用户手机下载恶意软件，消耗流量，并且将用户手机的短信、通信录等隐私信息发送到指定

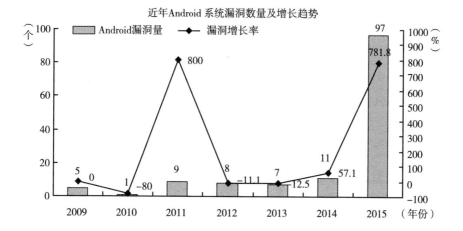

近年Android 系统漏洞数量及增长趋势

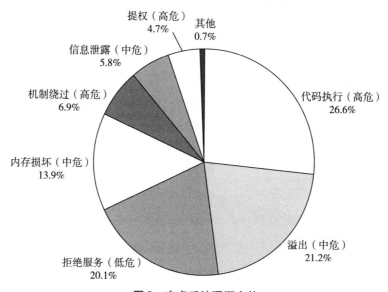

Android 系统漏洞占比分布

图9　安卓系统漏洞态势

资料来源：阿里聚安全。

服务器上。甚至向用户通信录中的好友发送恶意链接，将恶意病毒进一步大量的传播。

　　阿里移动发布的安全报告中指出，据统计显示2015 年全球连接在互联网上的设备高达49 亿台，互联网快速发展，预计2020 年连接互联网的设备

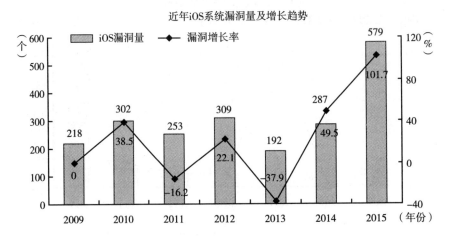

近年iOS系统漏洞量及增长趋势

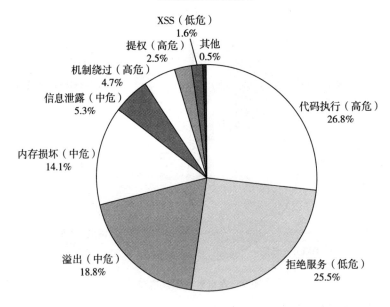

iOS系统漏洞占比分布

图10 iOS 系统漏洞态势

资料来源：阿里聚安全。

将会超过260亿台，智能设备将会在人类生活中普及，将人类生活带入方便、快捷的智能化时代，智能设备的多样化，系统的复杂化，必然带来设备的安全问题。

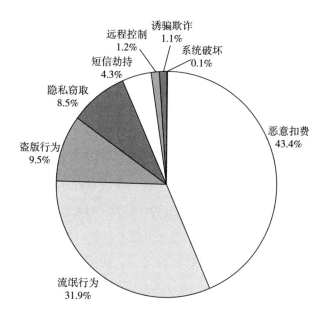

图11 病毒仿冒应用风险分布情况

资料来源：阿里聚安全。

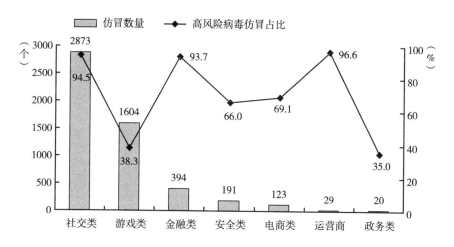

图12 2015年第三季度重点行业TOP10应用仿冒分布

资料来源：阿里聚安全。

（五）"百脑虫"病毒

2015 年末，移动互联网大面积爆发一款名为"百脑虫"的安卓手机病毒，感染该病毒的手机会在不经过用户允许的情况下，自动订阅一些收费服务，下载指定的手机应用。普通的杀毒软件难以将"百脑虫"病毒彻底清除，甚至将手机恢复出厂值，病毒依然存在。经过安全研究人员对"百脑虫"病毒的分析发现，该病毒由两个核心模块组成，其中一个是 ELF 系统文件 configopb，另一个是文件 core，二者伪装成 APK 应用。通过对手机核心模块的分析发现，该病毒拥有一套供其他不同 APK 应用打包调用的接口，因该接口的功能非常完善，造成病毒感染能力很强，极容易传播。由于打包调用该病毒模块的 APK 应用有数百种之多，研究人员将这款病毒命名为"百脑虫"病毒。

"百脑虫"病毒主要以插件的方式嵌入色情类应用软件，在一些知名度比较高的应用软件中进行传播。被嵌入百脑虫病毒的应用一旦在手机中启动，病毒首先从 assets 加密文件中将重要的模块解密到系统应用的路径中，并在后台偷偷地运行。解密的重要模块包括 su 文件、core 核心模块、root 提权工具、conbb 病毒安装脚本等。如果感染百脑虫病毒的手机不是处于 root 状态，"百脑虫"病毒会根据手机的型号、系统版本等信息从云端下载与之相匹配的提权工具，对手机进行提权。提权成功后，"百脑虫"病毒自动将 core 模块复制到手机系统根目录/system/app 中，致使用户无法正常卸载该应用。core 模块在手机根目录下会根据手机环境进行判断，当检测出手机有安全软件在运行，core 模块会尝试强制终止安全软件的运行，如果判断所处的环境是沙箱环境，则会直接退出。并且 core 模块会强制删除 root 授权的应用，以及 root 工具，致使其他应用软件不能够获取 root 权限，并定期下载安装被感染的手机应用。

（六）"秒控"安卓手机漏洞

2015 年 7 月，以色列移动信息安全公司 Zimperium 研究人员 Joshua

Drake 宣布，发现全球运用最广泛的 Android 系统存在多个"致命"安全漏洞。漏洞主要来源于处理多媒体文件的 Stagefright 框架中，该漏洞集中在 Android 2.2 版本至 Android 5.1 版本中，初步估计该漏洞影响 95% 的安卓手机。攻击者只需向手机用户发送一条彩信，远程执行恶意代码，即使在用户不打开，甚至不阅读彩信内容的情况下，也可获取手机的控制权限，进而在手机用户不知情的情况下，对手机进行数据拷贝、删除、窃取等操作。

Stagefright 是由 C++ 编写实现的，安卓系统中的多媒体库主要负责处理多媒体文件格式，默认情况下会被 mediaserver 使用。恶意图片、视频文件被 mediaserver 处理，就会触发该漏洞。如果恶意图片或者视频文件存放在手机 SD 卡中，或者存放在 download 目录中，点击本地图片出现缩略图，mediaserver 便会处理图片或者视频文件，进而触发该漏洞。如果通过微信发送恶意视频，用户点击后会导致 media server 崩溃，即使用户当时不点开视频，之后使用微信发送图片时，同样也会触发该漏洞。甚至手机开机时，mediaprovider 会自动扫描解析 SD 卡里所有的文件，便会触发该漏洞。

360 手机安全中心发布消息称，保守估计 Android 4.1 以下的版本，因未引入漏洞利用缓解措施，地址空间布局随机化技术，所以更容易受到该漏洞的影响，可以无交互的执行任意代码。谷歌在发现漏洞时的 48 小时内，在内部代码库中应用了补丁程序，但是要让全球安卓手机都修复这个漏洞，需要很长一段时间。因为需要根据不同型号的设备建立固体版本，之后与移动安全厂商合作发布更新。据安全专家估计至少需要 18 个月才能彻底地将补丁更新完。

三 应用安全

黑客的恶意攻击行为，大多都和金钱等利益相连。金融、电商、医疗机构等行业，政府部门，事业单位涉及的利益链广，数据量大，为黑客主要攻击的目标。针对这些行业黑客常用的攻击手法为篡改数据、窃取数据、贩卖给地下市场进行恶意诈骗行为。随着云技术的广泛运用，云平台也已经成为黑客重点攻击对象。攻击技术越来越隐蔽，许多攻击技术，互联网目前并没有有效的防御措施。

（一）P2P金融网站安全

金融行业关系国计民生，业务的正常运转需要网络的安全、稳定作为支撑。互联网技术的快速发展，带来了许多未知的安全威胁。金融行业很多业务都在互联网上进行，如电子商务、网上银行、P2P网贷等都是黑客首要攻击的目标，面临非常严峻的挑战。

2015年9月，乌云官方网站公布了2015年P2P金融网站安全漏洞分析报告，报告指出2015年6月底，国内共有3547家网络贷款平台，其中约2553家网贷平台纳入中国P2P网贷指数统计，平均每个网贷平台注册资本2468万元。互联网金融行业在快速发展的同时，也带来了一系列安全问题。据不完全统计，截至2014年年底，超过165家P2P网贷平台因黑客的恶意攻击而系统瘫痪，甚至将平台中的敏感数据进行篡改，导致平台中大量的资金流失。2015年网贷平台的数量急剧增加，将会面临更多的安全威胁。

2015年上半年共接收到P2P行业网站漏洞235个，2015年7月、8月共收到漏洞120个。统计的漏洞中，高危漏洞比例占56.2%，其中很多漏洞都可以影响到资金安全。漏洞盒子对2015年上半年金融行业的漏洞进行分析发现，保险行业漏洞占27.1%、互联网金融行业漏洞占26.1%、银行业漏洞占23.3%、证券行业漏洞占15.2%、其他金融行业漏洞占8.3%（见图13）。

P2P行业网站中SQL注入漏洞、密码重置漏洞、信息泄露漏洞、逻辑漏洞等高危漏洞非常常见。如图14所示，漏洞盒子对2015年上半年金融行业网站漏洞类型做了统计分析，SQL注入漏洞所占比例仍旧最高，表明安全开发人员在应用程序开发方面存在很大的欠缺，黑客利用SQL注入漏洞能够进行脱裤操作，拿到后台账号密码，甚至可以获得shell。

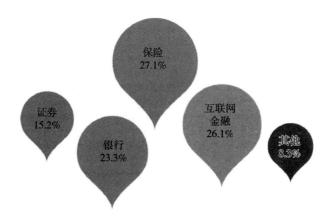

图 13　P2P 行业漏洞比例

资料来源：乌云漏洞平台。

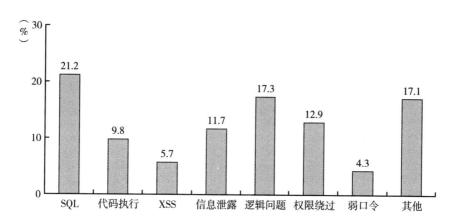

图 14　P2P 行业漏洞类型分布

资料来源：乌云漏洞平台。

（二）电商网站安全

中国电子商务起步于 1990 年，发展至今已经形成了一套完整的交易体系，有 B2B、B2C、C2C 等多种交易模式。电商因线上支付、方便、快捷等几大优势，已经逐渐成为客户主要购物方式之一。与此同时，电商平台也掌握了大量的用户隐私数据，包括姓名、电话、家庭住址、银行卡卡号等敏感信息，甚至用户将大量的资金存入类似支付宝一样的第三方交易平台。电商平台要保护用户数据，资金安全就显得非常重要，目前知名的电商平台有阿里巴巴、京东商城、淘宝、苏宁易购、亚马逊等，这些与互联网结合的电商购物平台并非想象中的安全可靠，同样也面临许多风险。自乌云漏洞平台建立以来，共收集了有关电商平台的漏洞就高达 1169 个，最近几年漏洞数量呈增长趋势，2015 年电商平台漏洞数量就 400 多个，漏洞总数相比 2014 年增加了 68.98%。

2015 年"双十一"来临之前，众多白帽子在乌云漏洞平台上发布了电商平台大量的高危漏洞，直接威胁用户账号信息与资金安全。淘宝客户端因设计缺陷，在淘宝客户端基础协议 taobao：//后添加 URL，便可打开任意网站，甚至别有用心的黑客可以针对大量的用户发起大规模的网络钓鱼攻击。聚美优品某版本的安卓客户端因组件暴露，第三方应用启动后打开一个钓鱼网站利用代码，通过钓鱼利用代码可以从聚美优品的安卓客户端跳转到钓鱼网站，实现钓鱼攻击。此外京东 URL 跳转漏洞也可以进行邮件钓鱼攻击，淘宝网卖家发布商品时，标题和描述都可以插入 XSS 夸张脚本攻击代码，实现 XSS 攻击。

（三）Java 反序列漏洞

序列化的操作就是把对象转换成字节流，方便保存在数据库、内存、文件中，或者通过网络传输出去，反序列化就是序列化的逆向过程，把字节流还原成对象。Java 反序列漏洞主要成因在于 CommonsCollections 库中对集合的操作能够进行反射调用，反射调用时没有进行任何校验，导致远程命令执行漏洞。攻击者针对 Java 反序列化过程中没有做任何校验的特性，构造恶意输入，便可达到任意代码执行的目的。

Java 反序列漏洞是底层安全漏洞的呈现，基于 Java 语言上的应用程序都会受到该漏洞的影响。在 2015 年年初的 AppSecCali 大会上 Java 反序列漏洞第一次被提出，但并没有引起人们的强烈关注。11 月 6 日，FoxGlove

Security 安全团队在博客中对 Java 反序列漏洞进行详细的描述，公布了受影响的应用程序：最新版的 WebLogic、JBoss、WebSphere 等应用程序。这些应用程序在党政机关和重要行业信息系统中被广泛应用。据知道创宇 ZoomEye 团队对全网检测发现，中国受 JBoss 漏洞影响的服务器有 810 个（全球排名第二位），受 JBoss 漏洞影响的政府网站有 29 个。国内受 Jenkins 漏洞影响的服务器有 88 个（全球排名第五位）。国内受 WebLogic 应用漏洞影响的服务器有 742 个（全球排名第一位）、政府网站 43 个、教育类网站 155 个。互联网上现已出现多款 Java 反序列漏洞利用的工具，利用工具可以轻易获取服务控制权限。甚至有不法分子利用此漏洞疯狂敛财，对政府信息系统造成极大的损害。

根据知道创宇公司提供的检测结果，受影响的产品及具体版本号如表 1 所示。

表 1 受影响的产品及具体版本号

应用	受影响版本
WebLogic	10.3.6.0 12.1.1.0 12.1.2.0 12.1.3.0
JBoss	JBoss Enterprise Application Platform 6.4.4,5.2.0,4.3.0_CP10 JBoss AS（Wildly）6 and earlier JBoss A－MQ 6.2.0 JBoss Fuse 6.2.0 JBoss SOA Platform（SOA－P）5.3.1 JBoss Data Grid（JDG）6.5.0 JBoss BRMS（BRMS）6.1.0 JBoss BPMS（BPMS）6.1.0 JBoss Data Virtualization（JDV）6.1.0 JBoss Fuse Service Works（FSW）6.0.0 JBoss Enterprise Web Server（EWS）2.1,3.0
Jenkins	≤1.637
Groovy	≤2.4.4
Spring	4.1.8 4.2.2

（四）互联网应用威胁

1. WEB 攻击

根据阿里发布的第三季度云盾互联网应用威胁报告可知，第三季度针对Web 攻击的次数总体呈增长趋势（见图15），主要是黑客攻击视频教程，自动化攻击工具传播泛滥，致使对互联网技术不够了解的、各个层次的人都能够对漏洞进行利用，甚至发起攻击。

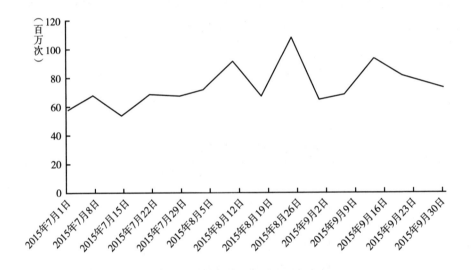

图15　2015 年第三季度云盾每周漏洞拦截次数

资料来源：阿里聚安全。

报告中的数据显示，阿里云盾对大量的数据拦截发现，SQL 注入漏洞仍然是 Web 应用面临的最大威胁，SQL 注入的数量占漏洞总数的44%，其次是命令执行漏洞，占22%（见图16）。

2. 暴力破解

报告中显示，每天阿里云平台遭受的针对 FTP 应用、MYSQL 数据库、RDP 远程桌面等暴力破解的次数达几亿次，其中针对 FTP 的暴力破解现象非常普遍，技术也十分成熟，占暴力破解次数的45%。根据阿里云平台的

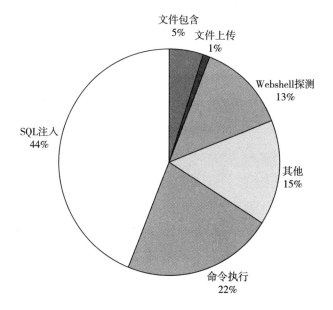

图16　云盾检测漏洞类型分布

资料来源：阿里聚安全。

数据显示，攻击者发动攻击的时间主要在工作人员监控、防御比较薄弱的时间，凌晨0点至早上6点。

第三季度阿里云盾平台每天监控发现的主机恶意软件和网页木马多达数百个，攻击者主要利用系统漏洞、上传木马病毒等恶意软件，进一步获取主机、服务器等敏感信息，发起网络攻击。阿里云盾平台对导致攻击者恶意入侵系统的漏洞进行统计分析发现，后台弱口令、FTP弱口令、数据库弱口令等弱口令漏洞最常见，除此之外常见的，可入侵系统的漏洞还有远程命令执行漏洞和任意文件上传漏洞（见图17、图18）。

（五）海康威视

以经营安防产品为主的海康威视公司为全球最大的视频监控设备供应商，存在多个高危漏洞，其中包括远程代码执行漏洞、缓冲区溢出漏洞，甚至大量设备存在弱口令漏洞。攻击者可轻易获取设备的最高控制权限，对设

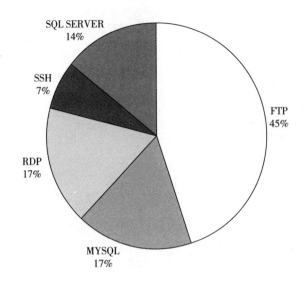

图 17　针对 FTP 暴力破解类型分布

资料来源：阿里聚安全。

备进行恶意操作。2015 年 2 月 27 日，江苏省公安机关认为海康威视的监控设备存在安全隐患，发布了《关于立即对全省海康威视监控设备进行全面清查和安全加固的通知》，部分安防设备已被境外黑客恶意控制，要求各地使用海康威视安防设备的部门，进行全面排查，开展安全加固工作。

在 2014 年 3 月曾爆出海康威视的大量设备使用默认账号 admin，使用12345、123456、888888 等简单密码，黑客利用弱口令漏洞向海康威视录像机植入 ARM 二进制病毒程序，将安防设备变成僵尸网络的一部分，充当比特币挖掘器的工具，进行疯狂的敛财。

知名网络安全公司 Rapid7 公司对海康威视安防设备系统进行分析，发现存在三个典型的缓冲区溢出漏洞，通过 TCP/IP 协议体系中的双向实施流传输（Real Time Streaming Protocol，RTSP）协议，在请求 body 和基础认证处理过程中，使用的是一个固定大小的缓冲区，大小为 1024 字节，如果发送的数据过大，或者发送特殊的数据，将会引发缓冲区溢出漏洞，甚至利用此漏洞发起拒绝服务攻击和远程代码执行。通过对整个网络进行批量扫描，

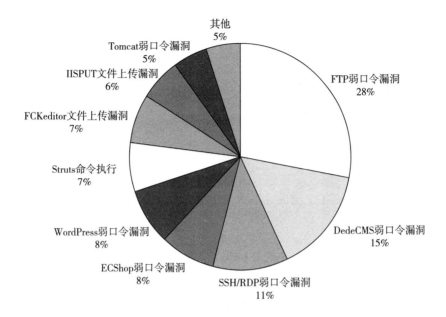

图18　入侵系统漏洞利用率

资料来源：阿里聚安全。

初步估计在 IPv4 协议的网络里存在缓冲区溢出漏洞的安防设备至少在150000 台以上。

（六）Redis 漏洞攻击

Redis 是一款被国内外政府事业单位、大型企业机构等广泛使用的高性能数据库，默认情况下 Redis 会将服务暴露在公网上，绑定 0.0.0.0：6379，在没有开启认证的情况下，任意用户便可以对 Redis 进行未授权访问，攻击者可以通过写入 crontab 执行命令，或者写入 SSH 公钥，获取目标服务器的 root 权限。

中国是受 Redis 漏洞危害最大的国家，2015 年 11 月 11 日据百度泰坦平台初步统计发现，全网 Redis 对外访问的就有 51087 个，未授权访问的有39057 个，存在弱口令的有 236 个。其中中国 Redis 对外访问的有 17665 个，未授权访问的有 13335 个，存在弱口令的有 216 个。漏洞主要分布在杭州、北京、广州等城市（见图19）。

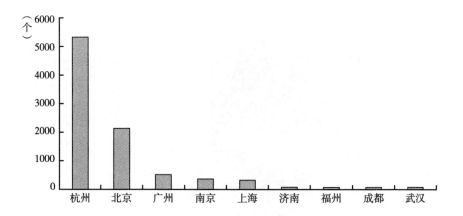

图 19　各城市 Redis 漏洞数量分布情况

资料来源：百度云安全。

阿里云安全团队在 11 月 10 日发现有黑客组织在利用 Redis 漏洞，大量传播针对 Redis 漏洞的木马程序，致使大量存在 Redis 漏洞的机器被黑客控制成为肉鸡。针对 Redis 漏洞的木马程序带有远程执行命令、下载指定文件、清除后门程序、发起分布式拒绝服务攻击等，对网络安全造成巨大威胁，影响范围非常广泛。

对于上述安全问题，专业人士提出如下建议。

一是对 Redis 进行认证，尽量不要把 Redis 暴露在公网中，也不要以 root 启用 Redis。

二是利用 iptables 对自用固定的端口开启白名单。

三是查看 crontab 任务，以及 authorized_ keys，重置包含 REDIS 的任务。

四是限定可以链接 Redis 服务的 IP，将 Redis 的默认端口改成 6379。

五是配置 AUTH 认证，并设置高强度密码。

六是对 rename - command 选项中的 "RENAME_ CONFIG" 进行配置，使攻击者在未授权的访问下使用 config 指令的难度加大。

（七）云安全

2015 年上半年，腾讯根据腾讯云安全运营数据报告，针对云安全首次发布了《腾讯云安全白皮书》，《白皮书》显示，2015 年上半年针对网站、服务器等网络服务的 DDoS 攻击、WAF 攻击、数据库攻击、漏洞入侵、Webshell、暴力破解等六种危及安全的现象日益增多。报告中指出，尤其是针对数据库的恶意攻击非常频繁，如恶意命令执行、恶意脚本执行、数据库泄露、敏感文件泄露。

在 2015 年 3 ~ 6 月这四个月的时间里，针对腾讯云机房的 DDoS 攻击次数比以往更加频繁，攻击的流量也呈现上升趋势，峰值时常超过 100G。腾讯云机房面对如此大规模的 DDoS 攻击，采取了一系列防护措施，如 DDoS 高防服务、防护策略优化、运营商实时封堵等，将机房的单点防御能力提高到 500G 的标准。

腾讯云大禹系统同样遭受高流量的 DDoS 攻击，据腾讯 2015 年 7 月的监测发现，在腾讯业务系统遭受 DDoS 攻击时，腾讯云启用大禹分布式防御系统，动态的调控网络流量，能够有效地利用全网中冗余带宽提高防护能力，确保腾讯服务系统能够正常运行。

报告显示，腾讯云 WAF 在恶意请求拦截方面效果非常明显，在 WAF 拦截量方面，2015 年上半年针对云上的 WAF 攻击尝试明显增多，腾讯云 WAF 在 2015 年第二季度拦截的恶意请求数相比第一季度明显增多，仅 6 月的拦截量就超过 4400 多万次。腾讯云于 5 月开始部署暴力破解自动拦截系统，直到 7 月完成全量上线，拦截能力一路提升，当月累计完成暴力破解拦截多达 9.5 亿次。

第一季度，腾讯云安全每月为云上开发商扫描出的漏洞维持在 10 万个左右，开发商们在腾讯云的协助下对漏洞进行了修复。第二季度，每月扫描出的漏洞数量开始下降到了 5 万个左右。而整个上半年，腾讯云上检测出的 Webshell 数量也呈下降趋势，随着打击策略的优化，有效遏制了入侵者通过网站端口对网站服务器的操作权限，Webshell 的数量预计将进一步下降。

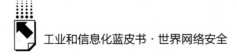

目前网络安全形势依然严峻，腾讯云针对客户需求推出两种服务体系，"基础服务"和"高级服务"。基础服务主要提供常规的安全服务，DDoS 防护、云主机防护和 WAF 拦截。高级服务主要提供 DDoS 高防、乐固、大禹、专家咨询等高级网站服务。

（八）匿名通信

匿名通信技术主要的研究内容是如何将用户的 IP 地址、用户隐私信息等敏感信息保护起来，达到隐藏用户自己真实身份信息的目的，使攻击者无法对用户进行通信追踪，进而无法对通信流量进行分析，无法获取目标的真实身份信息。常见的匿名通信类型有隐藏发送者、接收者身份信息，隐藏发送的消息，使攻击者无法推测出消息发送者与接收者的真实身份。

匿名通信技术主要有转发机制和组播、广播机制。转发机制主要是在通信过程中通过多个路由器，实现匿名路径，常见的转发机制匿名方式有洋葱路由（The Onion Router，Tor），ss，Mix – Net 系统，其中 Mix – Net 系统是转发机制的代表，使用了大量的匿名通信技术，如：嵌套加密，缓存重排，延时，混合。基于组播、广播机制的匿名技术，主要在数据广播中隐藏信息接收者的身份信息，但是这种技术不够成熟，还处于起步研究阶段。

当前比较常用的匿名技术是使用匿名转发机制的 Tor，主要原理在于使用随机方式选择由洋葱路由器组成的匿名路径，把数据内容和 IP 地址等信息一同使用加密传送给下一个路径进行转发，在到达目标地址的最后一个转发点，会将加密的数据解密成明文，以此达到匿名的目的。Tor 的优点在于能够自动维护网络中的转发节点，选择匿名的路径进行加密数据包的转发。实际上 Tor 是一种低延时的匿名系统，并没有理想中的那么好，

洋葱路由 Tor 在通信过程中，数据包没有做随机延迟处理，也没有做数据包填充操作，攻击者可根据网络中数据流的时延特性，发送一个特殊的消息流，便可对网络中的数据量进行监测，甚至可以利用节点通告上一跳和下

一跳的规则，推断出匿名的转发路径。

Tor 洋葱路由技术有着强大的匿名访问功能，但访问速度特别慢，尤其在浏览 Web 浏览器时，用户体验并不是很理想，所以大黄蜂（HORNET）匿名技术便出现了。大黄蜂匿名技术基于 Tor 网络体系结构之上，有传输速度快、防窃听等特点。使用已选中的资源路径进行数据转发，只对转发的数据进行对称加密，在设备终端和路由共享密钥，也不用在中间节点获取流状态，比起洋葱路由，大黄蜂路由能耗更低。

四 数据安全

2015 年国内外重大数据泄露事件频繁发生，主要涉及社交网络、医疗机构、酒店、政府事业单位信息系统等数据量较大的行业。网站因高危漏洞出现拖库，进而引发撞库的安全事件常有发生。据 360 补天漏洞平台发布的消息称，截至 2015 年 11 月 18 日，共收到白帽子提交的网站 1282 个，涉及漏洞 1410 个，可泄露 55.3 亿条隐私数据，个人隐私数据的泄露已经成为网络诈骗案频繁发生的主要原因。

（一）国内数据泄露事件

中国拥有 6.7 亿网民，400 多万个网站，市值超过 3.95 万亿元人民币的互联网上市企业，作为新兴的网络大国，也是遭受黑客攻击较大的受害国之一。针对国内的网络攻击次数日益增长，数据泄露事件频繁发生，2015 年发生多起重大数据泄露事件，泄露数据量多次高达数百万条，甚至上千万条，影响范围广泛。

1. 机锋论坛泄露2300万个用户的信息

机锋论坛是国内最大的社区，拥有最新最全的安卓游戏及软件资源。2015 年 1 月 5 日，漏洞盒子安全平台上发布了机锋论坛的高危漏洞，高达2300 万个用户的账号数据泄露，其中包括用户账号、MD5 加密的密码、邮箱等信息。攻击者可对加密的密码进行撞库分析，可快速破解出大部分密码。

机锋论坛负责人回应网上流传的 2300 万用户的数据都是 2013 年泄露的数据，机锋论坛对用户的密码并非简单 MD5 加密，均通过多次加密的非明文转换码。但 360 补天漏洞平台负责人表示，机锋论坛仍有多个高危漏洞没有修复，论坛现有的 2700 万个用户账号仍存在巨大安全问题。

2. 国内多家知名酒店泄露用户开房信息

2015 年 2 月 11 日，漏洞盒子安全平台发布漏洞提示，国内多家知名连锁酒店，如锦江之星、速 8、桔子，甚至国内知名的品牌酒店，如洲际酒店集团、万豪酒店集团、喜达屋集团的网站前台信息系统都存在高危漏洞。攻击者通过入侵前台信息系统的数据库，可轻易获取酒店房客身份信息，包括房客姓名、房间号、电话、开房时间、信用卡信息。甚至利用存在的高危漏洞入侵酒店内网系统，获取控制权限，对酒店的订单进行删除、修改等操作。此次泄露上千万人的开房信息，引发大量的房客担忧因开房信息泄露给自己生活带来干扰。

3. 全国社保用户信息泄露

2015 年 4 月，360 补天漏洞平台发布全国 30 余省卫生和社保系统的高危漏洞，泄露全国上千万用户的姓名、身份证号、薪酬、家庭住址等隐私信息。补天漏洞平台技术人员对卫生和社保系统进行研究发现，八成以上的安全事件都来自 SQL 注入，通过该应用程序进行注入，或针对 TNS 漏洞和缓冲区溢出对数据库进行恶意操作。

4. 中国人寿系统泄露客户信息

2015 年 5 月 21 日，补天漏洞平台发布了某省中国人寿系统存在高危漏洞的通报，该系统可泄露数百万客户详细信息，如姓名、身份证号、电话、薪酬、家庭住址、职业等信息，不法分子经常使用泄露的详细信息进行网络诈骗。2015 年多名白帽子在乌云漏洞平台上发布了多个关于中国人寿系统的高危漏洞，其中包括未授权访问漏洞、信息泄露漏洞、任意文件遍历漏洞。攻击者利用这些常见的高危漏洞，可轻易对系统发起攻击，获取系统的控制权限。

（二）国外数据泄露事件

互联网时代网络犯罪不同于传统的抢劫盗窃，而是在虚拟的网络世界进行一系列的网络攻击、系统入侵，非法获取敏感数据信息，达到谋取利益的目的。如今的网络黑客越来越商业化，且涉及经济利益，致使网络黑客发展成一条完整的商业链，驱使越来越多的黑客不顾道德与法律，对互联网进行疯狂的恶意攻击。

1. 俄罗斯约会网站泄露2000万个用户的信息

2015 年 1 月，俄罗斯知名约会网站 Topface 被黑客恶意攻击，造成 2000 万个账号信息、邮箱地址泄露。根据邮箱地址可以判断出 50% 的用户来自俄罗斯，40% 的用户来自欧盟。普通网民为了方便记忆，不同的网站之间会使用相同的账号密码，不法分子利用这一特点，用泄露的 2000 万个账号信息尝试进行撞库测试，可能获取其他网站敏感数据信息，甚至利用泄露的邮箱地址发送恶意链接。

2. 美国医疗机构发生多起重大数据泄露事件

2015 年 2 月，美国第二大医疗保险公司 Anthem 信息系统遭到黑客组织精心策划的恶意入侵，泄露离职、在职员工和保险客户 8000 万人隐私信息。数据库安全专家对 Anthem 公司数据泄露事件进行分析发现，Anthem 公司信息系统没有设置严格的访问控制权限，数据库没有进行高强度的加密，仅凭一个 Key 或者一个登录口令便可获取管理员权限，对数据库进行操作。

3. 全球最大的婚外情网站发生数据泄露

2015 年 7 月 20 日，全球最大的婚外情网站"阿什利·麦迪逊"（AshleyMadison. com）遭到名为 The Impact Team 的黑客组织的恶意入侵，大量用户数据信息外泄，其中包括 3200 万个用户的真实姓名、家庭住址、电话号码、信用卡账号等敏感数据。相关研究人员对泄露的数据进行研究发现，3200 万个账号中有 1.5 万个账号使用的是政府域名，有的甚至使用的是军方服务器。

此次泄露的数据量高达 10GB，攻击者将这些窃取的数据发布于暗网，只能通过 Tor 访问。经分析发现泄露的数据中，涉及大量的信用卡付费记

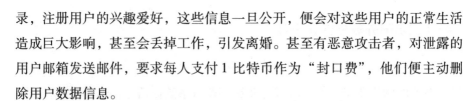

录，注册用户的兴趣爱好，这些信息一旦公开，便会对这些用户的正常生活造成巨大影响，甚至会丢掉工作，引发离婚。甚至有恶意攻击者，对泄露的用户邮箱发送邮件，要求每人支付 1 比特币作为"封口费"，他们便主动删除用户数据信息。

4. 英国电信运营商遭黑客入侵

2015 年 8 月 9 日，英国电信运营商 Carphone Warehouse 公司网站、服务器等信息系统遭到黑客入侵，泄露 240 万个用户的个人隐私信息，包括姓名、身份证号、家庭住址，甚至包括 9 万个用户的信用卡加密数据。

同年 9 月，英国宽带服务商信息系统遭到黑客攻击，泄露 400 多万个客户的信息，包括信用卡、姓名、身份证号码、电话等详细信息，是迄今为止英国企业最大规模的网络入侵事件之一。

（三）"匿名者"窃取数据

"匿名者"黑客组织 2003 年起源于美国，是一个自发式、松散的黑客组织。主要由 20 ~ 30 岁，各行业的年轻人组成，核心成员约有数千名，主要分布在美国、欧洲、非洲、南美等地区，是全球最大的政治性黑客组织。"匿名者"黑客组织的目的在于宣扬人权、自由、民主、平等，没有领导者，任何人都可以宣称代表"匿名者"黑客组织，或者属于"匿名者"黑客组织。

2015 年"匿名者"活动非常活跃，曾向恐怖分子宣战，摧毁上千个"伊斯兰国"的相关网站，针对中国发起代号"OPChina"行动，攻击中国台湾教育部门的网站，向 ISIS 宣战，攻击日本网站，攻击土耳其 DNS 服务器，甚至国际上多起重大数据泄露事件都与"匿名者"黑客组织有关。

1. "匿名者"攻击世界贸易组织网站

"匿名者"通过世贸组织与法律、贸易相关的在线平台入手，利用 SQL 注入漏洞获得世界贸易组织网站数据库信息。从数据库中泄露的信息来看，数据涉及中国、俄罗斯、美国、法国、巴西等多个成员国，具体数据信息包括姓名、电话、邮件地址、职务，甚至网站数十个管理员账号密码。其中还涉及世贸组织内部官员、在职工作人员的详细身份信息。

2. "匿名者"公布三 K 党成员名单

三 K（Ku Klux Klan，简称三 K）党指信奉白人至上的基督教组织，"匿名者"之前泄露过三 K 党成员与 4 名美国国会参议员来往的证据。然而这次"匿名者"泄露了上千名三 K 党成员详细资料，包括姓名、邮箱地址和 Twitter、Facebook 等社交媒体资料。

3. "匿名者"攻击联合国气候峰会网站

正常的示威游行对于法国来说是允许的，但 2015 年 11 月 13 日 ISIS 针对法国巴黎进行恐怖袭击后，法国政府颁发禁止令，禁止抗议游行活动。之后法国政府通过暴力行为对环保人士进行了逮捕，这便是"匿名者"黑客对联合国气候变化峰会进行攻击的理由。"匿名者"通过对联合国气候变化峰会网站的一个 SQL 注入漏洞进行注入，将整个数据库进行拖库操作，并获取网站 CMS 管理面板的访问权限。次日，"匿名者"黑客同样也是利用一个 SQL 注入漏洞，入侵了一个为联合国气候变化峰会提供网络视频服务的网站，并获取了整个网站的数据库信息。"匿名者"获取的这些数据库中包含许多敏感信息，包括网站用户账号密码、邮箱地址、真实姓名、职务等隐私信息。

（四）医疗数据泄露

向全球企业与公共部门提供信息安全性和遵规性管理解决方案的供应商 Trustwave 发布了针对 2015 年医疗行业的安全报告，报告显示通过对 398 名医疗专业人员调查的数据发现，普遍被调查的对象认为医疗行业的系统遭受网络恶意攻击的次数越来越多，医疗行业针对网络安全的预算非常低，不足 10%，甚至八成以上的医疗机构一两年内才会对信息系统、基础设施进行一次安全检查。

最近几年针对医疗行业的网络攻击频繁发生，究其原因在于病人的医疗健康、保单号码、信用卡账号、病历等数据的价值非常高，医疗系统中记录的数据量庞大。医疗行业的信息系统安全保障、风险管理措施不够完善，安全系数不高，以及云服务器和互联网设备的使用等多方面的因素，促使了医疗系统成为黑客攻击的目标。通过对医疗行业以往的数据泄露事件分析发现，攻击者窃取病人的敏感信息，包括姓名、电话、家庭住址、银行卡、信用卡等一系列数据，每次入侵医疗系统难度系数小，而窃取的数据量非常大。

据不完全统计，仅美国每年医疗行业被黑客恶意窃取的数据就超过200万条。报告中指出有89%的医疗机构没有采取数据分割策略，即没有把敏感数据和非敏感数据分开存放，也没有设置对数据内容的访问权限。调查还发现全球的医疗行业安全专业资源紧缺，行业中网络安全人员极少，近几年医疗行业频繁出现数据泄露事件后，许多医疗机构便通过高薪聘请的方式组建自己的网络安全队伍。

（五）2015年数据泄露报告

2015年4月Verizon根据70家单位调查的数据信息，发布了《2015数据泄露调查报告》（*Data Breach Investigations Report 2015*）。这份报告覆盖95个国家，涉及了近8万个安全事件，其中确认发生数据泄露的事件就有2000多起。某一家提供数据的单位，根据191起数据泄露事件的保险单对每笔数据泄露损伤做了一个统计模型，泄露数据在1000条时，损失会在5万~8万美元，泄露数据在1000万条时，损失会在210万~520万美元（见图20）。

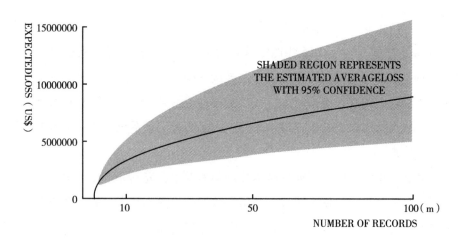

图20　泄露数据量与经济损失关系

资料来源：Verizon公司，《2015数据泄露调查报告》

Verizon 的报告中还指出，Web 数据库信息泄露是当前数据泄露的主要途径之一，Web 数据库信息泄露的主要原因在于管理人员安全意识薄弱、人为失误、内部人员权限泛滥。如图 21 所示，可知数据泄露的主要途径。

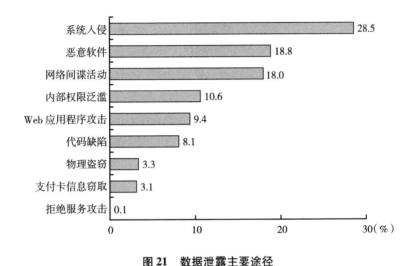

图21　数据泄露主要途径

资料来源：Verizon 公司，《2015 数据泄露调查报告》

2015 年全球发生多起数据泄露事件，瑞士银行造黑客入侵，大量的用户信息泄露；美国电信巨头 Verizon 出现重大安全漏洞，泄露客户大量敏感信息；我国 30 余省社保系统均存在高危漏洞，泄露数千万社保用户信息；广西卫生厅某系统泄露全省上千万人敏感数据。美国国家漏洞库 NVD 对近五年来数据泄露事件原因进行分析发现，系统主要漏洞来源于三个方面：（1）新系统、新技术带来的新漏洞。（2）漏洞修复不彻底，产生新漏洞。（3）新老版本系统、软件兼容带来的新漏洞（见图22）。

（六）数据库漏洞

互联网的快速发展，彻底改变了我们的世界与生活，现实生活中的传统的数据存储方式已经满足不了海量的数据存储，越来越多的数据虽转而存储在互联网上。海量数据虽因便捷存储在互联网上，但同时也因数据泄露事件

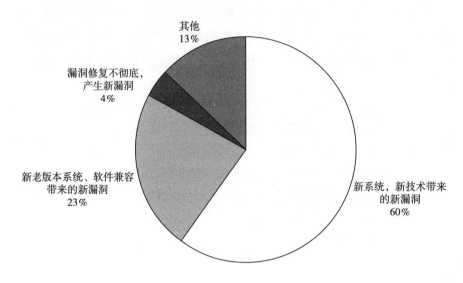

图22　漏洞产生原因分布

资料来源：Verizon 公司，《2015 数据泄露调查报告》

令人不安。2015 年发生多次重大数据泄露事件，每次泄露高达上千万用户隐私数据，如机锋论坛泄露 2300 万个用户的账号密码、邮箱等信息；锦江之星、速 8、万豪、喜来登等国内十多家著名酒店大量客户开房信息泄露，包括姓名、身份号、开房时间等详细信息，曾一度引发广大用户感到不安；126 邮箱与 163 邮箱上亿用户账号密码、注册 IP、生日等信息泄露，导致其他论坛、网站使用 126 邮箱、163 邮箱注册的账号都有撞库的风险；全国 30 余省社保信息系统存在高危漏洞，泄露 5000 多万用户的敏感数据信息，包括姓名、身份证号、工资等信息。

当前各行各业数据量成倍增长，现有的数据库安全机制无法防御当前的安全威胁。早在 1996 年安全研究人员便对数据安全进行了研究，随着数据库版本的更新、新功能的增加，发现的漏洞数量呈震荡增加趋势。如图 23 所示，可知近五年各数据库漏洞数量。

2015 年全年共发现数据库漏洞 76 个，如表 2 所示各数据库漏洞数量，MySQL 数据库漏洞总数共计 47 个，占全年漏洞总数的 62%。其中高危漏洞

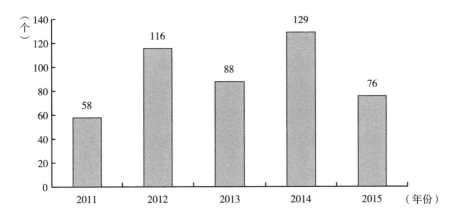

图 23 近五年数据库漏洞数量

资料来源：北京安华金和科技有限公司，《2015 年上半年数据库漏洞威胁报告》。

9 个，中危漏洞 44 个，低危漏洞 23 个。八成以上的数据库漏洞都属于 SQL 注入漏洞的范畴，黑客针对 SQL 注入漏洞利用 SQL 语言可获取数据库内敏感信息。2015 年 9 个数据库高危漏洞严重威胁数据库信息系统的安全运行，其中 3 个高危漏洞是针对身份验证的。黑客可利用通信协议破解、缓冲区溢出、默认口令等方式对数据库发起攻击，可轻易获取数据库控制权限。

表 2 各数据库漏洞数量

单位：个

数据库类型	Oracle	Microsofe SQL Server	MySQL	IBM DB2	POSTGRESQL	SAP SYBASE	IBM informix
漏洞数量	14	3	47	4	5	3	0

B.8
网络安全产业发展持续升温

郭娴　赵冉*

摘　要： 近年来，移动互联网、云计算以及物联网等新兴信息技术迅
速发展，伴随而来的网络安全问题引发了各国关注，在各国
政府的推动下，大力发展网络安全产业成为共识。2015 年，
全球网络安全市场规模实现了快速增长，解决方案和安全服
务成为增长的亮点，教育与培训市场潜力巨大。在一系列利
好政策的驱动下，中国网络安全产业发展迅速，安全硬件和
服务市场迎来新机遇，企业级移动安全软件市场逐步崛起，
网络安全行业迎来高速发展期。

关键词： 网络安全产业　市场规模　利好政策

一　全球网络安全市场发展趋势向好

伴随着信息技术和网络的快速发展，全球面临着严峻的网络安全形势，
各类传统的网络安全威胁有增无减，不断涌现的新型网络攻击愈演愈烈，从
传统的网络基础设施到工业控制系统、智能家居等新兴技术产业都面临着日
益常态化、复杂化、高级化的网络安全威胁。当前，网络安全已成为事关国

---

* 郭娴，博士，工业和信息化部电子科学技术情报研究所网络与信息安全研究部，主要负责工
业控制系统、智慧城市的网络安全研究工作；赵冉，硕士，工业和信息化部电子科学技术情
报研究所网络与信息安全研究部，主要负责工业控制系统、智能城市的网络安全研究工作。

家安全的重要问题，各国政府都高度重视，纷纷更新、修订国家网络安全战略，加大了防火墙、防范恶意软件、内容过滤以及加密工具等有关方面的投入。在一系列利好政策、网络攻击事件、行业需求的驱动下，2015 年全球网络安全市场规模实现了快速增长。

（一）全球网络安全市场总体规模持续增长

1. 全球网络安全市场规模增速加快

美国网络安全公司 CyberSecurity Ventures 发布的报告显示，当前全球网络安全市场呈现蓬勃发展的态势，预计到 2019 年，全球网络安全市场规模将超过 1550 亿美元。另据信息技术咨询公司 Gartner 预计，全球的网络安全支出在 2015 达到 769 亿美元，相比 2014 年的 711 亿美元增长约 8.2%（见图 1）。

从已有的数据分析，航空航天、国防、情报组织等传统部门仍然是网络安全市场最大的投资方，但是由于网络技术对传统产业的不断渗透，越来越多的设备开始通过网络实现互联互通，越来越多的贸易通过网络进行流通，金融、制造等行业也在网络安全事件的驱动下加大了对网络安全方面的投入。在市场对网络安全关注度持续提高的背景下，全球的网络安全支出增长率也将进一步提高，预计到 2018 年，全球网络安全支出增长率将高达 9.8%。风险投资机构 Columbia Threadneedle 认为，网络安全领域存在巨大的市场机会和丰厚的投资回报，在网络攻击日益增长，攻击手段日益复杂化，加上网络安全支出相对较低的情况下，现有对全球网络安全市场的增长幅度的预测还比较保守，在未来的 3 ~ 5 年，增长率很有可能达到 10% ~ 15%。

2. 发展中国家与地区网络安全市场规模潜力巨大

调研机构 TechSci 报告称，北美及欧洲地区依然是全球网络安全市场收益最高的市场，而亚太地区网络安全市场潜力巨大。

印度网络安全市场规模总体不大，但增长非常迅速，根据咨询公司 PWC 的报告显示，印度 2014 年的网络安全市场规模为 5 亿美元，而 2015

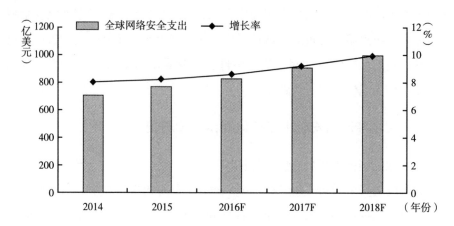

图 1 2014～2018 年全球网络安全支出及增长率

资料来源：Gartner 公司，工业和信息化部电子科学技术情报研究所综合预测。

年实现了 100% 的增长，达到 10 亿美元规模。

中东及非洲网络安全市场拥有巨大潜力，2014～2019 年，市场复合增长率将达到 13.7%，预计到 2019 年市场规模约为 134 亿美元，在全球网络安全市场中的占比将从 7.19% 升至 8.62%。

拉丁美洲网络安全市场 2014～2019 年的市场年复合增长率将达到 17.6%，预计 2019 年拉丁美洲网络安全市场规模将增长至 119 亿美元，在全球网络安全市场中的份额占比将从 5.18% 上升至 7.65%。

目前，欧洲网络安全市场占据全球网络安全市场总额的 26.95%，随着信息化的不断推进，2014～2019 年欧洲网络安全市场的复合增长率将达到 7.2%，预计在 2019 年市场规模达到 355 亿美元。

3. 金融行业助力网络安全产业的发展

随着互联网技术与金融行业的深度融合，催生了新的行业形态——互联网金融，作为实现资金融通、支付、投资及中介服务的新的金融业务模式，其安全性引发了各界关注。目前，互联网金融面临的网络威胁有黑客的频繁入侵、病毒木马攻击、用户敏感信息泄露等。

鉴于严峻的外部威胁和金融行业自身系统的脆弱性，行业内企业高度重视网络安全，多家企业持续增加网络安全方面的支出。摩根大通首席执行官 Jamie Dimon 表示，互联网金融网络安全关系防火墙保护、内部保护、供应商保护等，预计五年内公司的网络安全预算将实现翻番，达到 5 亿美元。2015 年，花旗集团和 Wells Fargo 公司在网络安全方面的花费总和约为 5.5 亿美元。根据 PWC 的报告，从 2015 年开始，金融行业内企业陆续提高了网络安全支出，预计近两年支出将增加 20 亿美元。

（二）全球网络安全解决方案市场规模增速加快

1. 移动恶意软件的快速增长导致移动安全解决方案市场规模不断扩大

随着智能手机的普及和消费类移动应用的不断推广，移动恶意软件的数量呈现快速增长趋势。根据卡巴斯基实验室报告显示，移动威胁在不断演化的威胁环境中出现了快速增长，2015 年第三季度，卡巴斯基实验室共检测出 323374 种最新的手机恶意程序，同比 2015 年第二季度，增长了约 10.8%。从数量上来分析，2015 年第三季度出现的手机恶意程序数量是第一季度的 3.1 倍。根据法国电信设备制造商阿尔卡特－朗讯旗下的移动安全实验室公布的最新研究报告显示，自 2013 年起受恶意软件侵害的移动设备数量呈现快速增长趋势，2014 年受恶意软件侵害的移动设备同比 2013 年增长了 25%，数量高达 1600 万台，2015 年，受恶意软件侵害的移动设备突破 5000 万台。

2014 年，全球每年在移动设备及网络安全解决方案方面的支出约为 110 亿美元，且该支出会随着移动恶意软件的快速增长而继续提高（见图 2）。研究机构 SNS Research 发布的《设备安全、基础设施安全及安全服务报告》中预测，在未来 6 年内，移动设备及网络安全解决方案的市场年复合增长率将达到 20%。面对巨大的安全市场，企业积极提高移动安全方面的研发投入，当前在安全团队中增长最快的支出便是移动安全解决方案研发。

2. 恶意攻击数量激增促使网络安全解决方案市场逐步发展壮大

根据卡巴斯基安全网络安全数据分析，仅 2015 年第三季度，全球范围

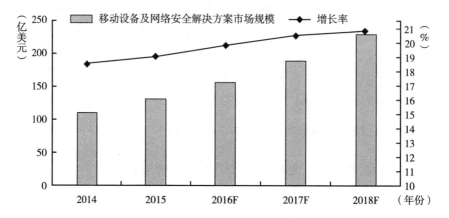

图2 2014~2018年全球移动设备及网络安全解决方案市场规模及增长率

资料来源：SNS研究机构，工业和信息化部电子科学技术情报研究所综合预测。

内的在线恶意攻击就高达2.354亿次，恶意链接数量为7540万个，尤其值得注意的是，包括恶意脚本、漏洞利用程序、可执行文件等恶意对象的数量比第二季度增加了46.9%，激增至3820万个。赛门铁克最新发布的互联网安全态势显示，仅在金融、保险和房地产领域，2015年10月份遭受到的攻击次数就占当月所遭受攻击总和的69%，成为黑客攻击的重灾区。从遭受攻击的公司规模分析，当前网络攻击越来越集中在资金规模庞大的企业，攻击目标大多集中在人数多于2500人的大型企业，且攻击愈加频繁。

恶意攻击数量的激增引起了全球范围内网络安全解决方案厂商的高度重视，赛门铁克、卡巴斯基、趋势科技等网络安全解决方案厂商纷纷加大自身对安全防御技术研究的投入，仅赛门铁克一家2016年在研发方面的开支同比2014年增加了8.4%，达到11.4亿美元。作为网络安全解决方案的市场需求方，全球企业尤其是一些大中型企业逐步加大对网络安全的关注，为了防止网络攻击给企业带来资金损失和核心机密泄露，纷纷增加在网络安全方面的投入。据美国及欧洲、中东及非洲地区1000家IT专业机构反馈，37%的企业安全主管表示将在2016年继续提升安全预算，这些资金的注入会大大促进网络安全解决方案市场规模的增长，从而推动全球安全解决方案市场逐步壮大。

（三）全球网络安全软件市场小幅增长

1. 安全软件收入增长回暖

根据 Gartner 公司资料显示，2014 年全球安全软件的收益总额达到 214 亿美元，相比 2013 年增长了约 5.3%，2015 年全球安全软件收益总额继续小幅上升（见图 3）。

安全软件市场的细分导致安全软件市场发展不均衡，安全信息与事件管理、安全网络网关、身份管理和行政及企业内容识别数据丢失防护类软件市场发展强劲，其中安全信息与事件管理类软件市场增长约 11%，市场收入高达 16 亿美元，企业内容识别数据丢失防护类软件产品市场增长约 15.8%，年收入总额为 6.43 亿美元。占市场总额约 39% 的终端防护平台与消费类安全软件收益继续下滑，影响了安全软件市场整体规模。

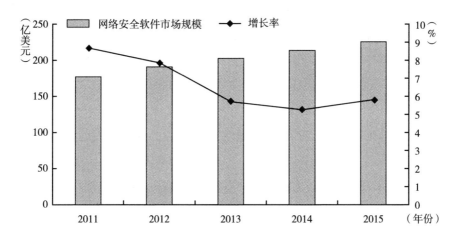

图 3　2011～2015 年全球网络安全软件市场规模及增长率

资料来源：Gartner 公司，工业和信息化部电子科学技术情报研究所综合预测。

赛门铁克公司作为营收最高的安全软件供应商，连续第二年营业收入下滑，降幅为 1.3%，实际营收约 37 亿美元，消费类安全软件细分市场（占赛门铁克安全软件收入的 53%）下降 6.2%，成为该公司整体营收增长率下降的主要因素。不过从产品层面分析，赛门铁克在数据丢失防护（DLP）市场有突出表现，市场份额约占一半以上，收入约3.5亿美元。

迈克菲（McAfee）在安全软件收入方面排名第二位，在细分市场有着良好表现，2014年增长4.6%，收益总额达18亿美元，2015年突破27亿美元。

IBM在安全软件厂商中收入排名第三位，其安全软件营收2014年增长17%，达到15亿美元。因各企业及托管安全服务提供商（MSSP）大量采用了SIEM软件产品，故IBM在该领域内的软件产品收入将继续呈现增势。

2. 下一代安全软件市场将达到200亿美元规模

伴随着网络攻防环境的迅速变化，新技术、新服务、新应用的推出不可避免的带来了新的网络安全问题，为应对安全技术水平和防护能力严重不足的现状，人们提出了下一代安全的概念，下一代安全软件也应运而生。

FBR资本市场常务董事及高级研究分析员Daniel Ives指出，目前约有10%的企业及政府机构升级到下一代安全软件，如监测并拦截应用层威胁的防火墙、安全的大数据分析服务，经预测在未来三年，下一代软件工具的市场将达到150亿~200亿美元的规模。

3. 云加密软件市场蓬勃发展

云时代下的数据安全是社会关注的焦点，也为众多安全厂商带来重大的机遇和挑战。Forrester Research首席分析师表示，出于对美国国家安全局监视的争议，很多企业都开始担心企业数据的安全，尤其是发送到云端的数据，云加密是企业在使用云服务中一个优先考虑的事项。

云安全市场规模的扩大直接带动着云加密软件市场的发展，国际数据公司IDC的报告显示，目前，云上有超过20%的数据资产需要加密，伴随着云服务的广泛应用，到2018年云上约有80%的数据资产需要加密，因此加密软件市场规模有望在2019年扩大至48.2亿美元。

（四）全球网络安全服务市场持续扩大

1. 安全服务市场持续增长带动产业发展

在全球网络安全市场中，发达国家占据了约80%的市场份额，发达国家信息化水平较高，各种安全基础硬件设施较为完备，在安全领域的投资多集中于安全服务，因此在全球网络安全市场中，网络安全服务所占市场份额最高。2015 年全球网络安全服务市场规模为 474 亿美元，同比增长 8.5%（见图 4）。

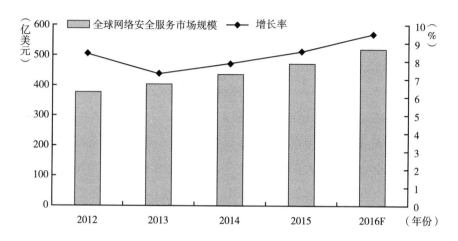

图 4　2012～2016 年全球网络安全服务市场规模及增长率

资料来源：工业和信息化部电子科学技术情报研究所分析预测。

2. 管理安全服务市场快速增长

企业在完成大规模的信息化建设后，长期的系统运维成了企业不得不面对的难题，持续升高的运营成本、人员成本、技术投入使得企业不堪重负，面对此难题越来越多的企业选择管理安全服务，即将企业业务系统的安全运维工作完全交给专业的安全服务提供商来处理。据 Gartner 报告称，到 2018 年超过一半的组织机构将会更加倾向于寻求专注数据保护、安全风险管理及安全基础设施管理的企业提供商加强自身的安全。随着市场管理安全服务需求的不断增强，管理安全服务市场将实现稳步增长。

Infonetics Research 在一份名为《云及高速无线网关（CPE）管理安全服务报告》中指出，2017 年全球管理安全服务市场将超过 90 亿美元。Frost&Sullivan 研究人员预测 2018 年欧洲、中东和非洲的管理安全服务市场将达到 50 亿美元，北美将达到 32.5 亿美元。ABI Research 对管理安全服务市场表示乐观，其发布的市场规模情报预测，在 2020 年全球管理安全服务市场规模将达到 329 亿美元。根据咨询机构 IDC 的报告，MSSP 正以 35% 的年增长率迅速增长。

3.云安全服务市场逐步崛起

随着互联网技术的发展和应用软件的成熟，近年来开始兴起一种完全创新的软件应用模式 SaaS（Software－as－a－Service，软件即服务）和应用程序 BYOD，越来越多的企业为了在最低的复杂性和成本下实现企业管理，开始部署 SaaS 和 BYOD。Gartner 公司预测，企业对云安全服务的接受度和依赖性将越来越强，未来几年云安全服务市场将进入高速发展期。分析师厄尔·帕金斯表示，企业用户将会关注云领域的安全服务，云领域的安全服务是与企业安全有关的几大发展趋势之一，云领域的安全服务市场将会在未来相当长一段时期内呈现增长趋势。2014 年全球基于云的安全服务市场规模为 26 亿美元，2015 年该市场规模达到 31 亿美元，同比增长 19.2%。随着对包括安全邮件/Web 网关、身份和访问管理（IAM）、远程漏洞评估、安全信息和事件管理的云服务市场需求日益增大，全球基于云的安全服务市场规模到 2016 年预计将增至 38 亿美元，2017 年将继续增至 47.3 亿美元（见图 5）。

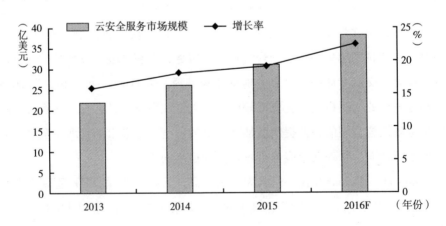

图 5　2013～2016 年全球云安全服务市场规模及增长率

资料来源：Gartner 公司，工业和信息化部电子科学技术情报研究所综合预测。

据 Gartner 分析，当今企业投入最多的云安全服务是安全邮件网关服务，2014 年该服务的市场规模为 8 亿美元，2015 年超过 9 亿美元，2017 年估计达 10 亿美元。从年增长速度分析，安全邮件网关服务与其他云安全服务相比，增长速度相对缓慢。

2014 年，身份和访问管理云安全服务的总体市场规模约为 5 亿美元，2015 年总体市场规模超过 8 亿美元，到 2017 年，该市场规模将达到 12 亿美元，年复合增长率高达 28.3%。中小企业日益增长的需求是身份和访问管理云安全服务市场规模增长的主要动力。越来越多的中小企业开始部署身份和访问管理云服务，而大企业则倾向以混合云和内部部署的方式使用身份和访问管理云服务。

目前，云安全服务市场仍然只是处于其发展的一个"早期成熟阶段"。云访问和其他云安全服务等需要云服务提供商和企业消费者之间相互谈判协商，才能被更广泛的使用。

4. 网络安全专业服务公司市场竞争力大幅提升

Cybersecurity 公布的 2015 年网络安全企业 500 强名单显示，越来越多的网络安全专业服务公司进入榜单。Frost & Sullivan 网络安全研究主任 Frank Dickson 分析，快速增加的恶意软件和安全技能短缺是推动专业安全服务需求的主要动力。近年来，企业在选择网络安全服务提供商时越来越倾向于考虑选择专业的网络安全服务公司，而不是普通的只具备安全开发能力的系统集成商，企业希望由专业的网络安全专家和团队来指导应对当前愈发复杂的网络安全威胁，并提供合理且实用的网络安全解决方案。网络安全服务市场的巨大潜力促使专业网络安全服务公司的市场竞争力水平大幅度提高。据预测，北美专业安全服务公司将在 2018 年达到 19 亿美元的市场收益。

（五）全球网络安全教育与培训市场快速增长

1. 安全培训市场的年收益额超过10亿美元

近期，IBM 发布的网络安全情报指数中指出，现有的安全事件中有 95% 涉及人为因素。卡内基梅隆大学及美国特勤局发布的《美国网络犯罪调查》报告称，28%的网络安全事件归因于在职及离职员工、承包商及其他受信任方，并且此类事件带来的损失往往大于外部的恶意攻击。Gartner公司的研究人员指出，员工的行为极有可能对安全事件及风险性能带来毁灭性的影响。在企业的网络安全保障中，人员管理往往是最薄弱的环节，帮助员工维持并提高网络安全意识和技能，对于政府和企业开展网络安全工作、改善组织机构的合规性、及时更改不当的安全行为、提升网络安全保障能力有着重要的意义。

据美国《财富》杂志网站报道，目前，美国社会逐步重视网络安全培训，各大知名高校和政府机构都积极加大对网络安全培训的投入，加强对网络安全人才的培养与引导。Gartner研究部副总裁Andrew Wells表示，全球网络安全培训市场的年收益额超过10亿美元，并且还在以13%的速度快速增长。

2. 网络安全人才需求快速增长刺激网络安全培训市场发展

信息公司Burning Glass Technologies发布的报告显示，当前人才市场中网络安全人才严重供不应求，在IT职场，网络安全专家已成为最热门的职业之一。随着网络安全逐步受到社会各方重视，网络安全市场迅速发展，网络安全人才的需求将呈现井喷式增长，美国劳工数据统计局预测，仅网络安全分析师职位的招聘规模就将在2012~2022年增长37%。据赛门铁克公司预计，2019年全球网络安全行业的人才需求量将达到600万名。

然而，与迅速增加的网络安全人才需求相对应的是大量的人才空缺，以现有情况估计，2019年全球只能提供约450万名网络安全人员，这也意味着届时将出现约150万人的缺口。据美国斯坦福大学的一项调查研究表明，在过去的五年里，与安全相关的岗位数量增加了74%，目前在美国有超过约20万个安全岗位无人填充，而到2018年与安全相关的岗位需求还将增长53%。近期，CNBC引用兰德公司的研究数据显示，当前全球只有1000余名顶级网络安全专家，而实际需求量约三万名。

巨大的人才缺口和市场需求直接推动着全球网络安全培训市场的发展，Gartner公司在2014年第四季度发布的首份《安全意识计算机培训供应商魔力象限》报告中对包括 Media Pro、Inspried eLearning、BeOne Development、Security Innovation、Wombat 和 Digital Defense 等六家在内的全球主流安全意识培训企业进行了介绍和点评，报告中所提到的企业年收益约为 6.5 亿美元。巨大的市场前景吸引了越来越多的大型网络安全企业，这些企业希望以收购的形式将安全意识培训与企业自身的安全产品进行深度融合，例如 PhishMe 和 Wombat 已经与一些安全公司建立了合作关系。

二 中国网络安全产业蓬勃发展

自"棱镜门"事件以来，我国对网络安全问题愈发重视，2014 年年初中央网信小组成立，网络安全正式上升至国家战略层面。2015 年在明确的政策扶持、强烈的市场需求、新技术新应用带来的市场空间和行业环境的逐步改善等诸多利好因素的促使下，我国网络安全产业蓬勃发展。

（一）发展环境利好促进网络安全产业高速发展

1. 利好政策频频出台

发展网络安全产业，构筑国家信息基础设施和重要信息系统的安全屏障，已成为刻不容缓的战略任务和我国走向网络强国的前置保障，我国对网络安全重视程度日益提高。2015 年 3 月"两会"期间，全国人大代表提出建议，为保障国家网络安全，要将网络安全产业培育成为我国高端成长型产业。在 2015 年 11 月 3～4 日召开的互联网安全领袖峰会上，中国国家互联网信息办公室副主任王秀军表示，网络安全是复杂系统工程，与政治、军事、经济等各行业相互交融影响，中央网信办将推进网络安全法以及标准制定，推进网络安全保障体系建设。2015 年 5 月国务院新闻办公室发布了《中国的军事战略》白皮书，书中提到网络空间是经济社会发展新支柱和国家安全的新领域，目前中国已成为黑客攻击的重点之一，各类网络基础设施、关键信息基础设施安全都面临着严峻的威胁，未来我国将加快网络空间力量建设，提高网络空间的态势感知、网络防御和参与国际合作的能力，保障国家网络与网络安全。2015 年 8 月，工信部发布了《关于开展电信行业网络安全试点示范工作的通知》，该示范工作重点包括引导网络与信息系统资产安全管理、网络安全威胁监测与处置、云平台安全防护、域名安全、数据安全保护等一些安全防护效果明显、示范力较强的项目。近年来，我国不断出台扶持政策，为安全产业发展提供了良好环境，国产网络安全产品也有望在政策扶持下快速发展，预计未来一段时间内，安全产业将持续强劲增长。

2. 安全立法提升网络安全产业价值

我国已成为全球最大的网络市场，据中国互联网络信息中心发布的报告显示，截至 2015 年 6 月，我国网民数量达 6.68 亿人，互联网普及率高达 48.8%。随着互联网的日渐普及，网络安全事件数量呈直线上升趋势，2014 年针对我国域名系统的拒绝服务攻击事件中流量规模达 1Gbps 以上的日均 187 起，是 2013 年的 3 倍，全国被植入后门的网站有 4 万多个，上千万台主机感染了木马病毒。然而网络空间并不是法外之地，强化网络安全法制建设，是建设中国特色社会主义法治体系，建设社会主义法治国家的一部分，也是建设网络强国的重要任务之一。中央政法委书记孟建柱提出要构建国家安全法律制度体系，必须推动出台网络安全法、反恐怖主义法等法律法规。

2015 年 6 月，全国第十二届人大常委会第十五次会议初次审议了《中华人民共和国网络安全法（草案）》（以下简称《草案》），7 月，此《草案》在中国人大网上全文公布，并向社会公开征求意见一个月。此《草案》公开征求意见意味着我国首部国家网络安全法进入了实质性的立法程序，这是一个重大的历史进步，这一立法也表明政府将网络安全提升到了国家安全和战略发展的重要高度。

《草案》中提出国家要加强自主创新能力建设，要加快发展自主可控的战略高新技术和重要领域核心关键技术，同时实现网络和信息核心技术、关键基础设施和重要领域信息系统及数据的安全可控，要加大财政投入，以加快网络安全产业发展，深化技术研发，提升网络安全创新能力。对于网络安全产业来说，《草案》的公布是个重大的利好，网络安全将从以前的自发意识逐渐转变为国家强制要求，市场对网络安全服务的需求也将进入新的增长阶段。国家"十三五"规划建议要实施大数据和网络强国战略，网络安全作为战略的重要组成部分，其市场将迎来快速发展机遇，据研究机构预测，我国网络安全市场的潜在发展空间将达千亿元级别。

3. "网络空间安全"晋升一级学科

随着网络安全已成为国家安全的重要组成部分，为实施国家安全战略，提升国家网络安全的整体实力和保障水平，加快网络安全高层次人才培养，2015 年 6 月，国务院学位委员会、教育部决定在"工学"门类下增设"网络空间安全"一级学科，学科代码为"0839"，"网络空间安全"成为国家一级学科正式获批。

沈昌祥院士曾提出，"网络安全是国家安全的重要组成部分，没有人才就没有可靠的网络安全。"我国现已成为网络大国，然而由于网络安全产业起步较晚，网络技术基础依然薄弱，网络空间安全方面的人才严重不足。据统计，截至 2014 年，我国重要行业及关键信息基础设施需要各类网络空间安全人才约 70 万人，根据市场发展情况推测，到 2020 年，各类网络空间安全人才的需求量至少为 140 万人，然而，每年我国高校及研究机构培养的网络空间安全人才不足 1.5 万人，远远无法满足人才需求。政府、军队、公安等重要部门，金融、电力、能源等重要基础设施都出现了巨大的网络空间安全人才缺口。

"网络空间安全"晋升一级学科，为网络空间安全学科专业建设提供了强劲的动力，在一级学科目录规范下，体系化、全方位的培养国家需要的各类网络空间安全人才成为可能。

（二）中国网络安全市场规模稳步上升

1. 国内网络安全产业快速发展

随着网络安全产业在我国战略性地位的提升，《网络安全产业"十二五"规划》《2006～2020 年国家信息化发展战略》《进一步鼓励软件产业和集成电路产业发展的若干政策》《关于加快应急产业发展的意见》等一系列规划全力推动我国网络安全产业快速发展。有关数据显示，2014年我国网络安全产业规模约为550亿元，较2013年产业规模约增长25%，2015年我国网络安全产业规模已超700亿元（见图6）。

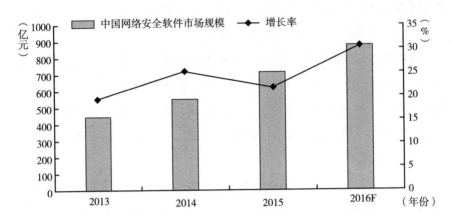

图6　2013～2016年中国网络安全市场规模及增长率

资料来源：网易科技，工业和信息化部电子科学技术情报研究所综合预测。

近年来，我国网络安全产业规模和企业数量持续增长，据统计，在国内注册的网络安全企业数量已超过1000家，年业务总收入超过亿元的企业有20余家，还有部分企业实现了上市。在利好政策和市场需求的双重激励下，国内安全厂商纷纷加大研发投入，在杀毒软件、防火墙、入侵检测，操作系统、数据库、中间件等方面逐步完成技术积累，并进行了大幅度的技术创新，获得了多项国家专利和软件著作权，多个自主研发的科技成果获得国家重大科技专项。从现有的产品种类来看，防火墙、网络隔离、密码产品、安全审计、备份恢复等安全产品线不断丰富，产品功能开始呈现集成化和系统化。国内安全产业结构也逐步完善，安全硬件约占市场总额的半数以上，安全服务市场份额日趋扩大，安全软件市场份额略有下降。

据IDC发布的《中国IT安全硬件、软件和服务全景图，2014～2018》研究报告称，2013年中国网络安全投资总额为19亿美元，2014年增长至22亿美元，同比增长15.8%，但是对比国内整体IT投资，网络安全投资占比依然不足1%，远低于欧美等发达国家的8%～12%，与全球网络安全市场规模相比，我国仅占约5%，网络安全市场规模相对较小。从长远来看，我国网络安全市场存在巨大的发展空间。

2.国产安全硬件市场发展迎新机遇

随着"棱镜门"等一系列网络安全事件的爆发，暴露了我国信息基础设施和安全硬件过分依赖国外设备的弊端，我国网络安全正在面临前所未有的挑战。中国工程院院士倪光南认为，"自主可控是网络安全的前提"，同时他还呼吁，我国应尽早建立和实施对重要信息系统产品和服务的安全审查机制，尽可能加速国产装备的应用进程，这是国产安全硬件产业发展的一个新机遇。

IDC公司数据显示，2014年，我国安全硬件市场规模达到11.9亿美元，同比增长24%，2015年，我国安全硬件市场规模超过14亿美元，到2019年，该市场规模预计将达到30亿美元，2014～2019年的复合增长率为20.3%（见图7）。国内厂商经过多年自主研发和科技创新，推出多款技术过硬的网络安全硬件设备，如防火墙、UTM等，形成了完善的网络安全产业体系，在国际市场中的竞争力正逐步增强，以华为为代表的国内厂商，在某些领域已经打破国外厂商的垄断，甚至完成了对国外厂商的超越。

根据IDC的统计数据，在网络安全硬件市场中，防火墙和统一威胁管理产品子市场占比最大，合计超过60%。防火墙、统一威胁管理市场和安全内容管理硬件市场分别占整体网络安全硬件市场的35%、26.3%和12.6%。其中统一威胁管理产品市场增长强劲，预计2016年该子市场将超过防火墙成为最大的安全硬件细分市场，市场规模将高达4亿美元，年增速预计超过25%。除此之外，安全内容管理等增速也较快。

近年来，在安全硬件市场中，尤其是以"上网行为管理"功能为主的安全内容管理硬件产品在近两年得到了用户的普遍关注，这类产品通过优化网络管理有效增强了企业内部网络资源的利用率，在政府及行业法规的推动下，该市场将加速发展。2013年安全内容管理硬件产品的市场增长率就高达23.2%，IDC分析师预计，该市场未来将继续保持高增长。

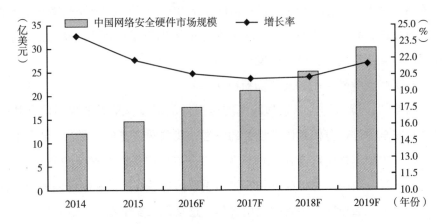

图7　2014～2019年中国网络安全硬件市场规模及增长率

资料来源：IDC公司，工业和信息化部电子科学技术情报研究所综合预测。

3. 网络安全服务市场成为新的增长点

网络安全服务包括渗透测试、漏洞挖掘、安全专业咨询服务、安全运维、云安全服务、专业培训服务等。网络安全服务市场是伴随着网络安全产品市场规模扩大而同步发展起来的，当人们发现在部署完网络安全硬件、安全软件后，依然会存在漏洞频发、加固防护方案不完善和运维人员安全意识较差等方面的安全隐患，静态的安全产品不可能完全解决动态的安全问题，因此全面的、多层次的网络安全服务需求成为市场增长的热点。

近年来，国内网络安全服务市场呈现新的变化，用户从以前只购买网络安全硬件逐渐转变为购买网络安全服务。据统计，2014年我国网络安全服务市场规模达到5.6亿美元，2015年这一市场规模进一步扩大至6.84亿美元，到2016年，我国网络安全服务市场规模有望达到8.3亿美元（见图8）。

从2012～2015年，我国网络安全服务市场规模增长了约1.7倍，约占我国整个网络安全市场的10%，然而与发达国家网络安全服务占整个网络安全市场的比重相比仍有差距，网络安全服务作为网络安全行业创新发展的新增长点，必将成为各大安全厂商争夺的焦点。

4. 企业级移动安全软件市场潜力巨大

随着移动互联网的不断深入，商务、金融、政务和办公等都开始步入移

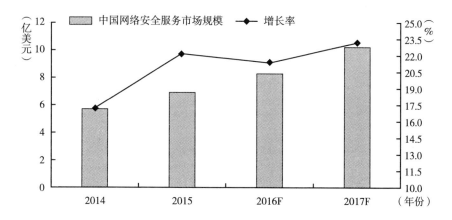

图 8　2014～2017 年中国网络安全服务市场规模及增长率

资料来源：工业和信息化部电子科学技术情报研究所综合预测。

动时代。据调研，将移动办公导入工作流程的企业占比高达 93.5%，越来越多的人习惯在出差或上下班途中处理公务，员工之间的有效沟通大多依靠移动办公。移动办公在越来越普及的同时，带来的移动安全威胁也不断加剧，相比个人移动安全防护，企业级移动安全防护更加复杂。

IDC 公司专家指出，中国的企业级移动安全市场尚处于起步阶段，随着移动应用越来越普及，BYOD 用户量增加，企业客户对于移动设备管理 MDM（Mobile Device Management）、移 动 应 用 管 理 MAM（Mobile Application Management）和移动安全平台管理的需求会越来越多。据 IDC 的一份研究报告预计，到 2017 年中国企业级移动应用市场规模将达到 41.5 亿美元，其中，中国企业级移动安全软件市场规模将达到 5770 万美元，复合增长率为 49.5%。

虽然与传统的网络安全市场相比，企业级移动安全软件市场规模较小，但是越来越多的客户将企业级移动应用纳入未来发展的规划中并且作为战略重点。伴随着企业级移动应用建设高峰期的到来，企业级移动安全软件市场存在巨大潜力，从具体的产品类别来看，移动安全脆弱性管理，如提供移动终端设备数据擦除、密码管理、锁定、安全策略以及合规性管理的产品将保持较高的市场份额和增长率。

（三）网络安全厂商并购成为新趋势

网络安全产业是国内厂商占主导的优质新兴产业，目前国内厂商所占市场份额约为60%，由于在网络安全产业内，细分领域较多，行业内还未出现具有绝对影响力的龙头企业。面对层出不穷的安全攻击和威胁，单一厂商很难在安全的各个方面都做到技术领先，于是拥有资金、技术、平台等优势的企业希望通过并购等方式强强联手，快速提高自身的竞争力。在并购的过程中，具备较强外延扩张能力的企业具有最大的成长潜力，同时具备互联网思维和较强融资能力的企业大多能在并购初期获得最大的优势。

现有的并购大致分为两种：一种是互补型并购。随着网络安全防护需求的不断变化，厂商需要通过入股或者并购的方式快速引入一些新技术来弥补自身不足，通过整合其他厂商来补充现有产品线和技术，并购优质资产，优化资源配置，扩大企业业务覆盖面，进一步丰富和完善网络安全产品和服务链条，从而为客户提供综合的、完善的安全解决方案；一种是强强联合型并购。产品线相似度很高的厂商通过安全技术共享、资源整合做到优势互补，从而不断提升自身核心竞争力，以巩固市场渠道，快速扩大市场份额。

目前，投资并购已成为企业扩大业务版图，提升盈利能力，保持高速增长的有效途径，也创造了国内网络安全产业的新局面，为了保护自身业务和生态伙伴的安全，阿里巴巴等互联网巨头不断加大安全领域投入，其目的就是缔造一个安全的生态，建设一张更安全的互联网。但是机遇与挑战共存，投资并购后如何实现有效协同、合理配置资源、抓住市场机遇，是并购企业需要重点考虑的问题。

1. 腾讯投资知道创宇，联手启明星辰

2015年初，互联网公司腾讯对网络安全公司知道创宇进行了第二轮投资，这是2015年以来腾讯在网络安全领域最大的一次投资。据有关人士分析，腾讯此次的大笔投入将进一步提升知道创宇公司的实力，知道创宇的公司估值可能突破20亿元。腾讯此轮投资与其提出的"互联网＋"战略息息相关，腾讯作为一家互联网公司不仅需要完善在网络安全行业的市场战略布局，同时也更需要为未来的互联网打造一个更加安全的生态环境，从而保障"互联网＋"战略的顺利执行。此前，知道创宇与腾讯的合作集中在安全大数据方面，通过共享安全联盟网址黑白名单库来防范网络钓鱼欺诈，充分保护网民的权益，除此之外在反欺诈领域双方也展开了深度合作。在此轮投资后，腾讯与知道创宇将进行更加紧密的合作，双方计划面向政府和企业推出更加专业及优质的服务与产品。

2015年6月1日，腾讯公司宣布与启明星辰在企业级安全市场达成战略合作，面向企业市场推出全面的终端安全解决方案——云子可信网络防病毒系统。该系统充分融合了腾讯的杀毒引擎、安全云库、云引擎等核心技术优势，以及启明星辰多年服务企业安全的运营经验。

通过一系列举措，腾讯从个人、企业、国家等多个层级出发做好安全市场布局，安全公司也在腾讯的投资下得到快速的发展。

2. 阿里巴巴收购瀚海源

2015年6月11日，阿里巴巴集团宣布收购安全公司瀚海源，按照公司规模、市场环境进行折价后估算，此次收购金额至少高达十几亿元人民币。阿里巴巴作为中国最大的云计算服务商，旗下产品阿里云广泛应用于政府、金融及大型企事业单位，阿里巴巴此次收购主要是将瀚海源的优势项目：APT检测和漏洞检测应用于阿里云，增强阿里云的防护体系。

对于瀚海源而言，海量的网络数据、计算与数据分析能力是其选择加入阿里巴巴的关键。并购完成后，瀚海源将借助阿里云计算和集团大数据的优质资源继续进行技术创新、研究安全技术，应对包括APT攻击在内的下一代安全威胁的挑战，后续将推出面向更多企业的APT云防御、威胁情报体系等产品与服务。

3. 百度收购安全宝

2015年4月，互联网公司百度宣布全资收购安全企业安全宝，收购完成后安全宝团队将全面融入百度云安全体系，联手百度安全的现有团队为企业客户提供安全防护服务，包括帮助企业客服防范DDoS攻击及恶意攻击者入侵、提升Web响应及网站访问速度，保障DNS的健康稳定运行，提升网页搜索引擎权重等。

此次收购对百度而言是在云安全方面的一次强大的优势资源补充，此前安全宝和百度云加速均占有一定的市场份额，然而面对的用户群不同，收购完成后，百度云安全将全面形成能够覆盖大中小型网站及云加速服务全平台的云安全加速服务产品体系，市场份额接近30%，有望成为拥有最多客户资源的企业网络应用安全保护平台。收购为安全宝带来为大型网站和企业提供安全服务的优势和资源，双方的合作与融入是百度云安全企业服务方面的一次深度挖掘和水平提升。

附　　录

Appendix

B.9
2015网络安全大事记

1月

2 日　美国总统奥巴马签署总统行政令，宣布对朝鲜采取新的制裁措施，以报复朝鲜近期对索尼影业发起的网络攻击以及对美国电影业的恐怖威胁。

4 日　欧洲比特币交易平台 Bitstamp 被攻击，价值约 500 万美元的比特币被盗。

5 日　希腊安全研究人员乔治·查兹弗朗尼欧，开发了一个 Wi–Fi 钓鱼工具，可以盗取安全 Wi–Fi 无线网络用户的登录密码。该工具名为 Wi–Fi 钓鱼器（WifiPhisher），已经发布在知名软件开发网站 GitHub 上供用户任意下载。

6 日　伴随着公众对安全漏洞的关注度越来越高，美国召开了第 114 次国会。为阻止网络攻击带来的威胁，美国可能将通过立法促进商业和政府之间共享网络威胁情报。

7 日　德国政府网站遭黑客攻击，其中包括总理默克尔的网页。一自称为 CyberBerkut 的组织声称为此负责，要求德国停止支持乌克兰政府。

8 日　美国能源部公布《能源行业网络安全框架实施指导》，旨在帮助能源行业建立或调整现有的网络安全风险管理计划，以实现 2014 年 2 月国家标准与技术研究院发布的网络安全框架目标。

9 日　荷兰数据保护权威机构（DPA）就 Facebook 新的隐私政策进行相关调查。

12 日　美国中央司令部（United States Central Command，代号 USCENTCOM）的社交媒体账号被一个自称与"伊拉克和黎凡特伊斯兰国"有联系的组织侵入。

14 日　美国总统奥巴马在访问国家安全和通信中心时提出保护网络安全新举措，提议出台与保障网络安全相关的新法律，促进政府和企业之间能更广泛的共享网络安全信息。

15 日　美国副总统拜登宣布政府将投入 2500 万美元的资金支持网络安全人才的培养。

15 日　欧盟网络和信息安全局发布《2014 互联网基础设施威胁透视报告》，该报告面向互联网基础设施所有者、互联网组织、安全专家、安全指南开发与决策人员，详细介绍了互联网基础设施的设备结构和安全分类。

20 日　美国总统奥巴马在国会发表国情咨文演讲，强调网络安全的重要性，要求确保政府能利用情报信息打击网络犯罪，并敦促国会立法保护网络安全。

22 日　美国参议院和众议院推出《地理位置隐私监控法案》，旨在保护个人地理位置信息，通过该法案可以明确政府在何时采用何种方式收集个人 GPS 信息，防止个人信息被滥用。

23 日　美联社揭露美国医保官网 HealthCare. gov 向市场泄露患者数据。奥巴马政府否认该网站存在数据处理不当行为或者从事数据营销。

23 日 美国国家标准与技术研究院计划修改加密标准指南，并就指南提出大幅修改建议。

26 日 黑客组织"蜥蜴小队"（Lizard Squad）声称，马来西亚航空公司网站遭其攻击，并威胁会很快发布一些在航空公司网站服务器上掠夺的"战利品"。

28 日 欧盟委员会发布一项反恐计划，拟对进出欧洲的飞机乘客信息开展地毯式搜集。搜集内容包括 42 项个人信息，比如银行卡信息、家庭住址、饮食偏好等。这些信息将被存储在一个中央数据库长达 5 年时间，供警方和安全机构访问。

2月

4 日 趋势科技公司研究显示，名为 XAgent 的新型间谍软件出现。该软件瞄准安装 iOS7 和 iOS8 系统的 iPhone 手机，搜集个人信息并发送至远程服务器。

4 日 Marble 安全公司报告显示，移动应用程序中 42% 的恶意程序来自美国，通过谷歌或苹果移动应用商店传播，颠覆了此前"亚洲是恶意移动应用程序最大开发商"的传统观点。

5 日 美国国土安全部工业控制系统网络应急响应小组（ICS - CERT）指出，西门子 Ruggedcom WIN 固件内存存在三个漏洞。

5 日 美国医疗保险公司 Anthem 遭到网络袭击，约 8000 万人的信息遭到泄露。信息泄露的一个重要原因是 Anthem 公司未对数据进行加密。

6 日 英国政府出台《设备干扰操作规程草案》。草案规范了通过"计算机网络挖掘"技术突破加密空间、搜集公众敏感信息的方式，旨在为情报工作和打击网络恐怖主义提供官方支持。草案中首次定义了"安全机构的计算机间谍行为"。

6 日 美国联邦金融机构监管委员会（FFIEC）发布网络弹性防御指南，其在《业务持续性规划手册》内首次附加了一份 16 页的"加强外包技术服务的弹性"附录，特别强调关键网络的安全风险。

8 日 美国国防高级研究计划局（DARPA）表示，目前正在开发一种增强型搜索引擎 Memex，旨在深度挖掘暗网。其创新之处在于社会学在大数据中的运用，目前重点用于打击人口贩运及 Web 广告交流源头。

9 日 推特发布透明度报告，报告显示 2014 年下半年全球政府信息请求增长了 40%。美国政府成为信息索取最为频繁的国家，此前从未索取信息的俄罗斯政府也向推特发送了 108 条数据索取请求。此外，推特首次将非政府组织的请求数据也列在了报告之中。

10 日 名为 ISight 的网络公司指责中国黑客组织入侵福布斯网站，主要利用 Adobe Flash 和微软 Internet Explorer 9 的补丁进行攻击，目标瞄准美国银行和军事等相关部门。

10 日 以色列国防部启动网络安全孵化器计划。计划受到美国投资者的支持，将利用核心科技研究组开展密集而实际的研究工作。

10 日 日本政府在首相官邸召开"网络安全战略总部"首次会议，计划出台新版"网络安全战略"，力争在 6 月的内阁会议上获得通过。

11 日 CrowdStrike 安全公司发布《全球网络威胁报告》，指出全球网络面临新一轮的网络袭击，Goblin Panda、Flying Kitten 和 CyberBerkut 是三个最主要的网络威胁来源。

11 日 美国政府问责办公室（GAO）发布《2015 高风险名单报告》，指出联邦政府在网络安全策略方面面临挑战，几乎每个主要机构都存在显著的信息安全漏洞，联邦机构亟须全面改善信息安全方案和部门网络安全环境。

11 日 美国民主党参议员汤姆·卡珀向白宫提交了一份《网络威胁情报分享法》的法案，旨在加强私营企业和国土安全部的网络安全信息共享。

11 日 Facebook 推出网络威胁数据交换平台 Threat Exchange，平台允许推特、雅虎、Tumblr 和 Pinterest 等主要互联网公司共享网络威胁数据，共同应对网络安全方面的威胁。

12 日 美国国家标准与技术研究院推出第四轮补助资金，以资助在线身份验证系统的试行，提高网上交易的保密性、安全性和便利性。

13 日 白宫在斯坦福大学召开首届"网络安全和消费者保护峰会"。峰会由美国总统奥巴马和苹果公司首席执行官库克主持，主要围绕改善企业的网络安全实践和发展更安全的支付系统以及加密技术等问题进行讨论。

25 日 美国总统奥巴马签署总统令，成立网络威胁情报整合中心，加强美国应对网络威胁的能力。该中心在美国国家情报总监的领导下工作，负责整合分析各部门搜集到的情报，并为其他部门提供分析报告。

26 日 美国联邦通信委员会（FCC）通过了最严格的网络中立新规，该新规旨在加强对网络服务提供商的监管。根据规定，运营商针对流媒体视频、游戏和其他通过其网络传输的内容进行降速的行为将被认定为非法。

26 日 联想官方网站和谷歌越南网站遭到黑客组织"蜥蜴小队"（Lizard Squad）袭击。此次袭击为"域名劫持"，即通过攻击域名解析服务器把目标网站域名解析到错误的地址，从而实现用户无法访问目标网站的目的。

26 日 美国国家情报总监詹姆斯·克拉珀在参议院军事委员会上发布《全球威胁评估报告》。在网络威胁评估方面，报告认为当前网络威胁的形势依然严峻，主要体现在信息的保密性和可用性上。

3月

5 日 李克强总理在政府工作报告中首次提出"互联网＋"行动计划，并提出制订"互联网＋"行动计划，推动移动互联网、云计算、大数据、物联网等与现代制造业结合，促进电子商务、工业互联网和互联网金融健康发展，引导互联网企业扩展至国际市场。

17 日 美国联邦金融机构监管委员会在其信息技术检验手册中披露了相关计划，将目光集中在风险管理与监督、威胁情报与安全合作、网络安全控制与外部依赖管理、事务管理与事后恢复等几个方面。

19 日 《网络安全信息共享法案》（CISA）增加了几条隐私保护条款，

专家担心法案依然缺乏周全的保护。

24 日 英国政府发布名为《英国网络安全：保险在风险管理与缓解中的作用》报告，重点突出保险行业在降低网络安全风险中所发挥的作用。

25 日 英国政府宣布一项 500 万英镑的投资，以拓展贝尔法斯特安全信息技术中心（CSIT）的网络安全研究和创新能力。

25 日 美国众议院能源和商务小组委员会批准了《2015 数据安全及违约通知法》，旨在创建数据泄露通知的国家标准。

25 日 美国众议院监督委员会批准了《信息自由法》（FOIA）修正案，旨在提高公众获取政府文件和信息的自由度。

26 日 路透社报道称美国希望世贸组织关注中国即将通过的网络安全法规。美国认为，中国的银行业法规歧视外国科技公司。欧洲和日本官方也担心中国政府出台的技术法规影响全球贸易。

26 日 美国参议院投票通过网络中立法案的预算修正案，并获得了共和党和民主党的支持。

30 日 台湾方面声称大陆对台湾的网络攻击愈演愈烈，意欲与美建立紧密的网络安全合作关系。美国正在组织名为"网络风暴"的反黑客入侵演练，台湾地区领导人表达了加入的意愿。

4月

1 日 美国总统奥巴马签署一项行政令，一旦美国的关键基础设施和计算机系统遭到网络攻击导致严重损失，总统将宣布国家进入"紧急事态"，并可以对其他国家的个人及组织实施制裁。

7 日 美国海军网络司令部第十舰队执行主管兼信息官凯文·库利在弗吉尼亚州阿灵顿举行的 C4ISR 和网络会议上表示，根据一份即将发布的网络战略，美国海军正在进行战备，随时响应白宫发布的网络攻击命令。

8 日 美国国防部部长卡特和日本防卫大臣中谷元在东京联合新闻发布会上表示将更新联合防卫指南，加强两国在全球范围内新领域的合作，如太空和网络空间。

8 日 法语电视网络 TV5Monde 受到严重的网络攻击，广播频道被中断，网站和社交媒体账户也被劫持。

9 日 五角大楼推出了最新版"更优购买力3.0"（BBP 3.0）采购改革方案，重点增加了网络安全领域的采购。

10 日 美国加州伯克利大学、国际计算机科学研究所和多伦多大学的专家联合发布了一篇名为《中国大炮》的报告，分析描述了中国采用一种名为"大炮"（Great Cannon）的独立网络攻击工具，对 GitHub 网站和 GreatFire 网站发动 DDoS 网络攻击。

12 日 网络安全公司火眼发布 APT 30 技术报告，称有黑客组织自2005年以来一直对隔离网络实施攻击。

13 日 美国众议院推出《国家网络安全保护进步法案》（NCPA），该法案旨在鼓励企业与政府机构共享网络威胁信息，并着重保护网络用户隐私。

15 日 美国众议院能源和商务委员会投票（29：20）批准了《数据泄露通知法案》。该法案只获得共和党人支持，甚至其联合发起者众议员彼得·韦尔奇也投了反对票。

16 日 参议员汤姆·卡珀和罗伊·布朗特推出了参议院的《数据安全法》。

20 日 美国信息安全大会在旧金山莫斯康尼会议中心举行。大会以"变化：挑战当今的安全理念"为主题。

22 日 美国众议院以307票赞同对116票反对通过了《保护网络法案》（*Protecting Cyber Network Act*）。

23 日 美国国防部发布《国防部网络战略》，首次明确提出将威慑作为其战略目标。

28 日 白宫表示将通过共享威胁信息来加强和扩展与日本在网络安全事务方面的合作。

30 日 众议院司法委员会批准了《美国自由法案》，将禁止国家安全局秘密进行的大规模收集记录的做法。

5月

5 日　美国众议院推出一项禁止政府以协助调查和监测为由要求添加后门的法案。

6 日　美国国防部部长卡特出席听证会，阐述了网络人才引进计划细节，他表示国防部决定在硅谷建立一个名为"国防创新 X 单元"（Defense Innovation Unit X）的永久性国防部推广中心。

8 日　中俄外长在两国元首见证下签署了《中华人民共和国政府和俄罗斯联邦政府关于在保障国际信息安全领域合作协定》。

11 日　美国国家安全局局长迈克尔·罗杰斯在乔治·华盛顿大学发表讲话称，由于美国政府对网络行为来源的精确定位能力越来越强，敌对国家可能会越来越多地利用代理发动网络攻击。

12 日　《时代周刊》发布报告称，德国 BND 情报机构每月向美国国家安全局发送海量电话和文本数据。

13 日　CrowdStrike 安全公司公布了一个名为"Venom"的安全漏洞，可能导致数以千计采用云主机的企业及其客户的知识产权或个人数据泄露。

13 日　美国众议院以 338 票赞成比 88 票反对通过了《美国自由法案》。这一法案的目的是终止美国国家安全局大规模收集元数据的行为。

15 日　美国国会众议院以 269∶151 投票通过了《国防授权法案》（NDAA）。

15 日　宾夕法尼亚州立大学对外发布了数据泄露的相关情况。计算机工程学院的网络遭受了两次复杂的网络攻击，其中至少有一次被认为是由中国发动。

18 日　圣路易斯联邦储备银行发表声明称，黑客对其网站发动了钓鱼攻击，劫持了域名服务器设置，并将访问者重新定向到极为相像的受攻击者控制的网站。

21 日　美国国土安全部发布一项紧急指令，要求所有机构在 30 天内修复面向 Internet 系统内的最关键的漏洞。

25 日 互联网安全联盟（ISA）鼓励美国商务部与私营机构合作，明确成本效益、奖励和优先权的需求，以刺激 NIST 框架的使用。

26 日 伊朗网络警察局（FATA）局长赛义德·卡迈·哈迪发在德黑兰网络犯罪论坛上宣布，网络攻击应急中心在 3 月 21 ~ 24 日成功抵御了美国黑客对石油部门发动的攻击。

26 日 美国国税局（IRS）局长约翰·柯斯基宁（John Koskinen）表示，从 2 月到 5 月的 4 个月中，约 10 万美国纳税人的纳税申报单信息被网络犯罪分子非法获取。

27 日 美国国家安全局局长迈克尔·罗杰斯在爱沙尼亚举办的网络战会议上表示，网络领域类似于海洋领域，不是由单一国家管理。既然已经创建了海洋法规，也可以在网络空间做同样事情来确保信息流通、商务流通和思想流通。

28 日 联合国人权事务高级专员办事处发布一份报告称，强大的加密是行使基本人权的根本，应得到强有力的保护。

31 日 美国参议院以 77 票赞成 17 票反对的结果决定将《美国自由法案》的最终投票时间延长至 6 月 2 日之前。

6月

1 ~ 7 日 第二届国家网络安全宣传周启动仪式 1 日在中国科技馆举行。整个宣传周期间，"感知身边的网络安全"公众体验展参观人数达到 2.5 万人次，主题日专家讲座举办了 20 余场，近 1000 名观众参加讲座。张贴海报 2.5 万张，发放《网络安全知识手册》5 万册，央视《焦点访谈》《今日说法》《走进科学》《佳片有约》等栏目持续播放宣传周相关节目。强势的宣传报道，使其传播力、覆盖力、影响力都达到了新的高度。

1 日 美国国会两名精通科技的议员威尔·赫德和泰德·雷致信 FBI，强烈反对 FBI 企图迫使企业利用产品的缺陷安装加密程序。

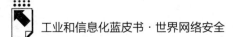

1 日　联合国核能监管部门表示，全球的核设施每日都会受到网络攻击。

2 日　美国参议院以 67 票赞成 34 票反对的结果通过了众议院之前通过的《美国自由法案》。

2 日　欧洲信息安全会议在伦敦召开，英国情报机构 GCHQ 在开幕式上回避讨论英国目前的监控和隐私政策。

5 日　美国人事管理局（OPM）承认在 4 月发现遭受黑客攻击，造成大规模数据泄露，涉及大量现任和前任政府雇员的个人信息。参议院情报委员会官员称是中国黑客所为。

8 日　美国信息技术产业协会（ITI）和软件与信息产业协会（SIIA）再次致信奥巴马，强调反对任何破坏加密的政策行动或措施。

8 日　白宫宣布到 2017 年所有联邦网站必须只使用 HTTPS。

9 日　美参议院国防拨款小组委员会通过决议，在 2016 财年为国防支出拨款 5759 亿美元，其中 2 亿美元用于评估国防设备面临的网络威胁。

9 日　朝鲜《劳动新闻》发布文章称，朝鲜将向美国发动一次网络攻击。

9 日　美国众议院通过一项议案，决定永久性延长《互联网免税法案》（*Internet Tax Freedom Act*）的效力。

10 日　美国众议院小组委员会批准了一项法案，要求奥巴马政府在交出互联网监督权之前给予白宫 30 天时间以审查任何最终计划。

12 日　美国管理和预算办公室发布网络安全规则文档，希望有助于加强政府系统应对网络攻击。

15 日　欧盟委员会发布了一份期待已久且颇具争议的网络隐私计划，使欧盟数据保护法律改革更趋于现实。

16 日　美国参议院国土安全拨款小组委员会批准了一项涉及 471 亿美元的国土安全部开支法案，其中包括网络安全项目开支。

16 日　美国众议院情报委员会通过《2016 年情报授权法案》，定义了网络威胁情报整合中心（CTIIC）的角色和职责。

17 日　美国众议院能源和商务委员会在短暂的听证会后以口头投票的方式通过了《互联网泡沫法案》（*DOTCOM Act*），在美国放弃的互联网域名系统控制计划中赋予国会更多的监督权。

17 日　美国国务院官员参加为期三天的北美领导人峰会，以加强与邻国加拿大和墨西哥的网络合作。

19 日　《中国互联网协会漏洞信息披露和处置自律公约》在京签署，公约提出漏洞信息披露的"客观、适时、适度"三原则。

19 日　《华盛顿邮报》称美国人事管理局（OPM）数据泄露事件的幕后黑客已经潜入 OPM 系统长达一年时间。

21 日　黑客网络攻击波兰华沙肖邦机场的 IT 系统持续大约 5 个小时，并且扰乱了用来发布飞行计划的电脑。

22 日　美国国家标准与技术研究院公布了其为联邦机构制定的新指南的最后版本，旨在当联邦信息存储在非联邦信息系统和组织中时，确保敏感的联邦信息的保密性。

23 日　维基解密网站发布文件推断，近十几年美国经常暗中监视多位法国领导人，包括现任总统奥朗德。

23 日　Vectra 网络公司发布一份网络入侵结果报告，通过横向移动和检测分析，发现有针对性的攻击数量大幅增加。

23 日　赛门铁克发布了有关恶意软件 Dyre 及其对金融诈骗影响的白皮书，并指出该恶意软件的目标是三个主要的浏览器（IE、火狐和 Chrome），以及超过 1000 家银行和其他世界各地的公司的目标客户。

24 日　法国总统奥朗德与美国总统奥巴马通电话，讨论美国国家安全局先后监听法国三任总统的事件。

25 日　美国国防部部长卡特在为期两天的北约国防部长会议上请求北约盟国更多地参与网络作战演习。

25 日　美国国家情报总监克拉珀表示，中国黑客是数以百万计联邦政府人事档案被窃事件的幕后黑手。

7月

1日 十二届全国人大常委会第十五次会议表决通过新的《国家安全法》，新法要求建设网络与信息安全保障体系，提升网络与信息安全保护能力，实现网络和信息核心技术、关键信息基础设施和重要领域信息系统及数据的安全可控。

1日 美国海军与佐治亚理工学院签署一份为期3年的网络安全研究合同。

2日 美国国家网络安全卓越中心（NCCoE）为电子邮件和PIV凭证提出两个新型构建模块："基于域名名称系统的电子邮件安全"和"PIV凭证派生"。

3日 中德互联网产业圆桌会议在柏林召开，与会代表围绕中国"互联网+"、德国"工业4.0"、中德互联网产业合作等主题进行了热烈深入讨论，达成广泛共识。

4日 美国退伍军人事务局（VA）认为，因为国土安全部的"爱因斯坦"系统效果显著，使得过去两个月内VA网络和系统感染恶意软件的数量显著下降。

6日 意大利监测软件公司黑客团队Hacking Team遭到黑客攻击，导致400G的电子邮件、文档和其他敏感数据泄露。

7日 网络安全巨头趋势科技和英国国家打击犯罪局（NCA）签署了具有重大意义的合约，两个组织将以虚拟团队的形式合作。

8日 因软件和路由器故障，纽约证券交易所的所有证券交易突然停止。

8日 韩国总统朴槿惠表示，为更好地打击潜在的网络攻击行为，推动网络安全技术开发，保障韩国网络空间安全，将加大网络安全投入，但未详细说明网络投入细节。

9日 英国爱丁堡理事会遭受网络攻击，导致超过13000个邮件地址被泄露。

9 日　经过欧盟三个立法委员会的谈判后，欧盟公布了《网络中立法案》，其目的在于保证通过访问供应商可以不用任何流量地访问在线内容和服务。

11 日　因2150万人的数据泄露问题，美国人事管理局（OPM）局长凯瑟琳·阿丘利塔宣布辞职。

14 日　美国公民自由协会（ACLU）向美国第二巡回上诉法庭提交禁令请求，要求裁决立即封存美国国家安全局保存的大部分国内通话记录。

15 日　美国联邦调查局（FBI）宣称，联合国际执法机构对网络犯罪论坛 Darkode 实施了抓捕行动，逮捕了70名论坛成员和同伙。

15 日　美国参议院司法委员会主席查克·格拉斯利致信联邦调查局（FBI）表示，FBI 与意大利 Hacking Team 黑客公司的地下交易可能已经触犯了法律。

21 日　针对意大利 Hacking Team 黑客公司泄露超过400GB 敏感信息事件，美国 Rook 安全公司和 Facebook 纷纷发布免费安全工具。

22 日　巴基斯坦电信局（PTA）声称，巴基斯坦计划以国家安全为由在今年年底关闭国内黑莓的安全信息服务。

23 日　惠普 Fortify 安全软件发现了它测试的智能手表存在重大漏洞，包括身份验证不足、缺乏加密和隐私问题。

23 日　联邦调查局官员声称，现在美国每年因贸易机密、知识产权、销售和定价信息以及其他公司数据被窃损失数千亿美元，对美国国家安全构成威胁。

23 日　《法国间谍法案》获得宪法委员会批准。该法案允许情报部门以反恐调查为由，无须法院授权便可收集挖掘任何人的移动电话和电子邮件记录。

23 日　日本内政和通信部为2020年东京奥运会提出了一项网络安全提案，要求从2016财政年始，在接下来的4年内计划增加200亿日元（1.03亿英镑）的政府预算。

24 日　联合国人权委员会发布报告抨击法国最新通过的间谍法案，报告指出"该法案针对目标过于广泛而且未明确界定，监控权力过于宽泛"。

24 日　美国国防信息系统发布了 3 个云安全文件，包括两个新的指导要求和一个新的操作规范。

27 日　网络安全公司 Zimperium 在 Android 设备中发现了一处安全漏洞，允许黑客远程访问 Android 设备。该漏洞影响 Android 2.2 至 5.1 版本，预计当前约有 95% 即多达 9.5 亿部使用安卓系统的智能手机受到影响。

27 日　美国国家情报总监办公室（ODNI）宣布，11 月 29 日之后国家安全局将无法访问所收集的零散电话数据。

28 日　意大利发布《互联网权力宣言》，这是议会第一次产生符合宪法并具有国际视野的互联网权力宣言，旨在建立一个促进自由、和平和有权访问任何网络空间的国际法律框架协议。

28 日　澳大利亚网络安全中心（ACSC）发布《2015 澳大利亚网络安全中心威胁报告》，这是联邦机构首次公开非保密性网络威胁报告。报告指出澳大利亚机构存在的网络威胁仍在持续增长，并通过案例研究对网络威胁活动提出警告。

29 日　火眼公司发布最新报告称，被怀疑的俄罗斯黑客组织"APT29"正在通过巧妙的方式利用 Twitter 来掩饰所使用的恶意软件窃取数据的行为。

29 日　美国参议院国土安全和政府事务委员会以 9∶0 通过了《2015 联邦网络安全加强法案》，旨在通过要求部署国家最先进工具来增强联邦政府机构网络安全。

31 日　国际互联网专家组发布文件，要求美国将非营利组织互联网名称与数字地址分配机构（ICANN）的管理权转交给国际利益共同体。

8月

4 日　在拉斯维加斯举行的黑帽技术大会上，RSA Research 发布了有关中国商业 VPN 服务的报告，称中国的 VPN 正在恶意、有效并迅速地征集世界各地有漏洞的服务器。

5 日 美国国家标准与技术研究院发布了最终版"安全散列算法 – 3（SHA –3）"标准，用于保护电子信息的完整性。

5 日 英国手机零售商 Carphone Warehouse 公司遭到网络攻击，可能导致高达 240 万份个人资料泄露，还可能包括 9 万名客户的加密信用卡信息。

11 日 美国 19 家商业游说团体致信奥巴马政府，呼吁奥巴马提高对信息和通信技术（ICT）行业的关注。商业游说团体指出，中国担心国家安全受到美国技术普及的威胁，颁布了一系列新的法律。

17 日 美国国税局称又发现 22 万个纳税人账户信息被泄露，使数据泄露总数可能高达 33. 4 万个。

18 日 微软通过 IE11 发布了一款针对 IE7 的安全更新补丁，以此来应对 IE7 的内存崩溃漏洞。

19 日 联合国表示持续关注有关美国电话电报公司（AT&T）协助美国窃听联合国总部通信的报道，并宣布将在未来几个月招标新的通信合作商。

20 日 日本政府在首相官邸召开了由阁僚和专家组成的"网络安全战略总部"会议，敲定了"网络安全战略"修改方案。新战略把网络攻击受害的监管防范对象范围扩大到"独立行政法人"及部分"特殊法人"。

20 日 线上交友网站 Ashley Madison 大规模数据泄露引发对多伦多 Avid Life 传媒公司的集体诉讼。该诉讼在加拿大发起，共索赔 5. 77 亿美元。

24 日 美国联邦上诉法院裁定，联邦贸易委员会（FTC）有权对疏于防范网络安全漏洞的企业采取执法行动。

25 日 流行代码库网站 GitHub 遭受 DDoS 攻击，攻击者发动此次攻击的目的是让合法用户的目标地址不可用。

25 日 美国国家标准技术研究院国家网络安全中心（NCCoE）公布了最新网络安全指南草案，重点在于帮助能源企业降低网络安全风险以及如何就基础设施和设备实施访问控制。

26 日 日本首相安倍晋三与美国总统奥巴马举行电话会谈，针对此前"维基解密网站"爆出的美国监听日本政府及企业高层等问题交换意见。

27 日　爱沙尼亚国防军上校阿图尔·苏兹克移交北约网络合作防御卓越中心的指挥权。

28 日　美国参议院军事委员会主席约翰·麦凯恩在菲尼克斯举办的 Valley Partnership 会议上表示，尽管美国在安全领域的许多方面上保持优势，但在应对俄中黑客的网络安全方面处于不利地位。

9月

1 日　俄罗斯政府正式实施一项新法律，要求公司只能在俄境内存储俄罗斯公民的数据，旨在确保国内安全机构对在线数据更多的访问权限，并削减外国尤其是美国的访问权限。

1 日　美国人事管理局和国防部给予身份盗窃保护解决方案公司（ID Experts）一份为期 3 年总值 1.33 亿美元的合同，该公司将为 2150 万名 OPM 受害者及其未成年子女提供一整套保护服务。

1 日　英国国家打击犯罪局网站因遭到"分布式拒绝服务攻击"（DDoS）而短暂瘫痪，著名黑客组织"蜥蜴小队"声称对此负责。

3 日　美国国土安全部在圣安东尼奥市给予得克萨斯州大学 1100 万美元，后者将制定新的网络信息共享群标准，以便建立和运行信息共享和分析组织。

6 日　国务院印发的《促进大数据发展行动纲要》对外公开，提出未来 5 至 10 年中国大数据发展和应用应实现的目标。

7 日　印度内政部长拉杰纳特·辛格和俄罗斯内务部长弗拉基米尔·科洛科利采夫讨论了携手打击恐怖主义网络的方式并达成协议，成立网络安全和反恐专家小组，共同分享专业培训和专家交流方面的经验。

8 日　杀毒软件迈克菲（McAfee）的创始人约翰·迈克菲向美联邦竞选委员会提交竞选书面文件，宣称以自建的新党派"网络党"（Cyber Party）党首身份竞选 2016 年美国总统。

9 日 美国国家网络安全中心（NCSC）发起反网络钓鱼行动，NCSC 将利用短视频、海报、书籍等形式宣传维护网络安全的行为规范。

9 日 美国中央情报局局长詹姆斯·克拉珀在众议院情报委员会上警告国会，未来网络数据窃取很可能涉及篡改数据信息，损害数据完整性。

10 日 美国联邦调查局局长詹姆斯·科米指出，一些大的互联网公司设置加密后门只是为了能够阅读电子邮件以便发送相关广告，从安全角度来看不存在"致命"的漏洞。

10 日 Security Scorecard 公司发布了一份关于近 500 所大学的安全报告。该公司对 1000 多个 IP 地址进行了研究，并对网络安全情况进行打分，得分最高的学校分别是默塞德社区学院、康考迪亚大学和亚当斯州立大学，得分最低的是麻省理工学院、新墨西哥州立大学和剑桥大学。

11 日 美国司法部撤销了对天普大学物理系教授郗小星的所有指控。在此之前，美国检察官和联邦调查局特工由于对核心技术不了解，在没有认真调查研究的情况下，便草率控告郗教授是中国间谍。

12 日 中美高官结束了为期四天的关于网络安全及其他问题的会议，双方就"网络问题进行了开诚布公的交流"。

15 日 美国火眼公司 Mandiant 团队发现乌克兰、菲律宾、墨西哥和印度 4 个国家的 14 个思科路由器被植入了"SYNful Knock"恶意软件。

16 日 美国民主党两名参议员爱德华·马基和理查德·布鲁门瑟致信宝马、菲亚特、福特、通用、丰田和大众等 18 家汽车制造商，向其询问对 2015 款与 2016 款车型采取的防黑客攻击措施。

16 日 谷歌在《电子通信隐私法》修订听证会上宣布，尽管执法部门官员警告称该加密技术将妨碍执法调查，但其仍将继续推进用户数据加密。

16 日 美国司法部部长林奇表示，美国司法部计划向欧洲网络犯罪中心（EC3）委派一名检察官，以更好地打击来自欧洲对美国的网络攻击。

17 日 苹果开发环境工具 Xcode 被曝遭恶意代码入侵植入后门，App Store 上超过 3000 个应用被感染。

17 日 第 6 届年度比灵顿网络安全峰会在华盛顿举办。美国网络司令部副司令凯文·麦克劳林在会上表示，该部门正在建造一个大型电子控制系统，以向军方计算机网络、武器系统和设施的安全缺陷提供一个综合分析概述，并协助技术人员修复它们。

21 日 基于《网络空间可信身份国家战略》，美国商务部宣布为"应对持续增长的网络威胁，保持网络经济增长"，将向多个旨在保护在线交易与电子医疗信息隐私并打击网络税务欺诈行为的私营部门试点项目投资 370 万美元。

22 日 美国公民自由联盟（ACLU）敦促参众两院有关人员通过扩大加密范围、加强加密手段、主动使用安全技术等方式来更好地确保国会及工作人员的信息安全。

23 日 美国网络安全公司 Threat Connect 以及防务集团公司（DGI）联合发布报告《Camera Shy 项目：聚焦中国 78020 部队》，报告称解放军军官葛星长期从事针对东南亚国家的政治、经济、军事、社会情报网络间谍活动。

23 日 第八届中美互联网论坛在美国西雅图举办。

24 日 美国国防信息系统局与一家高科技公司 Advanced Onion 秘密达成了一笔 180 万美元的交易，用于邮件地址定位服务。

25 日 中国国家主席习近平与美国总统奥巴马在白宫会晤，两位领导人在随后的联合记者会上共同宣布，中美两国就共同打击网络犯罪达成共识，共同承诺双方不会从事或者在知情情况下支持网络商业窃密活动。

27 日 美国司法部发布报告称，2014 年美国身份失窃的受害者总数高达 1800 万人，其中大部分为信用卡和银行账户的受害者。

27 日 美国经济增长、能源和环境事务部副部长凯瑟琳·诺维利（Catherine Novelli）在主题为"数字时代发展"的联合国大会上提出了名为"全球连通"的外交倡议，希望到 2020 年解决 15 亿人的网络缺乏问题。

28 日 美国国防部高级研究计划局（DARPA）发表声明称，其信息创新办公室计划斥资数千万美元用于物联网的技术研发。该项目分为三个阶段，第一、二阶段各 18 个月，第三阶段为期一年。

29 日　主题为"数据驱动安全"的 2015 中国互联网安全大会在北京国家会议中心召开。中国以及来自美国、以色列、澳大利亚、韩国等国家的 120 位全球顶级安全专家共同探讨网络安全行业未来。

10 月

1 日　白宫内阁会议通过了"不再追加任何要求公司为执法部门提供解密数据的法案"的决议，结束了长达数月的争论。

6 日　欧盟最高法院宣布欧盟与美国之间的数据传输协议即"安全港"协议无效，欧盟委员会为平息恐慌，声称将提供明确的变通方法，并重新商定相关协议。

7 日　美国监察长办公室（IG）公布的审计报告称，在美国邮政服务遭遇恶意邮件攻击的数月之后，仍有近 1/4 的机构雇员未通过模拟钓鱼邮件攻击测试。

8 日　美国国防部高级研究计划局（DARPA）主任普拉巴卡尔在《基督教科学箴言报》的 Passcode 会议上表示，DARPA 的网络安全目标依然是研究基础技术。

9 日　美国国家网络任务部队指挥官 Paul Nakasone 在战略与国际研究中心表示，作为国防部网络战略的一部分，国家网络任务部队在网络防御培训中取得"显著成果"，现在已进入实景演练阶段。

10 日　位于日本东部地区的成田机场和名古屋机场的网站均遭受了不明组织的攻击。

12 日　IBM 与金融服务信息共享和分析中心（FS – ISAC）达成协议，允许 FS – ISAC 会员直接通过 IBM 网络威胁情报共享平台 X – Force Exchange 访问 IBM 前沿的网络威胁研究和分析数据。

13 日　美国陆军总部网络空间和信息作战部部长奇卡莱塞表示，陆军正在准备一份新的网络空间战略，涉及采购政策、指挥控制以及私营部门服务等。

14 日 上海合作组织成员国主管机关在福建省厦门市成功举行了"厦门－2015"网络反恐演习。

19 日 第六届中英互联网圆桌会议在伦敦开幕。会后，中英两国领导人进行会晤并签署两国首个网络安全协议。

20 日 谷歌、脸书、亚马逊和其他大型科技公司联手反对将在未来几周内接受美国参议院审议的《网络安全信息共享法案》（CISA），因为 CISA 旨在让私营企业与政府共享威胁情报。

20 日 国际信息系统审计协会（ISACA）发布的《2015 高级持续性威胁态势研究》报告表明，超过 1/4 的全球性组织遭受过高级持续性威胁（APT）。

20 日 美国联邦政府首席信息技术官托尼·斯考特表示联邦政府首席信息办公室不日将公布联邦政府网络安全行动计划——网络安全突击实施计划（Cybersecurity Sprint Implementation Plan）。

21 日 中英两国签署网络犯罪议题"高层安全对话"协定，以阻止中英企业之间开展诸如窃取对方公司知识产权或使其计算机系统瘫痪的网络经济间谍活动。

22 日 Trustwave SpiderLabs 研究人员发现，仅次于 Word Press 的全球流行的第二大内容管理系统 Joomla 存在严重 SQL 注入漏洞。

26 日 美国国土安全部资深网络安全战略专家汤姆·菲南表示，国土安全部日前正尝试建立网络攻击事件数据储存库，以帮助网络安全保险商获取更加丰富的网络威胁数据，从而提供更加成熟的保险产品，为网络攻击事件可能引发的财产损失与人身伤害提供保险。

27 日 美参议院以 74 票对 21 票通过了《网络安全信息共享法案》（CISA）。

27 日 网络安全情报公司 Recorded Future 称，随着安卓设备在中东地区日益普及，伊朗黑客对能窃取安卓设备数据的恶意软件也表示了强烈兴趣。

29 日 美国计算机行业协会（CompTIA）发布了一项帮助员工学习网络安全规范的培训课程，名为"CompTIA 网络安全"。

11月

2 日 白宫发布新的政府网络行动计划，旨在更好地应对网络安全事件，保护联邦政府持有的最高价值的信息资产。

3 日 首届中国互联网安全领袖峰会（Cyber Security Summit）在国家会议中心举行。包括百度、阿里巴巴、腾讯在内的行业领袖对话网络安全，发出"建立产业链安全协同机制"的呼吁。

3 日 美国司法部和联邦通信委员会（FCC）对一家在美国各大城市播送亲中国政府新闻节目的加州公司（G&E 公司）展开调查。公司负责人称他们的广播业务是合法的。

3 日 美国国务院官员称，今年的亚太经合组织（APEC）会议将在促进数字经济的框架下讨论如何清除限制网络自由的障碍。美国支持在 APEC 会议期间讨论如何找出阻碍信息自由流动的障碍，并在未来几年进一步思考如何应对数字经济这一重要的 APEC 贸易议题。

4 日 Skycure 公司发布首份移动威胁智能报告，发现企业和个人的移动设备威胁呈上升趋势，41% 的移动设备处于中高风险级别，2% 的移动设备已经感染了恶意软件。

4 日 英国同意科技公司保留加密技术。英国政府的调查权法案建议诸如苹果和谷歌这样的科技公司为加密设备和服务保留解密钥匙。

5 日 美国人事管理局设立网络安全高级顾问，是其制定长期战略的一部分，有助于提高美国政府的网络防御水平。

5 日 奥巴马政府发布了《跨太平洋伙伴关系协定》（TPP）的全文，其中包含了遏制数字化窃取商业秘密的条款，要求 TPP 缔约国通过法律手段阻止盗用商业秘密。白宫可能希望借此向中国施压，减少中国的网络盗窃行为。

6 日 美国众议院国土安全委员会批准了两项有关网络安全的法案，旨在帮助国家抵御黑客攻击。这两个法案都是国会正在进行的促进发挥国土安全部作用努力的一部分。

9日 火眼公司称其未达到预期的季度收益，火眼公司董事长戴夫·德沃特（Dave DeWalt）将其归咎于习主席访美期间宣布的中美网络协议。

10日 美国七位众议院民主党人访华商讨网络安全事宜。

10日 黑客组织 Crackas With Attitude（CWA）声称已经获得了中央情报局执法机关门户网站的访问权限，该网站可与全球各国的执法机构共享与紧急救援、刑事制裁、反恐行动、情报搜集相关的信息。

11日 苹果公司首席执行官库克对英国政府提出的监督权力给予严厉批判，并警告允许间谍通过后门侵入公民通信系统可能会造成"非常可怕的后果"。

12日 共和党候选人特朗普和克里斯蒂均表示在网络安全方面会报复中国。2016年美国大选将网络安全政策也纳入其中。

12日 德国柏林公共广播电台最新发布报告称，德国联邦情报局（BND）已经对一系列目标开展间谍活动，包括法国外长洛朗·法比尤斯（Laurent Fabius）、海牙国际法庭、美国联邦调查局、联合国儿童基金会和世界卫生组织等。

13日 欧盟谈判人员在同美方达成个人数据传送协议的谈判中，要求美国公司披露情报机构对欧洲公民信息的请求获取情况。

17日 英国首相卡梅伦称，英国将帮助印度建立网络安全中心，两国共同努力建立一个新的网络安全培训中心和一个新的网络犯罪分析系统。

17日 黑客组织"匿名者"（Anonymous）对ISIS恐怖分子宣战，旨在报复恐怖分子对巴黎的袭击。该黑客组织警告ISIS恐怖分子，称恐怖分子此次的袭击行动不可饶恕，因此世界范围内的 Anonymous 黑客成员都将展开追踪行动。

18日 英国财政大臣乔治·奥斯本（George Osborne）公开宣布，继本周末发生恐怖分子袭击巴黎事件后，英国决定投入双倍资金打击网络犯罪。

18日 世界最富裕国家领导人峰会（G20峰会）对禁止商业黑客间谍活动达成一致，首次承诺不进行网络经济间谍行为。这是为减少网络紧张局势而达成的第一次主要的高规格国际共识。

19 日　多名网络安全专家透露称，美国情报部门或有与开发加密工具的初创软件公司合作的可能，利用开放技术基金（OTF）资助研发商业加密应用程序（App），通过掌握加密技术来寻找破解加密的方法，从而监控恐怖犯罪活动。

20 日　美国反情报主任比尔·文尼纳（Bill Evanina）表示他从美国的私营企业里并没有看到任何改变的迹象，中国依然像以往那样对美国进行间谍活动。

23 日　多家网络安全公司证实，在巴黎袭击发生前数周，受恶意软件攻击的用户数量增多。另有消息称，法国遭受的一起网络攻击可能影响到了警方监控系统。

23 日　在中美商贸联委会（JCCT）上，中美双方在减少商业秘密盗窃和保护知识产权方面取得了"积极"的进展。美国商务部称，这表示了奥巴马政府在试图遏制中国大规模网络盗窃美国知识产权的行动中取得了一小步进展。

24 日　北约大部分国家和其他伙伴国进行北约最大的网络防御演习。比利时计划以发起国的身份加入，相关谈判已展开。

25 日　趋势科技公司称中国网络犯罪违法行为已经升级，搜索引擎能帮助暗网使用者找到泄露的资料，而 ATM 和 POS 盗卡机则利用消费者日趋使用的非现金付款方式，来盗取其银行卡信息。

25 日　英国政府建立战略防务与安全审查机制，并承诺到 2020 年额外投入 19 亿英镑用于网络安全领域，新招募 1900 名间谍。预备部队增至 3.5 万人，包括组建两支可参与战略通信、混合战争并提供战场情报的混编战斗旅。

26 日　美国内政部监察办公室备忘录称，最近几年内政部遭到来自中国等国家的网络间谍和黑客入侵 19 次，导致敏感数据丢失和机构业务中断。

27 日　英国国家打击犯罪局（NCA）国家网络犯罪调查组和趋势科技公司联合开展行动打击网络犯罪，经营 reFUD. me 网站的 2 名年轻人被捕，其网站被关闭。

30 日　澳洲电信大量设备遭到数据拦截，大量的设备处于易受攻击的状态。

12 月

1 日　美国联邦调查局首次被曝没有搜查令也可以发送"国家安全信函"，强迫公司提交用户数据。

1 日　在南亚各国政府以安全理由禁止黑莓服务器在境内使用之后，黑莓决定将停止在巴基斯坦的商业运营。

1 日　国务委员郭声琨与美国司法部部长林奇、国土安全部部长约翰逊共同主持首次中美打击网络犯罪及相关事项高级别联合对话。

2 日　美国针对国家间谍机构政策的法案以口头表决形式顺利通过。法案重点关注网络安全问题，涉及空间情报能力等领域。

3 日　欧洲刑警组织获得打击恐怖主义、网络犯罪和其他跨国犯罪的新权力。经欧洲议会同意，欧洲刑警组织将立即建立新机构以应对包括恐怖主义在内的新兴威胁。

4 日　中国官方媒体将今年 6 月针对美国人事管理局的网络攻击事件归咎为黑客犯罪，绝非是美方之前怀疑的政府支持的网络攻击。

7 日　白宫宣布将计划建立一个新的隐私保护委员会，作为一个隐私保护战略思维的生态系统发挥作用。该委员会还将制定指南和标准等来落实隐私保护政策。

7 日　美国和欧盟将举办第二届网络空间年度对话。一系列会议将在华盛顿举行，双方将致力于建立网络行为准则、探讨如何更好地推进网络信息隐私的权利和更广泛地探索改善全球网络安全的方式。

8 日　美国总统奥巴马再次呼吁硅谷的互联网企业为执法部门和情报机构提供帮助，监控加密信息和与恐怖分子相关的活动迹象，同时警告称美国的恐怖主义"已进入新阶段"。

8 日 国际刑警组织、欧洲刑警组织及美国、加拿大、俄罗斯、印度、土耳其等国执法机构与微软等网络安全服务商合作，开展联合行动对 100 多万台遭受 Dorkbot 恶意程序感染的电脑进行清理。

9 日 欧盟达成首个网络安全法案，要求在发生严重网络安全漏洞事件的情况下，能源和金融等领域的企业需履行安全和报告义务。

10 日 包括易捷航空、奇尔特恩铁路、爱尔兰航空、亚洲航空和加拿大航空在内的几家大航空公司和铁路公司的手机网站和应用程序中被发现存在严重的安全漏洞，支付数据和敏感个人身份信息被泄露。

11 日 "匿名者"黑客组织攻入日本首相安倍晋三的官方网站，以抗议日本捕鲸计划。内阁官房长官菅义伟证实此事，并表示警方已展开调查。日本多家政府和其他机构网站近期相继遭黑客攻击。"匿名者"已经认领其中数十起攻击。

11 日 为保护商业和基础设施免受网络攻击，新西兰成立国家计算机紧急响应组。

14 日 丹麦国会网站 folketinget. dk 因遭受 DDoS 攻击被迫下线，丹麦政府方面并不知晓此次攻击是何人所为。此次事件是全世界范围内政府网站遭袭击的最新案例。

15 日 英国国家打击犯罪局进行了一场国际网络犯罪应急反应演习，旨在测试应对一场模拟网络袭击时，多部门的合作效率。行动参加人员包括来自美国联邦调查局、保加利亚、格鲁吉亚、立陶宛、摩尔多瓦、罗马尼亚和乌克兰的官员。

15 日 欧洲太空局子域网遭受"匿名者"黑客组织攻击，8000 个用户的户名和密码被泄露。此外，"匿名者"还入侵欧空局数据库，窃取了数十名员工的个人信息。

16~18 日 第二届世界互联网大会在浙江乌镇举行，大会以"互联互通、共享共治——构建网络空间命运共同体"为主题，习近平主席出席开幕式并发表主旨演讲，提出了四项原则五点主张。8 位外国领导人和 2000 多位世界互联网精英参会。

16 日 美国国民警卫队宣布成立横跨 23 个州的 13 个网络小组，该计划将于 2019 财政年度前启动。

17 日 欧盟正式同意出台与数据保护相关的法律，这意味着众多公司将及时公布数据泄露事件，同时误用个人数据也将缴纳巨额罚款。

17 日 美国参议院共和党参议员苏珊·柯林斯和民主党参议员杰克·里德推出一项法案，要求企业必须公开披露董事会是否设有"网络安全专家"。

18 日 奥巴马重申科技公司领导人和执法及情报官员有必要一起合作，更好地发现网络上的恐怖信息。

18 日 奥巴马签署《网络安全信息共享法案》（CISA），作为《2016 综合支出法案》的一部分。

21 日 苹果公司在提交给英国议会审查委员的一份八页文件中表达了强烈反对《调查权力法案》的意愿。

24 日 美国参议院情报委员会主席 Richard Burr 呼吁，国会必须制定相应的法律，要求科技公司按政府的要求对信息进行加密。

28 日 一名白帽黑客公布了一个网上数据库，该数据库包含与 1.91 亿登记投票的美国公民相关的各类个人信息。

28 日 白宫向美国国会提交《网络威慑战略》文件，政府将采取"整个政府层面"和"整个国家层面"的方法，以威慑的姿态防止网络威胁。

30 日 Twitter 公司宣布，将关闭那些从事恶意行为或煽动危害他人的用户账户。

B.10
常用术语表

APT 攻击：即高级持续性威胁，是指利用先进的攻击手段对特定目标进行长期持续性网络攻击的攻击形式。APT 攻击的原理相对于其他攻击形式更为高级和先进，其高级性主要体现在发动攻击之前需要对攻击对象的业务流程和目标系统进行精确地收集。在收集的过程中，此攻击会主动攻击被攻击对象受信系统和应用程序的漏洞，利用这些漏洞组建攻击者所需的网络，并利用零日漏洞进行攻击。

Beat 测试：Beta 测试是一种验收测试。所谓验收测试是软件产品完成了功能测试和系统测试之后，在产品发布之前所进行的软件测试活动，它是技术测试的最后一个阶段，通过了验收测试，产品就会进入发布阶段。

SQL 注入：是指在数据库系统中通过把 SQL 命令插入到 Web 表单提交或输入域名或页面请求的查询字符串，最终达到欺骗服务器执行恶意的 SQL 命令。具体通过构建特殊的输入作为参数传入 Web 应用程序，而这些输入大都是 SQL 语法里的一些组合，通过执行 SQL 语句进而执行攻击者所要的操作。

webshell：以 asp、php、jsp 或者 cgi 等网页文件形式存在的一种命令执行环境，俗称网页后门。

安全软件：一种可以对病毒、木马等一切已知对计算机有危害的程序代码进行清除的程序工具。其包括杀毒软件、系统工具和反流氓软件。

钓鱼攻击：是一种企图从电子通信中，通过伪装成信誉卓著的法人媒体以获得如用户名、密码和信用卡明细等个人敏感信息的犯罪诈骗过程。这些电子通信都声称（自己）来自社交网站拍卖网站、网络银行、电子支付网站，或网络管理者，以此来诱骗受害人相信。

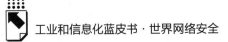

恶意攻击：内部人员有计划地窃听、偷窃或损坏信息，或拒绝其他授权用户的访问。

恶意脚本：是指一切以制造危害或者损害系统功能为目的且从软件系统中增加、改变或删除的任意脚本。

恶意软件：是指计算机系统上执行恶意任务的病毒、蠕虫和特洛伊木马的程序，通过破坏软件进程来实施控制。

防火墙：用于网络安全的硬件或软件。防火墙可以通过一个过滤数据包的路由器实现，也可由多个路由器、代理服务器和其他设备组合而成。防火墙通常用于将公司的公共服务器和内部网络分隔开来，使相关的用户可安全地访问互联网。有时防火墙也用于内部网段的安全。

后门程序：指绕过软件及系统的安全性控制，通过比较隐秘的通道获取对程序或系统访问权的程序或脚本，当系统管理员没有意识到后门程序存在时，就会对计算机与信息系统造成安全威胁。

互联网金融：是指传统金融机构与互联网企业利用互联网技术和信息通信技术实现资金融通、支付、投资和信息中介服务的新型金融业务模式。

缓冲区溢出：通过往程序的缓冲区写超出其长度的内容，造成缓冲区的溢出，从而破坏程序的堆栈，造成程序崩溃或使程序转而执行其他指令，以达到攻击的目的。利用缓冲区溢出攻击，可以导致程序运行失败、系统宕机、重新启动等后果。更为严重的是，可以利用它执行非授权指令，甚至可以取得系统特权，进而进行各种非法操作。

零日漏洞：在计算机领域中，通常是指还没有补丁的漏洞。

漏洞检测：使用漏洞扫描程序对目标系统进行信息查询，通过漏洞检测，可以发现系统中存在的不安全地方。

内容过滤：对网络内容进行监控，防止某些特定内容在网络上进行传输的技术。

入侵检测：对入侵行为的检测。它通过收集和分析网络行为、安全日志、审计数据、其他网络上可以获得的信息以及计算机系统中若干关键点的信息，检查网络或系统中是否存在违反安全策略的行为和被攻击的迹象。入侵检测是一种积极主动的安全防护技术。

社会工程学攻击：黑客利用人的弱点如人的本能反应、好奇心、信任等进行欺骗，诱使攻击目标，以收集信息行骗和入侵计算机与网络系统的攻击。

数据丢失防护：是通过一定的技术手段，防止企业的指定数据或信息资产以违反安全策略规定的形式流出企业的一种策略。

水坑攻击：是指黑客通过分析被攻击者的网络活动规律，寻找被攻击者经常访问的网站的弱点，先攻下该网站并植入攻击代码，等待被攻击者来访时实施攻击。

统一威胁管理：是指一个功能全面的安全产品，能够防范多种威胁。通常包括防火墙、防病毒软件、内容过滤和垃圾邮件过滤器。

网络安全：是指网络系统的硬件、软件及其系统中的数据受到保护，不因偶然的或者恶意的原因而遭到破坏、更改、泄露，系统连续可靠正常地运行，网络服务不中断。

网络攻击：利用网络存在的漏洞和安全缺陷对网络系统的硬件、软件及其系统中的数据进行攻击。

鱼叉攻击：一种钓鱼式网络攻击行为，黑客通过向攻击目标发送含有恶意程序的电子邮件信息诱使其下载恶意代码，从而达到窃取敏感信息等目的，鱼叉式攻击所伪造的电子邮件诱惑性更强。

云安全：是指基于云计算商业模式应用的安全软件、硬件、用户、机构、安全云平台的总称。

B.11
中华人民共和国网络安全法（草案）

第一章　总则

第一条　为了保障网络安全，维护网络空间主权和国家安全、社会公共利益，保护公民、法人和其他组织的合法权益，促进经济社会信息化健康发展，制定本法。

第二条　在中华人民共和国境内建设、运营、维护和使用网络，以及网络安全的监督管理，适用本法。

第三条　国家坚持网络安全与信息化发展并重，遵循积极利用、科学发展、依法管理、确保安全的方针，推进网络基础设施建设，鼓励网络技术创新和应用，建立健全网络安全保障体系，提高网络安全保护能力。

第四条　国家倡导诚实守信、健康文明的网络行为，采取措施提高全社会的网络安全意识和水平，形成全社会共同参与促进网络安全的良好环境。

第五条　国家积极开展网络空间治理、网络技术研发和标准制定、打击网络违法犯罪等方面的国际交流与合作，推动构建和平、安全、开放、合作的网络空间。

第六条　国家网信部门负责统筹协调网络安全工作和相关监督管理工作。国务院工业和信息化、公安部门和其他有关部门依照本法和有关法律、行政法规的规定，在各自职责范围内负责网络安全保护和监督管理工作。

县级以上地方人民政府有关部门的网络安全保护和监督管理职责按照国家有关规定确定。

第七条　建设、运营网络或者通过网络提供服务，应当依照法律、法规的规定和国家标准、行业标准的强制性要求，采取技术措施和其他必要措施，保障网络安全、稳定运行，有效应对网络安全事件，防范违法犯罪活动，维护网络数据的完整性、保密性和可用性。

第八条 网络相关行业组织按照章程，加强行业自律，制定网络安全行为规范，指导会员依法加强网络安全保护，提高网络安全保护水平，促进行业健康发展。

第九条 国家保护公民、法人和其他组织依法使用网络的权利，促进网络接入普及，提升网络服务水平，为社会提供安全、便利的网络服务，保障网络信息依法有序自由流动。

任何个人和组织使用网络应当遵守宪法和法律，遵守公共秩序，尊重社会公德，不得危害网络安全，不得利用网络从事危害国家安全、宣扬恐怖主义和极端主义、宣扬民族仇恨和民族歧视、传播淫秽色情信息、侮辱诽谤他人、扰乱社会秩序、损害公共利益、侵害他人知识产权和其他合法权益等活动。

第十条 任何个人和组织都有权对危害网络安全的行为向网信、工业和信息化、公安等部门举报。收到举报的部门应当及时依法做出处理；不属于本部门职责的，应当及时移送有权处理的部门。

第二章 网络安全战略、规划与促进

第十一条 国家制定网络安全战略，明确保障网络安全的基本要求和主要目标，提出完善网络安全保障体系、提高网络安全保护能力、促进网络安全技术和产业发展、推进全社会共同参与维护网络安全的政策措施等。

第十二条 国务院通信、广播电视、能源、交通、水利、金融等行业的主管部门和国务院其他有关部门应当依据国家网络安全战略，编制关系国家安全、国计民生的重点行业、重要领域的网络安全规划，并组织实施。

第十三条 国家建立和完善网络安全标准体系。国务院标准化行政主管部门和国务院其他有关部门根据各自的职责，组织制定并适时修订有关网络安全管理以及网络产品、服务和运行安全的国家标准、行业标准。

国家支持企业参与网络安全国家标准、行业标准的制定，并鼓励企业制定严于国家标准、行业标准的企业标准。

第十四条 国务院和省、自治区、直辖市人民政府应当统筹规划，加大投入，扶持重点网络安全技术产业和项目，支持网络安全技术的研究开发、应用和推广，保护网络技术知识产权，支持科研机构、高等院校和企业参与国家网络安全技术创新项目。

第十五条 各级人民政府及其有关部门应当组织开展经常性的网络安全宣传教育，并指导、督促有关单位做好网络安全宣传教育工作。大众传播媒介应当有针对性地面向社会进行网络安全宣传教育。

第十六条 国家支持企业和高等院校、职业学校等教育培训机构开展网络安全相关教育与培训，采取多种方式培养网络安全技术人才，促进网络安全技术人才交流。

第三章 网络运行安全

第一节 一般规定

第十七条 国家实行网络安全等级保护制度。网络运营者应当按照网络安全等级保护制度的要求，履行下列安全保护义务，保障网络免受干扰、破坏或者未经授权的访问，防止网络数据泄露或者被窃取、篡改。

（一）制定内部安全管理制度和操作规程，确定网络安全负责人，落实网络安全保护责任；

（二）采取防范计算机病毒和网络攻击、网络入侵等危害网络安全行为的技术措施；

（三）采取记录、跟踪网络运行状态，监测、记录网络安全事件的技术措施，并按照规定留存网络日志；

（四）采取数据分类、重要数据备份和加密等措施；

（五）法律、行政法规规定的其他义务。

网络安全等级保护的具体办法由国务院规定。

第十八条 网络产品、服务应当符合相关国家标准、行业标准。网络产品、服务的提供者不得设置恶意程序；其产品、服务具有收集用户信息功能的，应当向用户明示并取得同意；发现其网络产品、服务存在安全缺陷、漏洞等风险时，应当及时向用户告知并采取补救措施。

网络产品、服务的提供者应当为其产品、服务持续提供安全维护；在规定或者当事人约定的期间内，不得终止提供安全维护。

第十九条 网络关键设备和网络安全专用产品应当按照相关国家标准、行业标准的强制性要求，由具备资格的机构安全认证合格或者安全检测符合要求后，方可销售。国家网信部门会同国务院有关部门制定、公布网络关键设备和网络安全专用产品目录，并推动安全认证和安全检测结果互认，避免重复认证、检测。

第二十条 网络运营者为用户办理网络接入、域名注册服务，办理固定电话、移动电话等入网手续，或者为用户提供信息发布服务，应当在与用户签订协议或者确认提供服务时，要求用户提供真实身份信息。用户不提供真实身份信息的，网络运营者不得为其提供相关服务。

国家支持研究开发安全、方便的电子身份认证技术，推动不同电子身份认证技术之间的互认、通用。

第二十一条 网络运营者应当制订网络安全事件应急预案，及时处置系统漏洞、计算机病毒、网络入侵、网络攻击等安全风险；在发生危害网络安全的事件时，立即启动应急预案，采取相应的补救措施，并按照规定向有关主管部门报告。

第二十二条 任何个人和组织不得从事入侵他人网络、干扰他人网络正常功能、窃取网络数据等危害网络安全的活动；不得提供从事入侵网络、干扰网络正常功能、窃取网络数据等危害网络安全活动的工具和制作方法；不得为他人实施危害网络安全的活动提供技术支持、广告推广、支付结算等帮助。

第二十三条 为国家安全和侦查犯罪的需要，侦查机关依照法律规定，可以要求网络运营者提供必要的支持与协助。

第二十四条 国家支持网络运营者之间开展网络安全信息收集、分析、通报和应急处置等方面的合作，提高网络运营者的安全保障能力。

有关行业组织建立健全本行业的网络安全保护规范和协作机制，加强对网络安全风险的分析评估，定期向会员进行风险警示，支持、协助会员应对网络安全风险。

第二节 关键信息基础设施的运行安全

第二十五条 国家对提供公共通信、广播电视传输等服务的基础信息网络，能源、交通、水利、金融等重要行业和供电、供水、供气、医疗卫生、社会保障等公共服务领域的重要信息系统，军事网络，设区的市级以上国家机关等政务网络，用户数量众多的网络服务提供者所有或者管理的网络和系统（以下称关键信息基础设施），实行重点保护。关键信息基础设施安全保护办法由国务院制定。

第二十六条 国务院通信、广播电视、能源、交通、水利、金融等行业的主管部门和国务院其他有关部门（以下称负责关键信息基础设施安全保护工作的部门）按照国务院规定的职责，分别负责指导和监督关键信息基础设施运行安全保护工作。

第二十七条 建设关键信息基础设施应当确保其具有支持业务稳定、持续运行的性能，并保证安全技术措施同步规划、同步建设、同步使用。

第二十八条 除本法第十七条的规定外，关键信息基础设施的运营者还应当履行下列安全保护义务。

（一）设置专门安全管理机构和安全管理负责人，并对该负责人和关键岗位的人员进行安全背景审查；

（二）定期对从业人员进行网络安全教育、技术培训和技能考核；

（三）对重要系统和数据库进行容灾备份；

（四）制订网络安全事件应急预案，并定期组织演练；

（五）法律、行政法规规定的其他义务。

第二十九条 关键信息基础设施的运营者采购网络产品和服务，应当与提供者签订安全保密协议，明确安全和保密义务与责任。

第三十条 关键信息基础设施的运营者采购网络产品或者服务，可能影响国家安全的，应当通过国家网信部门会同国务院有关部门组织的安全审查。具体办法由国务院规定。

第三十一条 关键信息基础设施的运营者应当在中华人民共和国境内存储在运营中收集和产生的公民个人信息等重要数据；因业务需要，确需在境外存储或者向境外的组织或者个人提供的，应当按照国家网信部门会同国务院有关部门制定的办法进行安全评估。法律、行政法规另有规定的从其规定。

第三十二条 关键信息基础设施的运营者应当自行或者委托专业机构对其网络的安全性和可能存在的风险每年至少进行一次检测评估，并对检测评估情况及采取的改进措施提出网络安全报告，报送相关负责关键信息基础设施安全保护工作的部门。

第三十三条 国家网信部门应当统筹协调有关部门，建立协作机制。对关键信息基础设施的安全保护可以采取下列措施。

（一）对关键信息基础设施的安全风险进行抽查检测，提出改进措施，必要时可以委托专业检验检测机构对网络存在的安全风险进行检测评估；

（二）定期组织关键信息基础设施的运营者进行网络安全应急演练，提高关键信息基础设施应对网络安全事件的水平和协同配合能力；

（三）促进有关部门、关键信息基础设施运营者以及网络安全服务机构、有关研究机构等之间的网络安全信息共享；

（四）对网络安全事件的应急处置与恢复等，提供技术支持与协助。

第四章 网络信息安全

第三十四条 网络运营者应当建立健全用户信息保护制度，加强对用户个人信息、隐私和商业秘密的保护。

第三十五条 网络运营者收集、使用公民个人信息，应当遵循合法、正当、必要的原则，明示收集、使用信息的目的、方式和范围，并经被收集者同意。

网络运营者不得收集与其提供的服务无关的公民个人信息，不得违反法律、行政法规的规定和双方的约定收集、使用公民个人信息，并应当依照法律、行政法规的规定或者与用户的约定，处理其保存的公民个人信息。

网络运营者收集、使用公民个人信息，应当公开其收集、使用规则。

第三十六条 网络运营者对其收集的公民个人信息必须严格保密，不得泄露、篡改、毁损，不得出售或者非法向他人提供。

网络运营者应当采取技术措施和其他必要措施，确保公民个人信息安全，防止其收集的公民个人信息泄露、毁损、丢失。在发生或者可能发生信息泄露、毁损、丢失的情况时，应当立即采取补救措施，告知可能受到影响的用户，并按照规定向有关主管部门报告。

第三十七条 公民发现网络运营者违反法律、行政法规的规定或者双方的约定收集、使用其个人信息的，有权要求网络运营者删除其个人信息；发现网络运营者收集、存储的其个人信息有错误的，有权要求网络运营者予以更正。

第三十八条 任何个人和组织不得窃取或者以其他非法方式获取公民个人信息，不得出售或者非法向他人提供公民个人信息。

第三十九条 依法负有网络安全监督管理职责的部门，必须对在履行职责中知悉的公民个人信息、隐私和商业秘密严格保密，不得泄露、出售或者非法向他人提供。

第四十条 网络运营者应当加强对其用户发布的信息的管理，发现法律、行政法规禁止发布或者传输的信息的，应当立即停止传输该信息，采取消除等处置措施，防止信息扩散，保存有关记录，并向有关主管部门报告。

第四十一条 电子信息发送者发送的电子信息，应用软件提供者提供的应用软件不得设置恶意程序，不得含有法律、行政法规禁止发布或者传输的信息。

电子信息发送服务提供者和应用软件下载服务提供者，应当履行安全管理义务，发现电子信息发送者、应用软件提供者有前款规定行为的，应当停止提供服务，采取消除等处置措施，保存有关记录，并向有关主管部门报告。

第四十二条 网络运营者应当建立网络信息安全投诉、举报平台，公布投诉、举报方式等信息，及时受理并处理有关网络信息安全的投诉和举报。

第四十三条 国家网信部门和有关部门依法履行网络安全监督管理职责，发现法律、行政法规禁止发布或者传输的信息的，应当要求网络运营者停止传输，采取消除等处置措施，保存有关记录；对来源于中华人民共和国境外的上述信息，应当通知有关机构采取技术措施和其他必要措施阻断信息传播。

第五章　监测预警与应急处置

第四十四条 国家建立网络安全监测预警和信息通报制度。国家网信部门应当统筹协调有关部门加强网络安全信息收集、分析和通报工作，按照规定统一发布网络安全监测预警信息。

第四十五条 负责关键信息基础设施安全保护工作的部门，应当建立健全本行业、本领域的网络安全监测预警和信息通报制度，并按照规定报送网络安全监测预警信息。

第四十六条 国家网信部门协调有关部门建立健全网络安全应急工作机制，制订网络安全事件应急预案，并定期组织演练。

负责关键信息基础设施安全保护工作的部门应当制订本行业、本领域的网络安全事件应急预案，并定期组织演练。

网络安全事件应急预案应当按照事件发生后的危害程度、影响范围等因素对网络安全事件进行分级，并规定相应的应急处置措施。

第四十七条 网络安全事件即将发生或者发生的可能性增大时，县级以上人民政府有关部门应当依照有关法律、行政法规和国务院规定的权限和程序，发布相应级别的预警信息，并根据即将发生的事件的特点和可能造成的危害，采取下列措施。

（一）要求有关部门、机构和人员及时收集、报告有关信息，加强对网络安全事件发生、发展情况的监测；

（二）组织有关部门、机构和专业人员，对网络安全事件信息进行分析评估，预测事件发生的可能性、影响范围和危害程度；

（三）向社会发布与公众有关的预测信息和分析评估结果；

（四）按照规定向社会发布可能受到网络安全事件危害的警告，发布避免、减轻危害的措施。

第四十八条　发生网络安全事件，县级以上人民政府有关部门应当立即启动网络安全事件应急预案，对网络安全事件进行调查和评估，要求网络运营者采取技术措施和其他必要措施，消除安全隐患，防止危害扩大，并及时向社会发布与公众有关的警示信息。

第四十九条　因网络安全事件，发生突发事件或者安全生产事故的，应当依照《中华人民共和国突发事件应对法》《中华人民共和国安全生产法》等有关法律的规定处置。

第五十条　因维护国家安全和社会公共秩序，处置重大突发社会安全事件的需要，国务院或者省、自治区、直辖市人民政府经国务院批准，可以在部分地区对网络通信采取限制等临时措施。

第六章　法律责任

第五十一条　网络运营者不履行本法第十七条、第二十一条规定的网络安全保护义务的，由有关主管部门责令改正，给予警告；拒不改正或者导致危害网络安全等后果的，处一万元以上十万元以下罚款；对直接负责的主管人员处五千元以上五万元以下罚款。

关键信息基础设施的运营者不履行本法第二十七条至第二十九条、第三十二条规定的网络安全保护义务的，由有关主管部门责令改正，给予警告；

拒不改正或者导致危害网络安全等后果的，处十万元以上一百万元以下罚款；对直接负责的主管人员处一万元以上十万元以下罚款。

第五十二条　网络产品、服务的提供者，电子信息发送者，应用软件提供者违反本法规定，有下列行为之一的，由有关主管部门责令改正，给予警告；拒不改正或者导致危害网络安全等后果的，处五万元以上五十万元以下罚款。对直接负责的主管人员处一万元以上十万元以下罚款。

（一）设置恶意程序的；

（二）其产品、服务具有收集用户信息功能，未向用户明示并取得同意的；

（三）对其产品、服务存在的安全缺陷、漏洞等风险未及时向用户告知并采取补救措施的；

（四）擅自终止为其产品、服务提供安全维护的。

第五十三条　网络运营者违反本法规定，未要求用户提供真实身份信息，或者对不提供真实身份信息的用户提供相关服务的，由有关主管部门责令改正；拒不改正或者情节严重的，处五万元以上五十万元以下罚款，并可以由有关主管部门责令暂停相关业务、停业整顿、关闭网站、撤销相关业务许可或者吊销营业执照；对直接负责的主管人员和其他直接责任人员处一万元以上十万元以下罚款。

第五十四条　网络运营者违反本法规定，侵害公民个人信息依法得到保护的权利的，由有关主管部门责令改正，可以根据情节单处或者并处警告、没收违法所得、处违法所得一倍以上十倍以下罚款，没有违法所得的，处五十万元以下罚款；情节严重的，可以责令暂停相关业务、停业整顿、关闭网站、撤销相关业务许可或者吊销营业执照；对直接负责的主管人员和其他直接责任人员处一万元以上十万元以下罚款。

违反本法规定，窃取或者以其他方式非法获取、出售或者非法向他人提供公民个人信息，尚不构成犯罪的，由公安机关没收违法所得，并处违法所得一倍以上十倍以下罚款，没有违法所得的，处五十万元以下罚款。

第五十五条　关键信息基础设施的运营者违反本法第三十条规定，使用未经安全审查或者安全审查未通过的网络产品或者服务的，由有关主管部门责令停止使用，处采购金额一倍以上十倍以下罚款；对直接负责的主管人员和其他直接责任人员处一万元以上十万元以下罚款。

第五十六条　关键信息基础设施的运营者违反本法规定，在境外存储网络数据，或者未经安全评估向境外的组织或者个人提供网络数据的，由有关主管部门责令改正，给予警告，没收违法所得，处五万元以上五十万元以下罚款，并可以责令暂停相关业务、停业整顿、关闭网站、撤销相关业务许可或者吊销营业执照；对直接负责的主管人员和其他直接责任人员处一万元以上十万元以下罚款。

第五十七条　网络运营者违反本法规定，对法律、行政法规禁止发布或者传输的信息未停止传输、采取消除等处置措施、保存有关记录的，由有关主管部门责令改正，给予警告，没收违法所得；拒不改正或者情节严重的，处十万元以上五十万元以下罚款，并可以责令暂停相关业务、停业整顿、关闭网站、撤销相关业务许可或者吊销营业执照；对直接负责的主管人员和其他直接责任人员处二万元以上二十万元以下罚款。

电子信息发送服务提供者、应用软件下载服务提供者，未履行本法规定的安全义务的，依照前款规定处罚。

第五十八条　发布或者传输法律、行政法规禁止发布或者传输的信息的，依照有关法律、行政法规的规定处罚。

第五十九条　网络运营者违反本法规定，有下列行为之一的，由有关主管部门责令改正；拒不改正或者情节严重的，处五万元以上五十万元以下罚款；对直接负责的主管人员和其他直接责任人员，处一万元以上十万元以下罚款。

（一）未将网络安全风险、网络安全事件向有关主管部门报告的；

（二）拒绝、阻碍有关部门依法实施的监督检查的；

（三）拒不提供必要的支持与协助的。

第六十条　有本法第二十二条规定的危害网络安全的行为，尚不构成犯罪的，或者有其他违反本法规定的行为，构成违反治安管理行为的，依法给予治安管理处罚。

第六十一条 国家机关政务网络的运营者不履行本法规定的网络安全保护义务的，由其上级机关或者有关机关责令改正；对直接负责的主管人员和其他直接责任人员依法给予处分。

第六十二条 依法负有网络安全监督管理职责的部门的工作人员，玩忽职守、滥用职权、徇私舞弊，尚不构成犯罪的，依法给予行政处分。

第六十三条 违反本法规定，给他人造成损害的，依法承担民事责任。

第六十四条 违反本法规定，构成犯罪的，依法追究刑事责任。

第七章　附则

第六十五条 本法下列用语的含义。

（一）网络，是指由计算机或者其他信息终端及相关设备组成的按照一定的规则和程序对信息进行收集、存储、传输、交换、处理的网络和系统。

（二）网络安全，是指通过采取必要措施，防范对网络的攻击、入侵、干扰、破坏和非法使用以及意外事故，使网络处于稳定可靠运行的状态，以及保障网络存储、传输、处理信息的完整性、保密性、可用性的能力。

（三）网络运营者，是指网络的所有者、管理者以及利用他人所有或者管理的网络提供相关服务的网络服务提供者，包括基础电信运营者、网络信息服务提供者、重要信息系统运营者等。

（四）网络数据，是指通过网络收集、存储、传输、处理和产生的各种电子数据。

（五）公民个人信息，是指以电子或者其他方式记录的公民的姓名、出生日期、身份证件号码、个人生物识别信息、职业、住址、电话号码等个人身份信息，以及其他能够单独或者与其他信息结合能够识别公民个人身份的

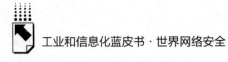

各种信息。

第六十六条 存储、处理涉及国家秘密信息的网络的运行安全保护，除应当遵守本法外，还应当遵守保密法律、行政法规的规定。

第六十七条 军事网络和信息安全保护办法，由中央军事委员会制定。

第六十八条 本法自　年　月　日起施行。

B.12
国外网络安全事件应急处置案例

一 瑞典 IT 服务提供商叠拓服务中断事件处置案例

（一）背景

新技术和新型业务解决方案推动了社会中的信息、服务、交流以及 IT 技术的结合。瑞典的公共事业已是传统行业与新兴技术结合的先驱，如电子政府、国家电子医疗、国家服务局以及立法、金融和行政局签署的框架协议。这种向 IT 服务形式的转变不但提高了工作质量，也降低了成本。

本文将详述 2011 年 IT 业务提供商叠拓（Tieto）服务中断事件，此次服务中断涉及诸多公共组织和民间组织，引起了大众媒体和 IT 相关专家媒体的热议。2014 年 1 月 1 日，新年前夕，类似的事例也有发生，IT 服务提供商 Evry 位于斯德哥尔摩的一间服务器机房发生火灾，对斯德哥尔摩地铁、铁路系统、邮政与物流服务造成了巨大的影响。由于人为疏忽，灭火系统未能正常启用，也没有及时修复或重载系统。火灾导致电源中断，数据存储系统需要重启。而在重启过程中，由于软件运行失败，Evry 无法重新配置几项 IT 服务。该事故也对整个社会造成了一系列影响。

叠拓和 Evry 服务中断说明了 IT 业与传统行业整合存在安全隐患，技术和人为失误会造成短时间内大片区域中的一些社会功能的瘫痪。IT 服务供应商服务中断会直接影响整个社会，并造成严重的后果，现代社会对 IT 系统的依赖性越强，存在的安全隐患也就越多。

（二）叠拓事件

2011 年 11 月 25 日，IT 服务供应商叠拓硬件设备发生故障。位于斯德哥尔摩的设备中一个大型数据储存系统的中央控制元件突然停止运行。先是一个关键元件失效，本来可启用待机状态下的备用系统，可备用系统也发生故障，直接导致数据储存与连接的服务系统发生功能故障。

叠拓未公布事件的具体内容，很多服务器数据储存出现中断。此次服务中断影响到叠拓 50 多家客户，其中包括公司、政府部门和市政机构。叠拓未公开具体哪些公司或机构受到了影响。一些机构的 IT 支持服务直接瘫痪，一些机构仅是部分服务受到影响。除此之外，一些服务供应商也受到该存储系统的影响，如处理类似行政管理、差旅管理等事务，使用到的网络工具等。一些市政部门也对外公布，由于此次叠拓服务中断，金融服务和养老服务系统也发生了故障。

（三）事件时间表

2011年

11 月 25 日

周五下午，IT 业务供应商叠拓硬件设备发生故障。位于斯德哥尔摩的设备中一个大型数据存储系统的中央控制元件突然停止运行。叠拓的 50 多家客户受到影响，一些机构 IT 支持服务直接瘫痪，一些机构部分服务中断。

11 月 26 ~ 27 日

星期天下午，叠拓对外公布此次硬件故障造成服务中断问题。硬件修复共花费两天时间。客户存储的数据信息并不能通过更换新的设备元件而立即修复，硬件故障导致了一系列事故的发生，需要复杂且耗时的修复过程。因此，恢复中断前的数据需要相当长的一段时间。

11 月 28 日

一大早，大众媒体和民众纷纷感受到了此次服务中断带来的大面积影响。除了首都斯德哥尔摩，许多城市也受到影响。

11 月 29 日

媒体对此事件关注度提高，对受影响的机构进行了报道。此次故障中，出现问题的 IT 服务器数量很难统计，但可以通过叠拓和受影响的机构签订的外包合同估算出服务中断涉及的范围。存储系统的崩溃直接导致大批服务器或虚拟服务器出现短时间故障。这次故障不单单影响了叠拓运行的系统，还涉及客户服务器的自动运行监测功能，有几家叠拓的用户很快注意到，故障出现时，他们无法检测服务器状态，也就是说，这要要求他们快速切换到手动检测，增加了额外的工作量。

11 月 30 日

全国 350 家药店受到服务中断的影响，叠拓已开始修复工作（周一晚上一半的药店系统恢复正常）。这些药店直接与他们的 IT 系统中断了联系，不能按照正常程序分配处方药物。需要手动管理处方，一些旧的 IT 系统也需要重装。国有信贷公司 SBAB 的信息系统已重新安装。

12 月 1 日

斯德哥尔摩市当局表示，已无后续负面影响。

12 月 5 日

汽车检查 Bilprovningen 拥有 180 个调度站，也需要 IT 支持，每天需要检查全国 2 万辆汽车，IT 服务的中断影响了检查速度，导致了额外损失。其中，一个严重的后果是，所有检查合格的车辆没能自动汇总给瑞典交通局，直接导致许多车辆禁行。

2012年

1 月 4 日

Nacka 表示市内所有电脑系统已恢复正常，但仍有很多未完成的工作，当局需要识别丢失的数据。

（四）事件响应

叠拓公司共花费 2 天时间修复技术问题，对公司来说，最大的挑战是修复数据并重置 IT 服务，有时这会需要好几周时间。

在叠拓修复 IT 服务期间，这些受影响的机构只能启用手动程序，人手所限，手动程序的启用会导致处理过程速度变慢或无法进行。一些机构有对应 IT 服务故障的预案，而另一些机构只能对此类情况做出紧急处理。极少有机构会使用旧的 IT 系统，虽然这种系统还可以使用、重装。当网站和邮件系统出问题的时候，也有公共组织启用"推特"和"脸谱"作为交流工具。

2011 年 11 月 28 日早晨，瑞典政府民事应急局（MSB）正式介入此事件。例会讨论了国家网络安全协调功能，态势感知是工作的重要环节。MSB 也在其官方网站发布了相关信息，表示检测国家潜在的危险是其工作职责。11 月 29 日，MSB 对 IT 服务中断事件影响做了分析，确定此事件未对关键社会功能造成影响与威胁。瑞典国防部也就此发布现状报告。MSB 根据现有资源、网络节点以及与受影响的机构和叠拓的联系，跟进此次事件的发展。但是通过这些渠道，仍无法对整个事件有一个全面的认识。MSB 未能及时全面认识此事件对整个瑞典社会的影响。2012 年 2 月，MSB 向瑞典国防部提交了一份有关此事件的正式文件。

结　语

叠拓服务中断对社会造成了负面影响，但其很难对此做出一个全面评估。一些机构的 IT 服务故障状态持续数周之久，也有一些机构仅遇到了小的技术问题。因为此事件不单有 IT 服务故障的问题，还有数据丢失的问题，所以要去估量后果并非易事。很难计算出此次事故造成的损失总额，据一个受波及的城市（约有 10 万居民）估计，他们的直接损失高达 750 万瑞典克朗（约合 85 万欧元）。而这种事件造成的名誉损失更是难以估量。需要注意的是，就算一个机构将自己的 IT 服务外包给其他公司，他们还是要对公众负责。

在叠拓服务中断期间，瑞典政府民事应急局并没有启用国家 IT 应急预案，因为叠拓服务中断导致的后果还没有达到严重级别，但是，此事件对个人和机构都带来了重大的负面影响。

就此次事件分析来看，一些受影响的机构缺乏对叠拓所提供服务的认识。如果叠拓服务中断引起更大范围的社会问题，MSB 将束手无策。受影响的机构（叠拓的客户）有责任通知他们的用户和利益相关人，而事实表明，这些机构很难做到这一点。许多组织都需要为长时间的服务中断做出应急准备和制订相关计划，如果一个组织将重要运营环节的 IT 操作外包给其他公司，或使用云服务，则需要做出特殊准备。很少有机构在采购外包 IT 服务前进行信息分类和风险分析。

网络事件的发生往往只会得到临时警示，有时甚至收不到任何警示，它具有速度快及区域独立性强的特点。社会中各机构需要提升应对网络事件的能力，以预防控制网络事件的发生。最后 MSB 总结得出四项需进一步推进的工作。

一是促进全社会采取必要的网络安全防护措施。

二是采购是影响网络安全的重要环节：政府机构需要提升其在采购方面的能力，通过采购来掌控网络安全。

三是特别关注风险分析和应急预案：从叠拓服务中断时间来看，一些受影响的机构缺乏相应的应急准备和应急计划。

四是需要国家和区域网络安全态势感知：IT 管理和 IT 相关服务的使用与日俱增，大量用户可能会同时受到网络事件的影响。叠拓服务中断也表明，受影响的机构需要有态势感知能力，应改进其整合分享信息的方法，及时与公众交流信息。

二 德国电信遭网络攻击事件处置案例

（一）背景

2012 年 9 月，德国最大的网络供应商德国电信遭到匿名者攻击。此次 DDoS 攻击意图拦截德国电信 DNS。从实践角度来看，DNS 中断会导致供应商的大部分客户网络中断。电信和网络隶属国家的关键基础设施，网络中断会对整个国家造成很大的负面影响。

数据表明 DDos 攻击的主要目标是政府、银行以及电子商务公司。攻击者常常攻击目标的网络服务器造成网络平台中断，或者直接攻击域名服务器。DDoS 攻击有不同的动机，例如，政治和意识形态动机、竞争、敲诈勒索等。攻击者可能是政府机构、政府雇用的或爱国黑客、激进黑客或网络罪犯等。但是，德国电信遭到的攻击，其攻击者和攻击动机均为未知。

DDos 攻击会导致受攻击者直接或间接的损失，如 DDoS 恢复的花费、电子商务公司的直接收入损失、品牌名誉形象损失和营业额。调查研究表明，一小时的 DDoS 攻击会造成数千欧元的损失，而对国家关键基础设施的攻击甚至会中断生活必需品和服务的供应。

（二）攻击事件动态

2012年

9 月 3 日　16：00

攻击开始，德国电信备用域名服务器（Reserve DNS）中断。

9 月 3 日　17：30

启用 DDoS 防御工具，攻击减弱，备用域名服务器重新启用。

9 月 3 日　18：00

攻击者根据德国电信的对策，修改数据包结构，备用 DNS 再次受攻击。

9 月 3 日　18：30

重新配置 DDoS 防御工具，攻击减弱，备用域名服务器重新启用。

9 月 4 日　00：00

网络攻击停止。

9 月 5 日

德国电信向 BSI 报告遭到攻击。

9 月 5 日　14：15

备用 DNS 遭到新一轮攻击，DDos 防御工具启用，没有 DNS 中断。

（三）事件分析

此次攻击途径尚不明确，很有可能是 DNS 反射攻击和 DNS 放大攻击。

通过使用伪造 IP 地址或 DNS 服务器地址，不断向第三方 DNS 服务器或虚拟主机供应商发出短小的请求，致使服务器使用短时窗回应受攻击 IP 地址，延长其回应时间。

此次攻击的动机暂不明确，攻击者也未向德国电信提出任何要求，目前没有任何人或组织声明对此次攻击负责。最可能的解释是这次网络攻击是"概念验证"或者是攻击者对自己能力、设施和工具的试验。

（四）应急响应

向虚拟主机供应商发送垃圾信息不能阻止网络攻击。网络服务供应商（ISP）可以在短时延迟后，通过更改恶意通信量，削弱攻击。ISP 拥有足够的设备和技术检测并削弱此类网络攻击，其网络能力足以承受强大的信息量。

德国电信业寻求 CERT – Bund 帮助分析此次攻击。尽管为大众提供的基础设施服务第一次遭到攻击，但攻击的手段早已为大众所知。正常的 DNS 请求仅收到一次回复，重复的 DNS 请求会被德国电信的善后系统拦截。

德国联邦犯罪调查局介入基础设施攻击的调查。德国电信向德国联邦犯罪调查局提供了网络攻击的信息，迹象表明，此次攻击的目标是关键基础设施。

结　语

德国认为，网络是关键基础设施，它对整个社会和经济的运行起着至关重要的作用。网络的中断势必对生活的方方面面造成负面的影响，对自然世界造成损失，因此，有效地网络安全应急响应就变得十分重要。

B.13
2015网络安全厂商研究报告与趋势分析

一 绿盟科技发布《2015年上半年DDoS威胁报告》

在2015年上半年报告中，绿盟科技发现DDoS攻击存在两极分化的态势，大流量攻击不断增长（高于100G的攻击有33起）并开始走向云端，小流量攻击（1分钟以下占42.74%）变身脉冲及慢速攻击，主要针对行业业务特性。在此背景下，攻击流量呈混合化态势，并以UDP混合流量为主（占72%）。

面对如此恶劣的DDoS攻击态势，主管机构、运营商、行业组织、厂商及用户都在不断开展DDoS治理及缓解工作，在解决方案方面，除了本地清洗、云清洗方案之外，还出现了分层清洗、信誉云及近源清洗多种方案及实践。

该报告主要由以下观点组成。

观点一：大流量攻击呈现增长趋势

1. 国外带宽及互联网用户发展态势

在美国，美国联邦通信委员会（FCC）对宽带重新定义：下行速度从4Mbps调整至25Mbps，上行速度从1Mbps调整至3Mbps。全球的互联网用户2008~2012年的年平均增长率高达12%，2013年互联网用户比例已经占总人口的37.96%，2015年的用户数量超过30亿。

随着带宽增加，每个连接的速度也在相应提升，根据Internet Society预测2013~2018年的增幅将达到35%，流量显著提升。

2. 中国出口带宽及互联网用户发展态势

"十二五"以来，随着"宽带中国"战略实施方案的推进，城市和农村家庭宽带接入能力逐步达到20Mbps和4Mbps，部分发达城市达到100Mbps，宽带首次成为国家战略性公共基础设施。根据CNNIC的统计，中国国际出口带宽呈现非常快速的增长趋势。与此同时，中国的网民规模也在大幅度提升，5年来平均增长幅度达到7.2%，2014年接近6.5亿人。

宽带标准被调高和联网用户（设备）增多，在方便用户使用的同时，也为大流量DDoS攻击创造了条件，加之设备厂商和消费者在安全意识方面有待提升，这方面的因素也助长了DDoS放大式攻击的发生，上述方面都直接导致了DDoS风险的增高。

根据报告的数据显示，2015年大流量DDoS攻击仍旧在持续增加。2015年上半年，至少出现33起流量超过100G的攻击，集中在6个相对独立的IP上。从全国范围分布上看，排名前五位的城市为上海、成都、东莞、济南、天津。

另外，从多年来为运营商服务的数据来看，也可以看到在2015年上半年的DDoS攻击中，100G以上的攻击频次明显增大。以某运营商为例，2015年受100G以上流量攻击的IP数量增加到1675个，攻击的次数增长到3729次，照此计算100G以上的攻击总量已经超过300T。这个数量相比2014年IP数量有所增长，单IP受到100G以上流量攻击的次数也明显上升，而100G以下的攻击总量要远远超过这个数量。

观点二：大流量攻击走向云端

在DDoS大流量攻击兴起的同时，为了抵御风险免受其害，许多用户将其业务向云端迁移，云计算技术的诸多优点使得云服务得以广泛应用。中国信息通信研究院的报告显示，我国公共云服务市场规模大概为72亿元，比上年增长47.5%。中国私有云市场规模也在不断扩张，2014年国内私有云市场规模大概为246亿元，增长速度将近30%。

云服务的增多在为用户带来便利的同时，也在安全方面带来两个方面的变化：（1）客户端轻量化，客户端原本的计算任务，大幅度向云端转移，云端的流量会越来越大，这将会被大流量DDoS攻击所利用；（2）环境复杂化，随着业务环境虚拟化，从业务更加灵活多变到运维管理，其中不断产生新的不确定性，都可能为新的 DDoS 攻击形式创造机会。

观点三：大流量攻击在游戏行业中加剧

大流量攻击影响着各个行业，在近几年的分析中，绿盟科技的技术专家观测到游戏行业遭受大流量攻击的情况在逐年增加，在 2014 年绿盟科技的相关报告中，其将这种现象称之为"行业潮流性"，即攻击者不仅会预估收益选择攻击目标，更能根据行业业务特性改变攻击形式。

2015 年上半年的数据显示，游戏行业仍然是 DDoS 攻击的重点对象之一。游戏行业具有用户基数大、用户类型多、在线维护难度大的特点，这使得游戏行业成为极易受到攻击的目标行业。由于很多游戏基于私有协议开发，传统 DDoS 防御手段在没有贴合业务特性的情况下，防御 DDoS 攻击常常面临较大困难。

以某大型互联网企业为例，在其多项业务中，在线游戏仍然是 DDoS 主要的攻击对象（占 74.7%），DNS 服务及 Web 服务分别占 15.1% 和 9.7%。通过对各项服务的展开分析可以看到，除了游戏业务外，Web 服务及其他服务中 UDP 攻击的占比也不小。

而 UDP 攻击中尤以反射型攻击较为常见，这一现象延续了绿盟科技在 2014 年报告中的预测，从防护角度看反射式 DDoS 攻击易于检测与缓解，这是因为攻击数据包的源端口相对固定；然而从攻击角度看，这种 DDoS 攻击方式具有隐匿攻击者真实身份、攻击者无须组建僵尸网络、对攻击者的网络带宽要求小等优势。在 2014 年下半年，基于 SSDP 协议的 DDoS 反射式攻击次数显著上升。这种高效、低成本的 DDoS 攻击形式，在 2015 年持续出现。

观点四：小流量"快"攻击变身脉冲攻击

虽然大流量攻击乃至云端攻击会越来越多的出现，但这并不意味着小流量攻击就消失了。相反，在一些行业中，小流量攻击有着特殊的目的，与大流量（100G 以上）及超大流量（500G 更高）相比，这些攻击因为其流量小,不会引起业界的关注,同时这些小流量隐藏在大流量中,不好进行辨识。另外有些攻击时长短到防护设备难以捕获,很难完整呈现其攻击过程。这些特点决定了小流量攻击不仅不会被攻击者抛弃,而且在2015年上半年,0~30分钟时长的攻击环比上涨了4.52%,1分钟以下的攻击占总量的42.74%。

观点五:小流量"慢"攻击业务逻辑

在众多小流量攻击案例中,针对业务逻辑设计问题的慢速攻击也具有代表性。不同于游戏领域的小而快,这种攻击类型的小流量慢速攻击由于间隔时间较长,从协议、流量、逻辑上来看也没有明显异常,但针对协议的弱点或者应用逻辑上的弱点,故意延长通信的时间、占用连接的资源、增加服务器的处理过程,进行资源消耗,使目标的CPU资源、内存资源、连接池等耗尽,最终导致拒绝服务。

观点六:攻击手段APT化

DDoS攻击者为了达到目的,会结合多个方面的因素实施不同形式的攻击,攻击手段不断翻新,甚至呈现"APT"的特色。

1. 攻击业务多样化

DDoS多年难以治理,原因之一就是其业务形态的多样性。随着业务形态的不断发展及演变,结构及业务流程越来越复杂,攻击者无时无刻不在反复跟踪分析这些业务的特点及可能存在的问题,而攻击形式也会随之改变。

2. 攻击流量多样化

在2015年上半年数据显示,在DDoS攻击中,攻击者往往混合使用多种攻击手段和多种类型的攻击源。UDP混合流量占比较大,达到72%。这些流量组合正如前面的分析所阐述的那样,并非无的放矢,而是跟随业务的特性发生变化。

3.攻击设备多样化

如今，用户连接互联网的设备越来越多样化，在终端方面，已经不再局限于 PC，也包括平板电脑、手机、电视等智能终端设备；同时，反射放大式攻击，让业界清晰地认识到，DDoS 可利用的设备也不再局限于终端，也包括路由器、打印机、摄像头和扫描仪等智能设备。

二 趋势科技发布《细微的界限：2016年安全预测》

趋势科技日前发布的《细微的界限：2016 年安全预测》报告显示，网络勒索将更加频繁、移动恶意程序威胁数量在 2016 年底将增长到 2000 万个，而新一代移动支付系统将成为黑客的重点目标。同时，随着万物联网的日益普及，民众身边将有更多联网设备，预期 2016 年将可能发生重大消费型智能设备故障事件。为应对更加猖獗的网络犯罪行为，2016 年全球打击网络犯罪的手段将有更多的改变，包括立法将变得更为迅速，公私部门合作也将更为密集，化守为攻主动出击，打造更加安全的网络环境。

此报告同时指出，2016 年也是恶意广告传播的重要转折点。目前，美国已有 48% 的消费者正在使用网络广告拦截软件，而 2015 年该类软件的全球使用率亦增长了 41%，这将使得广告商开始改变网络广告的经营方式，同样的，网络犯罪集团也将尝试通过其他途径取得使用者资讯。

2015 年发生数件锁定知名企业的安全攻击事件，包括 Sony、Ashley Madison 与 Hacking Team 资料外泄事件等。趋势科技预测 2016 年将有更多的黑客激进分子，借窃取可对目标机构造成伤害的资料来发动"毁灭性"攻击。另外网络勒索将因采用心理学的犯罪手段与社交工程的应用而加速发展，黑客激进分子将尽可能揭露更多不利资讯来打击目标对象，造成二次伤害。

报告认为 2016 年网络安全的重点主要有以下几点。

（1）2016 年为网络勒索之年，网络犯罪者将使用全新手法发动个人化攻击；

（2）移动恶意程序数量将增长至 2000 万个，主要肆虐地区为中国。而新的移动支付系统将成为全球黑客的新一轮攻击目标；

（3）随着越来越多消费型智能设备进入我们的日常生活，2016 年至少将发生一件重大的消费型智能设备故障事件；

（4）黑客激进分子将强化其攻击手段，有系统地利用重大资料外泄事件来毁灭目标；

（5）尽管"资料防护长"一职有其必要性，但截至 2016 年底，全球设置该职位的企业仍将不足 50%；

（6）越来越多的广告拦截产品与服务，将迫使网络犯罪集团开始寻找新的方法来攻击受害者，而恶意广告也将大幅减少；

（7）网络犯罪立法的改革将扩大，并发展成为一套全球网络安全防御模型，将会有更多逮捕、起诉以及定罪的成功案例。

三 瑞星发布《2015 年上半年中国信息安全报告》

瑞星公司发布了《2015 年上半年中国信息安全报告》，对 2015 年 1 ~ 6 月的个人互联网安全、移动互联网安全以及企业信息安全三大方面进行了详细分析，并对未来的发展趋势进行了展望。

（一）个人互联网安全方面

1. 病毒和木马

2015 年 1 ~ 6 月，瑞星"云安全"系统共截获新增病毒样本 1924 万个，病毒总体数量比 2014 年同期下降了 36.54%。在报告期内，共有 2.1 亿人次的网民被病毒感染，有 933 万台计算机遭到病毒攻击，人均病毒感染次数为 22.66 次。

在报告期内，新增木马病毒占总体病毒的 66.96%，其依然是第一大种类病毒。感染型病毒是第二大种类病毒，占总体新增病毒样本的 11.06%，第三大种类病毒为蠕虫病毒，占总体比例的 10.78%。剩余的有恶意广告占总体数量的 5.47%，后门病毒占总体数量的 1.9%，病毒释放器占总体数量的 1.05%，分别位列第四、第五和第六，此外，其他类型病毒占总体数量的 2.78%。

2. 挂马网站

2015 年 1~6 月，瑞星"云安全"系统截获了挂马网站 272 万个（以网页个数统计），与 2014 年同期相比下降了 20.32%。在报告期内，瑞星"云安全"系统拦截挂马网站的攻击总数为 2469 万余次，与 2014 年同期相比下降了 19.92%。针对挂马网站，由于受到 2014 年下半年 IE 全版本通杀漏洞的影响，挂马网站在 2015 年年初出现了小高峰。2015 年上半年漏洞爆发率较低，挂马主要利用 2014 年已发现的漏洞以及相对老旧的工具，因此目前安全软件可以对其进行有效的拦截。

3. 钓鱼网站

2015 年 1~6 月，瑞星"云安全"系统共截获钓鱼网站 337 万个，比 2014 年同期下降了 4.26%，帮助用户拦截钓鱼网站攻击 1.3 亿余人次，上半年平均每人访问钓鱼网站 1.46 次。

2015 年钓鱼网站攻击相较于 2014 年及以前的钓鱼攻击，在数量上有所增加，同时方式手段基本固定。

4. 网络色情滋生病毒钓鱼

2015 年上半年，网络色情事件频发，色情病毒 App、色情钓鱼网站、色情贴吧、微信诈骗，都已经形成规模巨大的产业链，使网民蒙受高额经济损失。

5. 网购安全

当前，网络购物已成为人们的主要消费方式之一，足不出户、快递到家是网购的优势，但是，这种方便快捷的优势存在致命的安全隐患。个人信息的真实，不但是买卖成交的决定性因素，而且在物流和资金转移环节有着举足轻重的作用。因此，一些不法分子开始盯上用户在网购时留下的实名信息。

从 2011 年开始，包括圆通、申通、中通等在内的多家国内知名快递公司陆续被曝出快递单信息泄露事件，小米、京东等网站也陆续出现了用户信息被泄露的事件。网购过程从表面上看只是买卖双方的事情，但是其中涉及四个方面的安全问题：第一，买卖双方；第二，交易平台；第三，物流公司；第四，支付平台。只要其中任意一个环节出现了安全问题，都可能引起个人信息的泄露。

瑞星安全专家指出，个人信息看似比较普通，但是具有准确度高，数量庞大、更新频次极高等特点，黑客利用大数据统筹和社会工程学原理，就可以了解买家的性别、年龄、职业以及兴趣爱好等详细信息或者隐私信息；同时也可以知道卖家所在的行业、经营规模、核心用户、资金流转情况以及仓库地址等比较敏感的商业信息。

各种隐私信息、商业信息的泄露或多或少会带来一些其他的恶性事件，比如不法分子在获取用户的交易信息以后就可以冒充客服，对用户进行诈骗等，造成用户财产的损失。此外，黑客在获取用户的真实信息后，可对其进行定向监听，进一步达成黑客的不法目的，甚至可能会危害用户的人身安全。

（二）移动互联网安全

1. 手机安全

在移动端，2015 年 1 ~ 6 月新增手机病毒样本 77.6 万个，与 2014 年同期相比下降 34.24%，其中以恶意传播（spread）、资费消耗（expense）、隐私窃取（privacy）、诱骗欺诈（fraud）、恶意扣费（payment）等几大类为主。另外，"密锁" Android 版、"2015 相册" 和色情视频类病毒成为 2015 年上半年传播广、危害大的手机病毒。

2. 路由器安全

根据瑞星"云安全"系统检测，2015 年 1 ~ 6 月，有 1150 万台路由器遭到 DNS 篡改，2210 万台路由器未修改过出厂设置，1550 万台路由器管理账号存在弱密码问题，2900 万台路由器 Wi‑Fi 账号存在弱密码问题。路由器漏洞主要由任意命令执行、未授权访问、任意文件下载和后门等四大类组成。

虽然相对于 2014 年，网民的路由器安全意识有了大幅度提高，但是据瑞星互联网攻防实验室抽样调查发现，尽管网民知道路由器存在漏洞，但多数依然采取不修复的操作，许多家用路由器的固件依然停留在厂商所提供的老旧版本，即使厂商会提供最新的固件，用户也不会升级路由器，因此路由器的安全并没有得到本质的提升。

更为严重的是近年来，出现了针对路由器的批量扫描攻击软件，能够使用路由器的默认远程登录账户和端口来执行黑客命令，使大量路由器成为僵尸网络的主力成员。

（三）企业信息安全

Hacking Team 被黑 400G，"网络核武"将会对今后数年的网络安全领域带来巨大的影响，黑客技术以及信息安全技术都将会有进一步的突破。2015年发生的携程网瘫痪事件则凸显了国内互联网企业对信息安全管理的懈怠，在"互联网＋"的带动下，企业终端安全、Web 安全、云计算、大数据安全都将面临挑战。

1. 企业终端安全

根据瑞星"云安全"系统统计，2015 年 1～6 月在企业内网进行传播的病毒主要为感染型病毒和宏病毒。瑞星安全专家介绍，这两种病毒主要采用U 盘和电子邮件传播的形式，因此非常容易在企业内网不断地进行交叉感染。近期，一些感染型病毒甚至拥有了针对企业内网的智能特性，能够根据企业内网设置情况制定相应的策略，暂时性规避传统企业版杀毒软件的全网统一杀毒功能，待杀毒结束后，又重新进行大面积传播。

此外，瑞星安全专家强调，感染型病毒和宏病毒都是 APT 攻击的源头，企业内网一旦染毒，极有可能面临有目的的攻击，并有可能遭受以下两类致命性的攻击。

（1）企业重要业务中断。企业业务的连续性和持续性是企业生存和发展的保障，如果因为 APT 攻击使得业务不能稳定进行，那么企业不但会蒙受经济损失，同时还将面临信誉问题。

（2）企业资金以及核心机密被盗。一些病毒和 APT 攻击以窃取企业资金和核心机密为目标，这类攻击的威胁性非常高，因为一旦企业的现金流出现问题，资金链出现断裂，企业就将面临倒闭的风险。另外，核心机密是企业最主要的商业财富，机密的泄露意味着企业将面临对手发动的恶性竞争。

2. 企业移动安全

（1）移动金融 App 普遍存在漏洞

随着国家"互联网＋"政策的提出以及 2015 年上半年股票证券市场的蓬勃发展，银行、证券、理财、第三方支付等移动 App 开始大规模出现并进入智能手机领域。根据瑞星互联网攻防实验室对 25 款流行的移动金融 App 的安全分析，发现被测的 25 款应用均存在不同程度的安全隐患。瑞星安全专家指出，信息泄露、逆向篡改与数据传输安全已成为金融类移动 App 面临的首要安全问题，重体验轻安全是这类 App 的通病。从信息安全的角度讲，无论是提供金融服务的 App 制作者，还是使用 App 的用户，都极度缺乏安全知识和意识。

（2）无线 Wi-Fi 突破企业传统安全防线

移动互联网的快速发展给各行业都带来了巨大的冲击，无线 Wi-Fi 作为移动互联网的入口之一，对企业内网安全造成了严重的威胁。随着接入成本的降低以及企业监管上的困难，员工很容易建立 Wi-Fi 网络，这种由员工自行建立的 Wi-Fi 网络在不经意间将企业内部网络暴露在外。这种行为给企业带来了严重的危害。

第一，大量企业内部网络被这类设备暴露于企业外部，使用者本身的安全意识异常薄弱，弱口令等安全问题非常严重，极易被黑客破解。

第二，这种廉价的 Wi-Fi 接入产品往往只具备简单的安全认证，缺乏有效的安全控制和审计功能，无法抵挡来自互联网和接入终端的攻击，一旦设备被攻破，攻击者可以非常容易进入企业内部网络中。

第三，一些打着"智能"旗号的设备，随意搜集用户信息，篡改网络流量数据，导致企业的机密信息悄悄被传出，给企业的数据安全造成了严重的威胁。

此外，黑客已经开始利用一些免费 Wi－Fi 分享 App 对企业实施渗透。该类 App 在前期为了尽可能多的搜集可用的 Wi－Fi 网络，在不经过用户同意，或者在有明显的安全提示的情况下将用户当前使用的 Wi－Fi 网络直接共享到互联网，而这些信息中包含了大量的企业内部 Wi－Fi 网络账号和密码。因此在该类 App 的"帮助"下，不法分子可以不用暴力破解即可进入企业内部。

3. 云计算、大数据安全

云计算和大数据几乎实现了企业对办公系统、数据存储系统及网站运营系统所有的美好愿景：更高效的资源利用、更强的稳定性、更低廉的运营成本和更便捷地管理。这两类技术有一个共同特点，就是以虚拟化平台为基础。然而虚拟化平台的安全问题在业界一直存在争论，一种说法是，虚拟化平台——尤其是桌面虚拟化，不存在安全问题，因为数据是集中管理的，连操作系统都具有极强的流动性，随时可能在不同主机上进行迁移，依托先进的双机热备份技术，可保证虚拟化平台上运行的终端处于绝对安全的状态。

瑞星安全专家指出，这种说法过于片面。相对于普通的 PC 操作系统，虚拟化平台固然有它先天的优势，然而正是这些优势，同时也带来了致命的弊端。众所周知，虚拟化平台的资源整合能力来自于资源的集中和再分配，企业的数据和服务都维系在一组服务器上，因此一旦虚拟化平台遭遇严重的病毒感染、黑客入侵等问题时，有可能使整个服务器组直接受到影响，在这种情况下，即使是双机热备份也无法解决问题，届时企业办公将受到牵连，严重时还可能使整个系统瘫痪。

瑞星安全专家警告，虚拟化技术还是一种新型技术，黑客针对虚拟化平台的挖掘受到成本限制，目前还不多见。然而目前没有不代表以后不会有，虚拟化平台承载着企业的核心数据，云计算和大数据在国内普及以后，必将有大批黑客在大数据的诱惑下铤而走险。

4. Web 安全

近期，瑞星互联网攻防实验室对著名的 OpenSSL 心脏出血漏洞进行了全国性的检测。据瑞星安全专家介绍，OpenSSL 心脏出血漏洞曝光于 2014 年 4 月 7 日，随即 OpenSSL 的维护成员就对该漏洞给出了修复方案。然而不幸的是，一年后的今天该漏洞仍然在互联网中存在，更为严重的是国内有八成的网站并没有对这个有着严重后果的漏洞进行修复，直接暴露了我国的相关人员对信息安全知识的匮乏。

（四）趋势展望

1. Hacking Team 400G"网络核武"将引起信息安全海啸

目前，Hacking Team 的 400G"网络核武"泄露事件暂时没有引起普通网民的足够重视，未来，该事件引发的安全问题将逐渐显露。瑞星安全专家指出，本次事件并不是单纯的信息泄露事件，其带来的影响不亚于 2013 的"棱镜门"事件，可能主要表现在以下几个方面。

（1）企业、事业单位、政府乃至国家的核心机密信息遭泄露，今后的个人生活、企业运营和国家发展都将面临巨大风险。

（2）大量高危零日漏洞被公开，挂马网站有可能在下半年井喷。

（3）随着先进的黑客工具在网上疯传，APT 攻击、黑色产业链可能在未来一段时间内较为猖獗。

（4）近年来，病毒与反病毒技术没有实质性的改变，但受到这次事件的影响，病毒与反病毒的对抗将更加激烈，反病毒技术也必将在未来出现颠覆性的革新。

（5）需求催生创新，本次事件可能会催生大量以前从未想过的高级信息安全技术。

2. 信息安全事件将愈演愈烈

以携程旅行网瘫痪事件和网易新闻客户端瘫痪事件为代表的重大信息安全事件正在给国内的企业敲响警钟。目前，我国互联网产业处于急速发展的阶段，然而网络安全设施和内部安全管控并没有普遍建立，未来，在国内企业的信息安全建设成熟前，该类安全事件可能会愈演愈烈。

3. 超级病毒、APT 攻击还将继续肆虐

自从 2010 年第一个超级病毒 "超级工厂" 入侵我国以来，陆续出现过超级火焰、超级电厂、Duqu、Duqu2 和方程式等超级病毒，该类病毒主要被用于进行 APT 攻击，攻击的对象多为政府、能源和军工等涉及国家安全的重要职能部门和重点企业。同时，随着 "互联网 +" 计划的实施，类似超级工厂、Duqu、Duqu2 这样的超级病毒及 APT 攻击还会再出现，任何重要的企业、机构，都应该具备专业的计算机安全保障机制，并进行周期性的计算机安全普查。

四 迈克菲实验室发布《2016 威胁预测》

日前，美国 McAfee Lab 发布了《2016 威胁预测》报告，该报告主要由两部分组成，第一部分是由 Intel Security 部门对未来五年的展望；另一部分则由 McAfee Lab 按照不同类别对 2016 年的威胁进行预测。该报告的主要内容如下。

（一）Intel Security：展望未来五年

展望未来，Intel Security 认为面临的主要挑战是：攻击面的不断扩大、攻击者越来越复杂、安全隐患防护成本不断上涨、缺乏集成的安全技术以及技术成熟的安全防护人才进行反击。

互联网上的可穿戴设备、小工具、传感器以及其他设备将会创建新连接，并造成新漏洞。每种连接至互联网的新产品都会面临严重威胁，因此，要想赶上攻击发展的速度和复杂度，我们仍然需要长期不断地努力。要想成功地说服用户信任新产品，那么在产品的硬件层和软件层构建安全策略就显得至关重要。从好的方面来看，新的安全工具即将上市，各种规模的企业越来越意识到良好的网络安全环境尤为重要。

消费者可以从自身活动及信息中捕获越来越多的有价值的数据，因此个人数据经济将会成为他们的福祉。但是，个人数据及其价值也引诱着网络窃

贼窃取数据，因此我们的个人隐私会面临巨大的威胁。而且，个人数据会促使相关监管措施的执行，因此我们还会面临阻碍创新和公民自由的威胁。各种类型的组织都会为各自的观点拉票，力求在违规时仅承担有限的责任。在与保险和风险管理相结合的同时，安全运营还会进一步从资本支出模式转移到外包和运营支出的持续可预测模式。

最后，国家发动网络战争的能力范围会不断扩大，复杂度会持续增加。网络冷战和挑衅式的网络攻击会对全球的政治关系和权力结构产生影响，它们使用的工具会演变为有组织的犯罪集团及以恶意盈利或扰乱秩序为动机的其他团伙的犯罪手段。

我们也看到了乐观的迹象：安全行业和大部分政府机构都意识到，更早地开展合作，有助于提高我们拦截和阻止网络威胁的成功率。漏洞和安全研究的持续升温，意味着很快就能对漏洞加以利用。大型的技术公司（包括Intel）已经组建了技术娴熟的安全研发团队，这些团队将继续增强安全防护工具的有效性，以便检测、防止并处理网络攻击。

（二）McAfee Labs 2016年威胁预测

1. 硬件

针对所有类型的硬件和固件的攻击仍将继续，为硬件攻击提供支持的工具市场也将持续发展壮大。虚拟机也会成为系统固件 rootkit 的攻击目标。

2. 勒索软件

匿名网络和付款方式会继续成为勒索软件快速增长的主要动力。2016年"勒索软件即服务"技术会继续加速勒索软件的蔓延，将会有更多没有经验的网络犯罪分子利用此项技术发动攻击。

3. 可穿戴设备

尽管大多数可穿戴设备存储的个人信息数量相对较少，但可穿戴设备平台可能也会成为网络犯罪分子的攻击目标，从而进一步入侵用于管理这些设备的智能手机。安全行业将针对潜在的攻击层面（如操作系统内核、网络和 Wi-Fi 软件、用户界面、内存、本地文件和存储系统、虚拟机、Web 应用以及访问控制和安全软件）采取防护措施。

4. 通过员工系统发起攻击

组织机构将继续改进其安全防护措施，部署最新的安全技术，雇用能力出众和经验丰富的人员，制定有效的策略并时刻保持警惕。因此，攻击者可能会转移攻击目标，针对员工安全防护相对薄弱的家庭系统或者其他设备发起攻击，以获取对企业网络的访问权限，从而通过企业员工对企业发起攻击。

5. 云服务

网络犯罪分子可能会寻找用于保护云服务的企业，利用其安全策略的薄弱点或疏于防范的位置，而发起攻击。云服务中存储的企业的机密信息日益增多，如果此类服务被入侵，则可能危及企业的业务战略、组合战略、创新融资、收购和拆分计划、员工数据以及其他数据。

6. 汽车

安全研究人员将继续关注互连汽车系统中的漏洞，这些系统缺乏基本的安全功能，或者不符合最佳安全策略的做法。IT 安全供应商和汽车制造商将积极合作，制订相关指南、标准和技术解决方案，对车辆访问系统的发动机控制单元、发动机和传动单元、高级驾驶辅助系统、遥控钥匙系统、被动无钥匙进入系统、V2X 接收器、USB、OBDII、远程连接型应用和手机接入等攻击层面进行保护。

7. 被盗数据仓库

被盗的大量个人信息正在通过大型数据库关联到一起，对于网络攻击者来说，组合后的记录将具有更高的价值。2016 年从事被盗个人信息及用户名密码交易的地下市场的规模将进一步扩张。

8. 完整性攻击

这是最值得关注的一种全新攻击方式，它会隐秘地、有选择地破坏系统和数据的完整性。此类攻击可抓取并修改交易数据以方便犯罪分子获益。McAfee Labs 预测在 2016 年针对金融部门的完整性攻击可能会出现，网络窃贼盗窃的资金额度可能高达数百万美元。

9. 共享威胁智能信息

在企业和安全供应商之间共享的威胁智能信息将会快速增长并得到应用。相关立法即将出台，在公司与政府之间以及政府与政府之间共享威胁智能信息即将成为现实。针对此领域最佳做法的开发将会加速，同时将会出现用于衡量成功程度的指标以量化保护改进的程度，行业供应商之间将会在威胁智能信息共享方面展开合作。

五　赛门铁克公司发布《2015互联网安全威胁报告》

在赛门铁克发布的《2015 互联网安全威胁报告》中明确指出，在当今高度互联的世界中，遭受网络攻击只是时间问题，网络犯罪分子已经开始转变攻击战术，通过劫持大型企业的基础架构，入侵并躲过企业设置的安全监测，实现对企业的攻击。

赛门铁克亚太及日本地区大客户和战略副总裁梅正宇表示："凭借密钥，网络攻击者能够容易侵入公司网络。我们发现，网络犯罪分子会利用常见程序的软件更新植入木马，耐心等待并诱骗公司自行下载更新，从而受到感染。这种手段让网络攻击者可以随心所欲地访问企业网络。"

赛门铁克的研究显示，零日漏洞的数量在 2014 年创下历史新高。软件公司平均需要 59 天生成和推出补丁，然而在 2013 年这个数字仅为 4 天。网络犯罪分子完全可以在补丁未推出时充分利用该漏洞，实现对企业的攻击。2014 年共有 24 个零日漏洞被发现，网络犯罪分子在这些漏洞被修补之前可以毫无顾忌地利用这些已知的安全漏洞对企业发起攻击。

同时，高级网络攻击者不断借助于针对性极强的鱼叉式网络钓鱼攻击入侵企业网络。2014 年，这种攻击手段的增长率达到 8%。值得关注的是，网络攻击的准确性大幅度提升，同时结合更多隐蔽式强迫下载恶意软件（Drive – by malware downloads）和基于 Web 的漏洞。在 2014 年，即使垃圾邮件数量减少了 20%，网络犯罪分子仍然能够精准地攻击目标受害者。

此外，赛门铁克还发现网络攻击者会：（1）从某公司盗取受害者的电子邮件账户，利用鱼叉式网络钓鱼手段对更高级的受害者进行攻击；
（2）潜出前，利用公司的管理工具和程序在公司网络中移动盗取 IP；（3）
在受害者的网络内部构建定制攻击软件，以进一步掩盖自己的攻击活动。

目前，电子邮件仍是网络犯罪分子的重要攻击途径，但他们同时继续针
对移动设备和社交网络尝试新的攻击手段，以便达到事半功倍的效果。

赛门铁克公司大中华区安全产品技术总监罗少辉表示："网络犯罪分子
本性懒惰，他们更喜欢利用自动化工具让不知情的消费者来帮助他们进行卑
鄙勾当。2014 年，攻击者利用人们对朋友所分享内容的信任，70% 的社交
媒体骗局都通过用户手动分享而传播。"

尽管社交媒体骗局可以快速为网络犯罪分子带来收益，但他们并不满足
于此，网络犯罪分子同时采用了勒索软件等更卑劣的攻击方法来获取暴利，
这样的攻击在 2014 年增加了 113%。值得关注的是，在 2013 年，密码勒索
软件攻击的受害者数量是之前的 45 倍。密码勒索软件的攻击策略并不会采
取传统勒索软件那样伪装成执法部门对盗取内容收取罚金的方式，而是更加
恶劣地劫持受害者的重要文件、隐私照片或者其他重要的数字内容，毫不掩
饰他们的攻击目的。

当网络犯罪分子继续存在，并不断变换攻击手段时，企业和消费者需要
采取更多保护自己的应对方法。赛门铁克公司建议用户采取以下方式。

对于企业：

一是不要毫无准备。采用高级别威胁智能解决方案，帮助用户及时发现
入侵信号并做出快速响应。

二是保持强大的安全态势。部署多层安全防护，与安全托管服务提供商
合作，增强 IT 团队的防范能力。

三是为最坏的情况做准备。事件管理可确保用户的安全框架得到优化，
并具备可测量性和可重复性，而且还可帮助用户吸取教训以此来加强自身的
安全性能。可以考虑与第三方展开合租，从而强化危机管理。

四是提供长期可持续的教育和培训。创建指导方针以及公司策略、程
序，用来保护个人和公司设备上的敏感数据。定期评估内部调查团队，进行

实践演练，确保用户拥有有效对抗网络威胁的必要技能。

对于普通用户：

一是使用高安全性的密码。为账户和设备设置强大的密码，并定期进行更新，同时切记勿将相同密码用于多个账户。

二是谨慎使用社交媒体。切勿点击来源不明的网络链接，尤其是来自陌生人的电子邮件或社交媒体信息。

三是了解自己所分享的权限。严格控制设备的接入端口，最大限度地减少网络攻击者入侵的可能性。

六　诺顿公司发布《2015诺顿网络安全调查报告》

诺顿公司发布的《2015诺顿网络安全调查报告》，从大众对网络犯罪认知程度的差别以及影响安全层面的心理情感角度对2015年的网络安全形势及特点做出了判断和评估。

此次调查的样本来自17个国家，其中每个国家的样本约为1000个，接受调查的对象均为18岁以上至少拥有一台网络接入设备的成年人，而据调查进行的时间是在2015年的8~9月，因此，该报告也能呈现当前的网络安全形势。

报告指出，当下网络犯罪日益猖獗，在接受调查的17个国家中，大约有5.94亿人曾经在过去一年中遭受过网络攻击。其中在新兴市场，中国是遭受网络攻击犯罪最严重的国家之一。在2014年，大约有2.4亿中国消费者成为网络犯罪的受害者，造成的经济损失高达7086亿元人民币。

赛门铁克公司亚洲区消费事业部总监徐俊鸿表示："在2014年发生的几起大型数据泄露事件从根本上打击了消费者对网络安全的信心。仅从知名零售商的日常购买行为就导致了数百万消费者的个人信息数据被泄露。我们的调研结果显示，虽然不断发生的网络安全事件使得消费者对移动或网络活动的信任度降低，但网络威胁并没有促使人们采取必要且简单的防护措施，来确保个人的网络信息安全。"

在这份报告中，涉及中国市场的数据主要有如下几项。

第一，在中国有 58% 的消费者认为信用卡信息更有可能通过网络被盗。另外尽管对网络安全表示担忧，但是中国的消费者并没有采取积极的措施来应对网络威胁。

第二，有 83% 的中国受访者认为使用公共 Wi-Fi 的风险高于使用公共洗手间。

第三，有 72% 的中国受访者表示对遭遇网络犯罪担忧，认为自身会遭受网络犯罪攻击的可能性较大。

第四，中国消费者平均要消耗 23.5 个小时来处理遭遇网络攻击的后果。

第五，在 2014 年，网络犯罪导致的经济损失高达 7086 亿元人民币，平均每人损失人民币 2900 元。

第六，有 77% 的中国受访者表示在个人财务信息被盗后感到崩溃。

第七，有 41% 的中国受访者宁可取消与好友的晚餐约定，也不愿意因为网络安全隐患取消借记卡或者信用卡。

第八，虽然我们一般认为青少年、儿童和老年人是最容易受到网络犯罪攻击的群体，但其实千禧一代更容易受到网络犯罪攻击，有 53% 的中国千禧一代表示曾经遭遇过网络攻击；另外，中国用户共享社交媒体账户密码的比例高出全球平均值的 20%，千禧一代共享密码的数量是年长者的两倍。

七 FortiGuard 发布《2016网络安全预测报告》

在即将过去的 2015 年，万物互联（IoT）以及云计算和在线交易被认为是遭受攻击的重灾区，但是随着恶意攻击手法和思路的不断翻新，给企业和安全厂商都带来了前所未有的严峻挑战。FortiGuard 预测，攻击者研发出的越来越复杂的逃逸技术会使企业被攻击后的调查取证面临着极大的压力。FortiGuard 发布的最新网络安全预测报告主要由以下 5 个部分组成。

（一）机器到机器间攻击以及设备之间的互感染呈现上升趋势

2015 年，对于物联网设备的一些令人棘手的 POC（漏洞证明）屡屡登上媒体的头条。在 2016 年，我们预计会有更多的漏洞利用和恶意软件被开发出来，而他们的攻击目标正是那些用于设备间通信而且是受信的传输协议。FortiGuard 研究员认为，IoT 等智能硬件设备的普及将会成为攻击者的中转站以及勇于攻击扩张的地带，攻击者通过利用这些设备的漏洞，可以在企业网络和联网的众多品类的设备中找到更隐蔽的落脚点，从而将他们挖掘出的漏洞价值最大化。

（二）蠕虫病毒不死，将会在 IoT 设备中永生

虽然在过去的几年中，由于反病毒技术的发展以及终端反病毒的普及，蠕虫和病毒的威力已经极大减弱，但是一旦他们具备在数以百万或上亿的智能硬件中感染和传递的能力，他们就可以从可穿戴设备转移到医用硬件中，从而带来更大的杀伤。FortiGuard 研究员已经发现蠕虫和病毒能够在只有少量代码的"无脑"设备中生存和传递感染。因此，蠕虫和病毒在 IoT 设备间的传递已经近在眼前。

（三）对云和虚拟化基础设施发起攻击

2015 年被披露的"毒液"漏洞向我们证明了攻击者和恶意软件是能够从 Hypervisor 中逃逸，并且在虚拟化环境中访问宿主操作系统。对虚拟化技术以及私有云和混合云的信任，将会给网络攻击和犯罪带来更便利的条件。同时，由于大量的应用能够访问云系统，移动设备运行有问题的应用，也为攻击者开启了另一个攻击维度，能够让企业网络、公有云和私有云都遭受安全威胁。

（四）能够对抗取证和隐匿攻击证据的新技术不断出现

2015 年另一个令人咋舌的公开披露的事件是 Rombertik 病毒。该病毒不仅可以绕过常规反病毒软件的检测，甚至还具备反沙盒检测的能力，抵达目标主机后，能够读取浏览器的按键记录，从而窃听用户名、口令和账号等敏感信息。不仅如此，该病毒设置了保护机制，当发现被监测之后，能够启动

"自爆"机制来毁掉宿主机。因此通过这个例子不难看出，恶意软件不再被动的逃避检测，而是主动的回应检测。这样一来，企业在遭受了这样的依次攻击后所进行的有关数据丢失的调查取证都是很难的。

（五）恶意软件可以绕过先进的沙盒检测技术

很多企业已经转向借助沙盒类技术来检测隐蔽或者未知的恶意软件，沙盒技术能够模拟可疑文件的运行状态，根据行为进行判定。现在已经发现一些"两面派"的恶意软件。在知道自己被检测时行为十分规矩，一旦通过了沙盒技术的检测，则会开始下载、访问或安装恶意的载荷或者程序。这可以证明检测技术目前面临了很大的挑战，而且还能够影响基于沙盒评分系统的威胁情报机制的结果准确性。以上每个趋势都代表了一个巨大的安全挑战，我们不得不做好充分的准备去迎接挑战。

B.14
缩略语表

APT　Advanced Persistent Threat（高级持续性威胁）

APWG　The Anti – Phishing Working Group（国际反网络钓鱼工作组）

BSI　Federal Office for Information Security（德国联邦信息安全局）

BYOD　Bring Your Own Device（自带设备办公）

CC　Common Criteria（通用标准）

CCIRC　Canadian Cyber Incident Response Centre（加拿大网络事件响应中心）

CERT　Computer Emergency Response Team（计算机应急响应小组）

CERT – SE　Swedish Computer Emergency Response Team（瑞典计算机应急响应小组）

CNBC　Consumer News and Business Channel（全国广播公司财经频道）

CNNIC　China Internet Network Information Center（中国互联网络信息中心）

CPNI　Centre for the Protection of National Infrastructure（国家基础设施保护中心）

CSEC　Communications Security Establishment Canada（加拿大通信安全机构）

CSIS　Canadian Security Intelligence Service（加拿大安全情报局）

DC3　Department of Defense Cyber Crime Center（美国国防部网络犯罪中心）

DCS　Distributed Control System（分布式控制系统）

DDoS Distributed Denial of Service（分布式拒绝服务攻击）

DHS Department of Homeland Security（国土安全部）

DLP Data Leakage Prevention（防止数据泄露）

DNS Domain Name System（域名系统）

DOD Department of Defense（美国国防部）

DOJ Department of Justice（美国司法部）

ECSC The European Cyber Security Challenge（网络安全竞赛）

ENISA European Union Agency For Network and Information Security（欧盟网络与信息安全局）

ECSM The European Cyber Security Month（欧洲网络安全月）

FBI Federal Bureau of Investigation（联邦调查局）

FCC Federal Communications Commission（联邦通信委员会）

FedRAMP Federal Risk and Authorization Program（联邦风险和授权管理计划）

FEMA Federal Emergency Management Agency（联邦应急管理局）

FISMA Federal Information Security Modernization Act（联邦信息安全现代化法案）

GOC Government Operations Centre（政府运行中心）

IACS Industrial Automation and Control System（工业自动化和控制系统）

ICS Industry Control System（工业控制系统）

ICS – CERT Industrial Control Systems Cyber Emergency Response Team（工业控制系统网络应急响应小组）

IC Intelligence Community（情报联合会）

IC – IRC Intelligence Community—Incident Response Center（情报联合会事件响应中心）

ICT Information Communication Technology（信息通信技术）

IEC International Electrotechnical Commission（国际电工委员会）

ISO   International Organization for Standardization（国际标准化组织）

JNSA   Japan Network Security Association（日本网络安全协会）

JPCERT   Japan Computer Emergency Response Team（日本计算机应急响应小组）

JSSEC   Japan Smartphone Security Forum（智能手机安全协会）

M2M   Man to Man、Man to Machine、Machine to Machine（人与人、人与机器、机器与机器）

MAM   Mobile Application Management（移动应用管理）

MDM   Mobile Device Management（移动设备管理）

MSB   Swedish Civil Contingencies Agency（瑞典政府民事应急局）

MSSP   Managed Security Service Provider（安全托管服务提供商）

NCRAL   National Cyber Risk Alert Level（国家网络风险警戒级别）

NCIRP   National Cyber Incident Response Plan（国家网络事件响应计划）

NCCIC   National Cybersecurity and Communications Integration Center（国家网络安全与通信一体化中心）

NCC   National Coordinating Center for Telecommunications（国家通信协调中心）

NCIJTF   National Cyber Investigative Joint Task Force（网络调查联合工作组）

NCSA   National Cyber Security Alliance（国家网络安全联盟）

NCSAM   National Cyber Security Awareness Month（国家网络安全意识月）

NCSC   National Cyber Security Center（国家网络安全中心）

NDAA   National Defense Authorization Act（国防授权法）

NICC   National Infrastructure Coordinating Center（国家基础设施协调中心）

NICT   National Institute of Information and Communications Techology（国家信息和通信技术研究所）

NIST National Institute of Standards and Technology（国家标准与技术研究院）

NOC National Operations Center（国家运行中心）

NRCC National Response Coordination Center（国家响应协调中心）

NSTIC National Strategy for Trusted Identities in Cyberspace（国家网络空间可信任身份战略）

NTOC NSA/CSS Threat Operations Center（国家安全局威胁行动中心）

OMB Office of Management and Budget（管理和预算办公室）

PTA Parent Teacher Association（家长教师协会）

PS Public Safety Canada（加拿大公共安全部）

RCMP Royal Canadian Mounted Police（加拿大皇家骑警）

SAMFI Swedish Collaboration Group for Information Security（瑞典信息安全合作小组）

SaaS Software as a Service（软件即服务）

SCADA Supervisory Control and Data Acquisition（数据采集与监视控制系统）

SIEM Security Information Event Manage（安全信息与事件管理）

UDP User Datagram Protocol（用户数据报协议）

US–CERT United States Computer Emergency Readiness Team（美国计算机应急准备小组）

USCYBERCOM United States Cyber Command（美国网络指挥部）

UTM Unified Threat Management（统一威胁管理）

USSS United States Secret Service（美国秘密服务局）

参考文献

P. A. S. Ralston, J. H. Graham, J. L. Hieb, Cyber Security Risk Assessment for SCADA and DCS Networks, ISA Transactions, 46 (4), 2007, pp. 583 – 594.

U. S. Department of Homeland Security, Washington DC. , ICS – CERT Monitor, https: //ics – cert. us – cert. gov/monitors, 2015.

European Union Agency for Network and Information Security, Greece, Good Practice Guide for CERTs in the Area of Industrial Control Systems, https: // www. enisa. europa. eu/activities/cert/suppor – t/baseline – capabilities/ics – cerc, 2015.

Do – Yeon Kim, Cyber Security Issues Imposed on Nuclear Power Plants, Annals of Nuclear Energy, 65, 2014, pp. 141 – 143.

U. S. Department of Commerce, National Institute of Standards and Technology, SP 800 – 82 Revision 2, http: //csrc. nist. gov/publications/ – PubsSPs. html, 2015.

The ISA Security Compliance Institute, ISA/IEC 62443, http: // www. isasecure. org/en – US/, 2015.

Australia, Department of Communications and the Arts, https: // www. communications. gov. au/what – we – do/internet/stay – smart – online/sso – week, 2015.

Canada, Government of Canada, http: //www. getcybersafe. gc. ca/index – en. aspx, 2015.

European Union Agency for Network and Information Security, European Cyber Security Month, https: //cybersecuritymonth. eu/, 2015.

U. S. National Cyber Security Alliance, National Cyber Security Awareness Month, https: //www. staysafeonline. org/ncsam, 2015.

U. S. National Cyber Security Alliance, Stop. Think. Connect, https: // stopthinkconnect. org/, 2015.

United States Department of Defense, http: //www. defense. gov/Portals/1/ features/2015/0415 _ cyber – strategy/Final _ 2015 _ DoD _ CYBER _ STRATEGY_ for_ web. pdf, April 2015.

United States Department of Homeland Security, National Cyber Incident Response Plan (Interim Ver. Sept. 2010), http: //www. federalnewsradio. com/ wp – content/uploads/pdfs/NCIRP_ Interim_ Version_ September_ 2010. pdf, 2010.

Swedish Civil Contingencies Agengy, Handling serious IT incidents: National Response Plan , http: //www. qcert. org/sites/default/files/public/documents/ SE – PL – Handling% 20Serious% 20IT% 20Incidents – Eng – 2011. pdf, March 2011.

Government of Canada, Cyber Incident Management Framework for Canada (August 2013), http: //www. publicsafety. gc. ca. /cnt/rsrcs/pblctns/cbr – ncdnt – frmwrk/cbr – ncdnt – frmwrk – eng. pdf.

Finland's Cyber Security Strategy, https: //www. enisa. europa. eu/activities/ Resilience – and – CIIP/national – cyber – security – strategies – ncsss/ FinlandsCyberSecurityStrategy. pdf, 2013.

The UK Cyber Security Strategy, https: //www. enisa. europa. eu/activities/ Resilience – and – CIIP/national – cyber – security – strategies – ncsss/UK _ NCSS. pdf, 2011.

Executive Office of the President, Office of Management and Budget, *Annual Report to Congress: Federal Information Security Managemengt Act*, Feb. 2, 2015.

NIST, Protecting Controlled Unclassified Information in Nonfederal

Information Systems and Organizations, June, 2015.

Cybersecurity Information Sharing Act of 2015, Aprial 15, 2015, http：// www. mps. gov. cn/n16/n1237/n1342/n803680/4701488. html.

National Cyber Security Programme, http：//www. jiaodong. net/news/ system/2015/07/07/012781301. shtml, 2015.

National Cyber Security Strategy 2015 – 2017, http：//news. xinhuanet. com/legal/2015 – 10/14/c_ 128317880. htm.

U. S. Congress, S. 2519 – National Cybersecurity Protection Act of 2014, https：//www. congress. gov/bill/113th – congress/senate – bill/2519, 2015 – 12 – 21.

U. S. Congress, S. 1353 – Cybersecurity Enhancement Act of 2014, https：//www. congress. gov/bill/113th – congress/senate – bill/1353, 2015 – 12 – 21.

U. S. Congress, S. 2521 – Federal Information Security Modernization Act of 2014, https：//www. congress. gov/bill/113th – congress/senate – bill/2521, 2015 – 12 – 21.

U. S. Congress, H. R. 2952 – Cybersecurity Workforce Assessment Act, https：//www. congress. gov/bill/113th – congress/house – bill/2952/, 2015 – 12 – 21.

U. S. Congress, S. 1691 – Border Patrol Agent Pay Reform Act of 2014, https：//www. congress. gov/bill/113th – congress/senate – bill/1691/, 2015 – 12 – 21.

U. S. Congress, S. 754 – Cybersecurity Information Sharing Act of 2015, https：//www. congress. gov/bill/114th – congress/senate – bill/754, 2015 – 12 – 21.

CyberSecurity Ventures：《2015 年第三季度全球网络安全市场报告》, 199IT 网, http：//www. 199it. com/archives/345727. html, 2015 年 5 月 7 日。

内閣サイバーセキュリティセンター, Cybersecurity Awareness Month,

http：//www. nisc. go. jp/security – site/eng/month. html。

OMB 备忘录 M – 14 – 08 中描述，PortfolioStat 是用于改善联邦信息技术（IT）的效率和有效性的核心工具，联邦机构运用该工具评估本机构 IT 投资组合管理的成熟度。

OMB 备忘录 M – 15 – 01，CyberStat 点评是：面对面的、基于证据的会议，以确保机构是负责他们的网络安全态势，同时又协助发展中国家集中改善体态信息安全策略。

FY 2014 资金提供了综合的拨款法案，2014（出版，L. No. 113 – 76）；财政年度 2015 资金提供了综合和进一步继续拨款法案，2015（出版，L. No. 113 – 235）。

卡巴斯基：《2015 年第三季度 DDoS 攻击报告》，比特网，http：//sec. chinabyte. com/415/13618915. shtml，2015 年 11 月 12 日。

《GB/T30976. 1 – 2014—工业控制系统信息安全第 1 部分：评估规范》。

《GB/T30976. 2 – 2014—工业控制系统信息安全第 2 部分：验收规范》。

《中央编办关于工业和信息化部有关职责和机构调整的通知》（中央编办发〔2015〕17 号）。

《国务院关于积极推进"互联网 +"行动的指导意见》（国发〔2015〕40 号）。

《国务院关于印发〈中国制造2025〉的通知》（国发〔2015〕28 号）。

《中华人民共和国网络安全法（草案）》。

《关于增设网络空间安全一级学科的通知》（学位〔2015〕11 号）。

唐小松：《加拿大网络安全战略评析》，《国际问题研究》2014 年第 3 期。

张慧敏：《国外全民网络安全意识教育综述》，《信息系统工程》2012 年第 1 期。

工业和信息化部：《信息安全产业"十二五"发展规划》，工业和信息化部网站，2011 年 2 月 8 日。

王培：《2015 年中国 IT 安全市场将持续增长安全服务是亮点》，《通信世界》2015 年第 2 期。

赵爽：《我国网络与信息安全产业现状及发展研究》，泰尔网，http：//view. catr. cn/lwyxxaq/201508/t20150811_ 2125789. html，2015 年 8 月 11 日。

IDC：《2015 年中国 IT 安全硬件市场规模将达 14. 45 亿美元》，中商情报网，http：//www. askci. com/news/chanye/2015/10/22/144338vdsc. shtml，2015 年 10 月 22 日。

郑申：《核心技术自主可控：信息安全的根本》，中国金融新闻网，http：//www. financialnews. com. cn/kj/jj/201307/t20130722 _ 37281. html，2013 年 7 月 22 日。

中国产业信息网：《2015 年全球网络安全市场发展趋势向好，国内市场增速将高于全球水平》，中国产业信息网，http：//www. chyxx. com/industry/201509/345454. html，2015 年 9 月 21 日。

中国电子信息产业发展研究院：《赛迪预测 2015 年中国网络安全十大趋势》，工信部网站，http：//www. miit. gov. cn/n11293472/n11293832/n11293907/n11368277/16411146. html，2015 年 1 月 16 日。

全国人大：《网络安全法（草案）》，全国人大网，http：//www. npc. gov. cn/npc/xinwen/lfgz/flca/2015 - 07/06/content _ 1940614. htm，2015 年 7 月 6 日。

李岫：《关于国家网络安全法》，《信息安全与通信保密》2015 年第 8 期。

孙云龙：《腾讯 6 亿元投资安全公司知道创宇》，新华网，http：//news. xinhuanet. com/info/2015 - 05/13/c_ 134235007. htm，2015 年 5 月 13 日。

郑青莹：《知道创宇网络安全周发布重磅产品创宇盾》，中国网，http：//gb. cri. cn/44571/2015/06/02/7872s4982840. htm，2015 年 6 月 2 日。

王小瑞：《云海之合：翰海源并入阿里集团》，安全牛网，http：//www. aqniu. com/news/8153. html，2015 年 6 月 12 日。

左盛丹：《全资收购安全宝 百度云安全成最大企业网络应用安全平台》。

《专业黑客公司 Hacking Team 被黑，泄露大量内部资料及攻击工具》，关注黑客与极客，http：//www. freebuf. com/news/71712. html。

《广告联盟变身挂马联盟 HackingTeam 漏洞武器袭击百万网民》，360 安全播报平台，http：//bobao. 360. cn/learning/detail/2271. html。

《浅析 BGP 劫持利用》，关注黑客与极客，http：//www. freebuf. com/articles/network/75305. html。

《当心你的手机》，关注黑客与极客，http：//www. freebuf. com/news/84212. html。

《窃听电话的 Hacking Team RCSAndroid 木马》，关注黑客与极客，http：//www. freebuf. com/news/73149. html。

《如何利用声波窃取电脑数据》，信息安全比特网，http：//sec. chinabyte. com/253/13503253. shtml。

《0day 动态检测之插桩下的 ROP 检测》，豆丁网，http：//www. docin. com/p－1364104998. html。

《JBOSS 发现 Java 反序列化远程命令执行漏洞》，关注黑客与极客，http：//www. freebuf. com/articles/86950. html。

《XcodeGhost 究竟是恶意病毒还是"无害的实验"》，关注黑客与极客，http：//www. freebuf. com/news/78862. html。

《XcodeGhost S：变种带来的又一波影响》，关注黑客与极客，http：//www. freebuf. com/news/84064. html。

《Redis 事件综合分析》，关注黑客与极客，http：//www. freebuf. com/articles/terminal/86130. html。

《2015 年 P2P 金融网站安全漏洞分析报告》，乌云知识库，http：//drops. wooyun. org/news/8705。

《电商网站的安全性》，乌云知识库，http：//drops. wooyun. org/papers/741。

《席卷全球的幽灵推（Ghost Push）病毒分析报告》，关注黑客与极客，http：//www. freebuf. com/articles/terminal/78781. html。

《阿里移动发布 2015 第三季度安全报告》，关注黑客与极客，http：//www. freebuf. com/articles/neopoints/87929. html。

新华网，http：//news. xinhuanet. com/legal/2015 – 10/14/c_ 128317880. html

中国人大网，《〈网络安全法（草案）〉全文》，http：//www. npc. gov. cn/npc/xinwen/lfgz/flca/2015 – 07/06/content_ 1940614. htm，2015 年 7 月 6 日。

《2016 大数据发展 7 大趋势》，搜狐科技，http：//it. sohu. com/20151215/n431313820. shtml。

《大数据市场未来将呈现三大发展趋势》，新浪科技，http：//tech. sina. com. cn/it/2015 – 10 – 02/doc – ifximrxn8154904. shtml。

《2016 大数据技术发展趋势解读》，CSDN，http：//www. csdn. net/article/2015 – 12 – 10/2826434？ ref = myread。

《政务大数据起步 助力智慧政府转型》，中华人民共和国人民政府网站，http：//www. gov. cn/zhengce/2015 – 06/19/content_ 2881884. htm。

尹丽波：《网络安全法将促进国家关键信息基础设施保护新局面》，《中国信息安全》2015 年第 8 期。

左晓栋：《专家谈〈网络安全法〉草案：是重大历史进步》，光明网，http：//legal. gmw. cn/2015 – 07/17/content_ 16335739. htm，2015 – 12 – 21。

《"百脑虫"手机病毒分析报告》，关注黑客与极客，http：//www. freebuf. com/vuls/92490. html。

《一条彩信可控制手机，影响 95％ 设备》，关注黑客与极客，http：//www. freebuf. com/news/73411. html。

Abstract

Nowdays, technological innovation, transformational breakthroughs and integrated applications based on information network are active unprecedentedly. Internet has penetrated such domains as politics, economy, culture, society and military affairs. Cyberspace has become "the fifth space" in the wake of land, ocean, sky and interplanetary space. Information resources and key information infrastructures have become the most important "strategic asset" and "core element" for the development of a nation, and cyber security is playing a more and more important role among various elements of national security. In the 21st century, the US-led western countries have been attaching unprecedentedly great importance to cyber security, and have upgraded their cyber security to a strategic height of national security and development. This indicates that the western countries have already reinforced their deployments and actions aiming at fighting for the advantageous position in cyberspace and seizing the commanding height of national comprehensive strength.

Along with the acceleration of the economic development and social informatization process in China, internet and information technology have been more and more extensively applied in such domains as national politics, economy and culture. Ensuring cyber security has become an important strategic mission concerning national economic development, social stability and national security. General Secretary Xi Jinping has pointed out that cyber security and informatization are major strategic issues concerning not only national security and development but also the daily work and life of the masses, so we should try to build China into a strong cyberpower from the perspective of the general international and domestic trend and on the basis of overall planning, coordination of all parties and innovative development···No cyber security, no national security. No informatization, no modernization. With the establishment of the Central leading Groups for

Cyberspace Affairs, the top-level design and overall coordination of cyber security affairs have been reinforced. And cyber security has been chosen as an important topic for discussion at the the 3rd Plenary Session of 18th National CPC Congress and the 4th Plenary Session of the 18th National CPC Congress and we should improve our laws and statutes on cyber security, strengthen the governance of cyber security issues and ensure our national cyber security. Especially in the 5th Plenary Session of 18th National CPC Congress, the strategic objectives of building strong cyberpower has been carried out, which indicated the future direction of our national cyber security.

In the new era, facing the new situation, in order to better reflect the trends and the characteristics of domestic progress and international development in cyber security, grasp the latest development and progress of countries worldwide in strategies, policies, technological and industrial development of cyber security, and provide decision-making information reference for governmental departments, military, industrial and other relevant enterprises and relevant scientific research institutes, the Network and Information Security Department of the Electronic Technology Information Research Institute, Ministry of Industry and Information Technology, issued the *Annual Report on World Cyber Seucrity 2015 – 2016* on the basis of continuously tracking world-wide cyber security situation in 2015. This report deeply expounds the cyber security policies and measures of major countries/ regions worldwide, closely tracks and analyzes the technological trend and industrial development status of domestic and international cyber security, comprehensively and intensively analyzes the development trends and the characteristics of world cyber security.

Since 2009, the Network and Information Security Department of the Electronic Technology Information Research Institute has compiled the annual development report of world cyber security every year. *Annual Report on World Cyber Seucrity 2015 – 2016* focuses on the new situation, new trend and new progress of world cyber security in 2015 – 2016, through the summary and analysis of the government cyber security management, the information security management of industrial control system, cyber security laws, emergency management on cyber accidents, cyber security education and training as well as

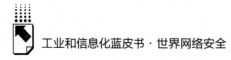

cyber security awareness education to public, the development of cyber security industry. The report also summarizes and extracts the development trends and overall situation of the world cyber security status in 2015 and predicts and foresees the future trends of cyber security world-wide.

Contents

I　General Report

B. 1　The Characteristics and Trends of Cyber Security Worldwide

Yang Shuaifeng, Xiao Junfang and Jiang Hao etc. / 001

Abstract: As the Internet infiltrating through every fields of the society, cyber security has become a matter that concerns national security and stability. As a consequence, countries around the world pay high attention to the top-level design, by updating cyber security strategies and improving cooperation with other countries, in order to share the risks and responsibilities in the governance of global cyberspace. In 2015, global cyberspace was diminished by cyber-terrorism and several incidents, like Hikvision products are attacked by Black Swan, and hackers attacked the ground operation system of LOT Polish Airlines. However, good signs could also be observed, including the expanding of industrial scale, the improvement of international cooperation, the development of smart city construction, the rising of the concerns of global cyber governance. In the future, cyber terrorism, attacks and crime would continue to pose more severe threats to national security, which demands close cooperation among global actors, other than their accelerating competition over cyber-arms and discourse power.

Keywords: Strategy; Cooperation; Threat; Cyber Warfare

II   Special Reports

B. 2   Report on Progress in Cyber Security Laws

Liu Jingjuan , Zhang Huimin / 031

Abstract: Network security situation keeps severe in 2015, in order to deal with complex attack threats, many government issued relevant laws, regulations and standards to enforce management and guidance in government information security. The report analyzes network security of China and abroad in 2015, and stated consistent developing situation of network security management in many governments. Meanwhile, the report describes information security protection development in China, and describes the work of network security construction as well as protection in many industries.

Keywords: Cybersecurity; Information Sharing; Data Protection; Cyber Legislation

B. 3   Report on the Increasingly Reinforcing of Government Cyber Security Management

Wu Yanyan , Jiang Hao / 056

Abstract: In 2015, situation of global industry control systems cyber security was still grim. The number of new vulnerabilities related to industry control systems stayed at a high level, and industry control systems cyber security incidents continued to occur. However, more and more countries, various organizations paid more attentions to industry control systems cyber security, and many kinds of works were carried out gradually. In the aspect of specification and standards, NIST SP 800 - 82 launched the second revision, IEC62443 series international standards were improved continuously, and China also released the first industry control systems cyber security national standards. At the same time, the raise and creation of "Internet plus", "Made in China 2025", National Cyber Security Law (Draft) and cyber security first grade discipline provided both new opportunities and new challenges for industry control systems cyber security. In such overall environment, industry control systems cyber security is flourishing in China, and the market size is expected in 2015 will reach 244 million Yuan.

Keywords: Internet Threat; Government Network Security; Information Sharing; Security Management

B. 4 Report on The Steady Development of Industrial Control System Security   *Sun Jun, Li Jun* / 079

Abstract: In 2015, cybersecurity legislation continues to be one the priorities of many countries and regions, and with regard to which severalcountries and regions have made remarkable progress. The most typicalcountry is the United States, althoughin the realm of cybersecurity legislation, US have made great achievementsand is walking in the forefront of the world, US is still making efforts to strengthen its legislation on cybersecurity. It passed 5 laws concerning on cyber at the end of 2014, and on that basis, US has focused on promoting the legislation of cyber information sharing, making amendments to existing laws and began to proceed the work of making legislation on the emerging field of cybersecurity. The European Union (EU) continues to promote the lawmaking on data protection and privacy, and plan to release the new version of the General Data Protection Regulation, in order to unify data protection within EU with a single law. China also has been attaching great importance to cybersecurity legislation and has made substantial progress on this with the release of Cybersecurity Act of the People's Republic of China (draft).

Keywords: Industrial Control System; Standard Specification; New Opportunity; New Challenge; Market Research

B. 5 Report on The Continous Implementation on Cyber Emergency Management
Sun Lili, Zhang Huiming / 106

Abstract: Cyber attack and cyber spying are becoming increasingly rampant currently. Cybersecurity incidents occured frequently, and the cyber security situation is becoming worse. In order to cope with the complex cybersecurity situation, and reduce the harms and damages caused by the cybersecurity accidents to the maximum degree and protect the national and civil interests, U. S、EU and other western developed countries have taken measures as follows : brought the cybersecurity emergency into top-level design; enhanced the cyber security emergency management and coordinated mechanism; improved the risk \ incident classification gradually; strengthened the whole process of emergency response and reinforced the cybersecurity emergency management.

Keywords: Cybersecurity Incident; Cybersecurity Emergency Management; Emergency Coordination Mechanism; Incident Classification

B. 6 Report on The Sustained Promotion on Cyber Security Education and Training
Yang Shuaifeng, Wang Xiaolei and Cheng Yu etc. / 129

Abstract: A country full of talented people will be prosperous. Cyber security talents is the core resources for the national cyber security building. Talents' quantity, quality and structure are related to the level of cyber security construction , safeguard ability, national security and development. Education and training of the cyber security talents is the basis for building national safeguard ability. It is time to pay attention to cyber security talents and strengthen the cyberspace. In addition, countries in the world continue to carry out the cyber security awareness education and publicity activities. The cyber security awareness education has been the basis for enhancing the capacity of national cyber security protection. It is aimed to promote public's cyber security awareness and reducing the probability of public cyber security risks by improving the public's cyber security knowledge and skills.

Keywords: Education and Training; The Top Level Design; Certification; Awareness Education; Propaganda

B. 7 Diversified Development of Network Security Technology

Liu Wensheng, *Yu Meng* / 161

Abstract: the high speed development of Internet technology, and the rapid emergence of new technologies has brought unprecedented change to the modern society. Extensive use of cloud technology, mobile Internet penetration in explosive growth, but also brought a lot of unknown security threats. In 2015 Network Security in the form of very serious, new network attack techniques and Trojan virus, has gone beyond the traditional means of attack, myriad forms, it is difficult to preparedness, network doubling the number of attacks, a lot of sensitive data leakage. Existing anti-virus software, defensive approach to the use of 0day custom Trojan virus and network attack techniques helpless. Mobile Internet security status quo is worrying.

Keywords: Network Security; Cloud Security; Network Attacks; Mobile Security

B. 8 Report on The Heaten Up of Cyber Security Industry

Guo Xian, *Zhao Ran* / 200

Abstract: In recent years, national government pay attention to the issue of network security with the rapidly development of mobile network, cloud computing and Internet of things. Developing the network security industry becomes a shared vision under the impetus of the governments. In 2015, the global market of network security has achieved rapidly growth, and the solution

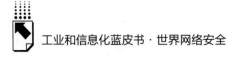
and security services become a highlight of growth. Education and training market has a huge develop potential. In a series of positive policy, the network security industry is developing rapidly in our country, the market of secure hardware and service meets a new opportunity, the market of enterprise mobile security software rises gradually, the network security industry enters a period of high-speed development.

Keywords：The Network Security Industry；Market Size；Good Policy

❧ 皮书起源 ❧

"皮书"起源于十七、十八世纪的英国,主要指官方或社会组织正式发表的重要文件或报告,多以"白皮书"命名。在中国,"皮书"这一概念被社会广泛接受,并被成功运作、发展成为一种全新的出版形态,则源于中国社会科学院社会科学文献出版社。

❧ 皮书定义 ❧

皮书是对中国与世界发展状况和热点问题进行年度监测,以专业的角度、专家的视野和实证研究方法,针对某一领域或区域现状与发展态势展开分析和预测,具备原创性、实证性、专业性、连续性、前沿性、时效性等特点的公开出版物,由一系列权威研究报告组成。

❧ 皮书作者 ❧

皮书系列的作者以中国社会科学院、著名高校、地方社会科学院的研究人员为主,多为国内一流研究机构的权威专家学者,他们的看法和观点代表了学界对中国与世界的现实和未来最高水平的解读与分析。

❧ 皮书荣誉 ❧

皮书系列已成为社会科学文献出版社的著名图书品牌和中国社会科学院的知名学术品牌。2011年,皮书系列正式列入"十二五"国家重点出版规划项目;2012~2015年,重点皮书列入中国社会科学院承担的国家哲学社会科学创新工程项目;2016年,46种院外皮书使用"中国社会科学院创新工程学术出版项目"标识。

中国皮书网

www.pishu.cn

发布皮书研创资讯，传播皮书精彩内容
引领皮书出版潮流，打造皮书服务平台

栏目设置：

☐ 资讯：皮书动态、皮书观点、皮书数据、
皮书报道、皮书发布、电子期刊

☐ 标准：皮书评价、皮书研究、皮书规范

☐ 服务：最新皮书、皮书书目、重点推荐、在线购书

☐ 链接：皮书数据库、皮书博客、皮书微博、在线书城

☐ 搜索：资讯、图书、研究动态、皮书专家、研创团队

中国皮书网依托皮书系列"权威、前沿、原创"的优质内容资源，通过文字、图片、音频、视频等多种元素，在皮书研创者、使用者之间搭建了一个成果展示、资源共享的互动平台。

自 2005 年 12 月正式上线以来，中国皮书网的 IP 访问量、PV 浏览量与日俱增，受到海内外研究者、公务人员、商务人士以及专业读者的广泛关注。

2008 年、2011 年中国皮书网均在全国新闻出版业网站荣誉评选中获得"最具商业价值网站"称号；2012 年，获得"出版业网站百强"称号。

2014 年，中国皮书网与皮书数据库实现资源共享，端口合一，将提供更丰富的内容，更全面的服务。

法 律 声 明

"皮书系列"（含蓝皮书、绿皮书、黄皮书）之品牌由社会科学文献出版社最早使用并持续至今，现已被中国图书市场所熟知。"皮书系列"的 LOGO（📖）与"经济蓝皮书""社会蓝皮书"均已在中华人民共和国国家工商行政管理总局商标局登记注册。"皮书系列"图书的注册商标专用权及封面设计、版式设计的著作权均为社会科学文献出版社所有。未经社会科学文献出版社书面授权许可，任何使用与"皮书系列"图书注册商标、封面设计、版式设计相同或者近似的文字、图形或其组合的行为均系侵权行为。

经作者授权，本书的专有出版权及信息网络传播权为社会科学文献出版社享有。未经社会科学文献出版社书面授权许可，任何就本书内容的复制、发行或以数字形式进行网络传播的行为均系侵权行为。

社会科学文献出版社将通过法律途径追究上述侵权行为的法律责任，维护自身合法权益。

欢迎社会各界人士对侵犯社会科学文献出版社上述权利的侵权行为进行举报。电话：010－59367121，电子邮箱：fawubu@ssap.cn。

社会科学文献出版社

权威报告·热点资讯·特色资源

皮书数据库
ANNUAL REPORT(YEARBOOK)
DATABASE

当代中国与世界发展高端智库平台

S 子库介绍
ub-Database Introduction

中国经济发展数据库

涵盖宏观经济、农业经济、工业经济、产业经济、财政金融、交通旅游、商业贸易、劳动经济、企业经济、房地产经济、城市经济、区域经济等领域，为用户实时了解经济运行态势、把握经济发展规律、洞察经济形势、做出经济决策提供参考和依据。

中国社会发展数据库

全面整合国内外有关中国社会发展的统计数据、深度分析报告、专家解读和热点资讯构建而成的专业学术数据库。涉及宗教、社会、人口、政治、外交、法律、文化、教育、体育、文学艺术、医药卫生、资源环境等多个领域。

中国行业发展数据库

以中国国民经济行业分类为依据，跟踪分析国民经济各行业市场运行状况和政策导向，提供行业发展最前沿的资讯，为用户投资、从业及各种经济决策提供理论基础和实践指导。内容涵盖农业，能源与矿产业，交通运输业，制造业，金融业，房地产业，租赁和商务服务业，科学研究，环境和公共设施管理，居民服务业，教育，卫生和社会保障，文化、体育和娱乐业等 100 余个行业。

中国区域发展数据库

以特定区域内的经济、社会、文化、法治、资源环境等领域的现状与发展情况进行分析和预测。涵盖中部、西部、东北、西北等地区，长三角、珠三角、黄三角、京津冀、环渤海、合肥经济圈、长株潭城市群、关中一天水经济区、海峡经济区等区域经济体和城市圈，北京、上海、浙江、河南、陕西等 34 个省份。

中国文化传媒数据库

包括文化事业、文化产业、宗教、群众文化、图书馆事业、博物馆事业、档案事业、语言文字、文学、历史地理、新闻传播、广播电视、出版事业、艺术、电影、娱乐等多个子库。

世界经济与国际政治数据库

以皮书系列中涉及世界经济与国际政治的研究成果为基础，全面整合国内外有关世界经济与国际政治的统计数据、深度分析报告、专家解读和热点资讯构建而成的专业学术数据库。包括世界经济、世界政治、世界文化、国际社会、国际关系、国际组织、区域发展、国别发展等多个子库。